JN308636

幾何学いろいろ

距離と合同からはじめる大学幾何学入門

井ノ口順一

日本評論社

はじめに

理論物理学や数理工学をはじめ，いま多くの分野で位相幾何・微分幾何・リー群といった幾何学の概念・思考がもとめられるようになっています．

位相幾何・微分幾何・リー群を学ぶためには，線型代数学・微分積分学・位相空間論・群論などを学んでおく必要があります．線型代数学や微分積分学はなんとか乗り越えたとしても，位相空間論や群論の抽象的な説明で難しさを感じる人も多いと思います．

とくに数学専攻でない人には，抽象的・公理的に展開される幾何学はなかなか学びにくいものであるようです．

著者の現在の研究テーマは「無限可積分系の微分幾何学的研究」で，日ごろから物理学者や数理工学者との交流があります．そのような方々からも，位相幾何学・微分幾何学は勉強しにくいという声を聞くことがあります．

初学者が位相幾何学の本を読む上で難しさを感じるのは，代数的思考と幾何学的思考が交錯する点にあるようです．基本群・ホモトピー群・ホモロジー群といった群を用いて空間の性質 (位相) を記述することに頭が慣れるまでには，それなりに時間を要します．また，微分幾何学を学ぶ上でも，対称性を記述する群 (幾何構造の自己同型群) の取り扱いに慣れておくことが望ましいでしょう．

本格的に位相幾何学・微分幾何学を学ぶ前に，群を用いた幾何学的思考を養えるような書物があるとよいのではないでしょうか．いわば「位相幾何や微分幾何の入門書」を読むための入門書が必要とされているように思えます．

また現在，教員養成や教員研修に携わっていることから，数学科教員志望者やすでに教壇に立たれている方からも，大学の幾何は抽象的で難しいという声を聞きます．幾何教育について考察を深めるにはどのような知識を持っておくべきかの指針がなくて困っている，という意見も受けることがあります．しかし，位相幾何や微分幾何を学べば中学校幾何教育についての見識が深まると言ってみたところで，中学校・高校の教諭にはおいそれとは同意してもらえません．

そこで，将来，位相幾何・微分幾何を学びたい学生，位相幾何・微分幾何を研究上必要とする数学専攻でない分野の研究者，中学・高校の数学科教諭を志望する方，中校・高校の数学科教諭で幾何教育について再考してみたいと考えている方，そういった方々の要望に応えられる本を作ってみたいと考えるようになりました．読者が読み進めるにつれて，抽象的な思考に慣れていく本を目指して執筆を開始しました．基本的な思考方法のトレーニングを行い，幾何学的見方・考え方の技法を実践する上で最低限必要な知識を提供する場になるよう工夫しています．

具体的には，先に述べたように，読者に代数的思考と幾何学的思考を交錯させる体験をしていただくのが目標です．この本では，線型代数学の初歩 (ベクトルと行列の取り扱い)，集合と写像についての記法，群の定義だけを予備知識として，図形の対称性・不変量という 2 点に考察対象を絞っています．現代幾何学の要としての不変量という視点に慣れていただくことが目的です．

読者の内面で，中学校で学んだ図形と大学で学ぶ幾何の間をつなぐことができれば著者の目的は達成されたといえます．目標がどれだけ達成できたかは大変心許ないのですが$\cdots$.

雑誌『数学セミナー』の大賀雅美編集長のお計らいで，このたび日本評論社から単行本として刊行する運びとなりました．また同社第四編集部の高橋健一氏には執筆上のご支援をいただいただけでなく，上記の「入門書のための入門書」というコンセプトを引き出していただきました．お二人のお力添えに感謝を申しあげます．

本書の原案は島根大学総合理工学部での集中講義が元になっています．集中講義の機会をつくっていただいた木村真琴先生と前田定廣先生にお礼を申し上げます．

最後に，執筆中，内容の検討でさまざまなご意見をいただきました入江博，鎌田博行，北川義久，茂見知宏，藤野孝弘，藤森祥一，前田瞬の諸氏と著者の家族に感謝を述べたく思います．

2007 年 7 月　井ノ口順一

本書の使い方（本書での学び方）

平面ベクトル，空間ベクトル，行列の計算だけを予備知識として仮定します．一部 (4.2 節 ∼5.2 節) を除き，大学水準の微分積分学を用いません．集合と写像について慣れていれば，この本は読みやすいはずです．また，群の定義だけは事前に知っているとよいでしょう．この本で必要とする群に関する知識は，附録にまとめてあります．ベクトルに関する知識で高等学校の範囲を超えるものは，その都度説明をしたり，附録にまとめてあります．行列と一次変換について学んだことのある意欲的な高校生はこの本を読みすすめられると思います．

この本は 3 部構成になっています．

- 第一部 (第 1 章から 3 章まで) $\Longrightarrow$ クライン幾何学入門．
- 第二部 (第 4 章から 6 章まで) $\Longrightarrow$ クライン幾何のその先にある世界．
- 附録．

第一部は，クライン幾何学とよばれる幾何学への入門です．ここでは，同値関係，ベクトル，行列，1 次変換を用いて，図形の合同を学びなおします．図形の形状を変えずに移動する操作 (合同変換) を考察します．合同変換は距離に基づく概念であることを理解するのが目標です．合同変換全体が群をなすことを学びます．最後の 3 章では，合同変換のなす群をモデルとして，変換群とクライン幾何学について学びます．

第二部は，第一部を読了した読者が，さまざまな幾何学を体験できるように用意したコースです．

以下のような使い方ができます．

位相空間論・位相幾何学を学んでみたい読者　3 章のあと，6 章へ進んでください．クライン幾何の考え方を参考にして，ユークリッド位相幾何の考え方を説明します．

面積・体積の幾何に関心のある読者　3 章のあと，4 章に進んでください．等積変換にもとづく幾何 (等積幾何学) を学ぶことができます．

クライン幾何の応用に関心のある読者　4 章，5 章と読みすすめてください．クライン幾何とソリトン方程式の関連を手短に説明します．

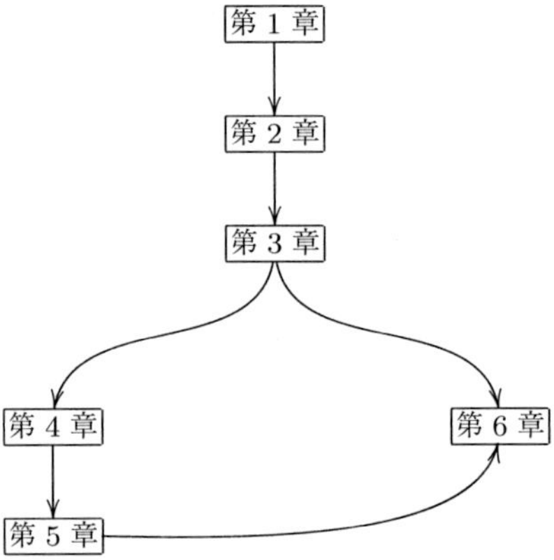

(各章の相関図)

数学科教員をめざしている読者，中学校・高等学校の数学科教諭　第一部を読み終えたあと，4.2 節，6.1 節へと進んでください．4.2 節で，面積・体積について学んだあとは，参考文献に挙げた図書で，量の理論を学んでください．

なお，$*$ のついている節はやや抽象的な内容を扱っています．これらの節は，後回しにしても読めるようにしてあります．

大学の授業で教科書として使う場合　第一部の内容を授業する場合について説明します．

半期 (2 単位) の授業の場合には，1.1 節からから 2.4 節までが適切だと思います．続く半期 (2 単位) の授業がある場合は，2.4 節から 3.2 節まで．いずれの場合も $*$ のついている節・項目は，省いてもよいでしょう．

教員養成系学部の場合は，それぞれ，2.4 節，3.2 節にあげた「教員志望者向けの課題」をレポート課題として，課すことを目標にするとよいでしょう．

演習問題の略解　この本の草稿を用いて，宇都宮大学教育学部学校教員養成課程の 2 年生に講義を行いました．演習問題のうち，学生が容易に解答できなかったもの，誤答が多かったもの，学生から解答を知りたいという要望があったものについて，略解を附録としてつけました．

人は誰でも，すばらしい直観世界を持っているものである．そして，教育というものが理想とするのは，この個人の直観世界をより大きく豊かにさせることなのである．

自分の直観世界の中で正直に，深く考えれば，どこからでも数学の世界に飛び込むことができる．そして，このようにした人だけが，本当に数学の面白さがわかるようになる．

大森英樹 [62] より

目　次

附録 169

第一部

クライン幾何学入門

第1章

図形とつきあうために

この本のテーマは，図形の分類を通じて幾何学の考え方を紹介することです．二つの図形が合同であるとは，どういうことなのかをあらためて問い直すことが第 1 章から第 2 章にかけての目標です．

1.1　分類する

まず，同じという言葉を問い直すことから始めましょう．

a と b が同じ数のとき $a = b$ と書きました．この記号 “=” のもつ性質を列挙してみましょう：

(1) $a = a$.

(2) $a = b$ ならば $b = a$.

(3) $a = b$ であり同時に $b = c$ ならば $a = c$.

読者は，ここにあげた等号の性質を，取り立てて意識することもなく当たり前のこととして使っているでしょう．小学生にとって足し算・引き算は「数える」という行動だけでなく，実生活とのかかわりの中で慣れ親しんでいくものです．実生活の中で最も算数と密接なものは「お釣りの計算」などの買い物の場面です．そこでは，等号とは異なる “同じ” が使われています．

“100 円玉と 50 円玉二つは同じ”

硬貨としては別物ですが貨幣価値が等しいという意味です．“貨幣価値が同じ” も上にあげた三つの性質をみたしています．もっとも，こんな難しい表現をしなくても，実生活では上の三つの性質さえ把握していれば事足りていると言えますね.

前置きが長くなりましたが，これからは「同じということ」を数学的にきちんと定義して使うことにします．まず関係という言葉の使い方を次のように約束します.

定義 1.1　X を空でない集合とする．X の任意の 2 元 a, b に対し $a \sim b$ が成立するかしないか，いずれか一方の場合しかないとき $\sim$ を X 上の**関係**という.

つまり「関係」という言葉は今後

「関係ある」か「関係ない」のどちらかしかなく,「どちらともいえない」という状態は排除する

という約束で使うのです．等号のもっていた三つの基本的な性質をもとに次の用語を定めます.

定義 1.2　X を空でない集合とする．X 上の関係 $\sim$ が

(1) $a \sim a$ (**反射律**),
(2) $a \sim b$ ならば $b \sim a$ (**対称律**),
(3) $a \sim b$ であり同時に $b \sim c$ ならば $a \sim c$ (**推移律**)

をみたすとき，$\sim$ を X 上の**同値関係**という.

例 1.3 (等号)　X を実数全体のなす集合とする．“二つの実数が等しい $(=)$” は (当然だが) X 上の同値関係である.

この本では，図形を集めてできる集合上に定められるさまざまな同値関係を扱います.

次の問いは，初めて同値関係の概念を学ぶ人には難しいのですが，注意を喚起するためにあげておきます．初めて学ぶ読者は，いったんとばして第 2 章以降を読み終えてからあらためて取り組んでもよいでしょう.

演習 1.4　次の主張・証明の間違いを正せ．X 上の関係 $\sim$ が対称律と推移律をみたせば反射律は得られるから，定義 1.2 で反射律は不要である.

証明??　$a \sim b$ ならば対称律により $b \sim a$．したがって $a \sim b$ かつ $b \sim a$ だから推移律により $a \sim a$. □

X に同値関係 $\sim$ が与えられたとき

$$[a] := \{b \in X \,|\, b \sim a\}$$

という集合を考えることができます．ようするに a の仲間をすべて集めたものです．$[a]$ を a の**同値類**とよびます[♯1]．同値類をすべて集めて得られる集合を $X/\!\sim$ と表記し，X の $\sim$ による**商集合**とよびます．X から商集合 $X/\!\sim$ を作ることを，X を $\sim$ で**類別する**といいます．商集合の元 α を一つとりましょう．さらに α から何か一つ元 $a \in \alpha$ を選べば $\alpha = [a]$ と表すことができます．もちろん a と異なる $b \in \alpha$ を使って[♯2]$\alpha = [b]$ と表すこともできます．このように $\alpha = [a]$ と表示するとき，a のことを α の**代表元**と言い表します．

同値関係・類別の考え方に慣れてもらうため，次の例を考えてみましょう．

例 1.5 (偶奇性) 整数全体のなす集合を $\mathbb{Z}$ と表す．$\mathbb{Z}$ 上の関係 $\sim$ を次で定める．

$$a \sim b \iff a, b \text{ を 2 で割ったときの余りが一致する．}$$

この関係 $\sim$ は同値関係である (確かめよ)．この関係による $a \in \mathbb{Z}$ の同値類を考える．a を 2 で割った余りは 0 か 1 のいずれかである．もし a を 2 で割った余りが 0 ならば，

$$a \sim b \iff a - b = 2m \ (m \in \mathbb{Z}) \text{ という形}$$

であるから $[a] = \{a + 2m \,|\, m \in \mathbb{Z}\}$ と表すことができる．まず a を 2 で割ったときの余りが 0 のときを考えよう．もちろん 0 も 2 で割ったときの余りが 0 であるから，$0 \in [a]$ である．推移律に注意すれば $[a] = [0] = \{2m \,|\, m \in \mathbb{Z}\}$ と書きなおせることに気付くはずである．

a を 2 で割った余りが 1 のときも，先ほどと同様にして $[a] = [1] = \{2m + 1 \,|\, m \in \mathbb{Z}\}$ と書き直せる．以上のことから，商集合は二つの元からなることがわかった．

$$\mathbb{Z}/\!\sim = \{[0], [1]\}.$$

$[0]$ の元のことを**偶数**，$[1]$ の元のことを**奇数**とよぶ．**偶奇性**は $\mathbb{Z}/\!\sim$ の元に関する性質と考えられることに注意しよう．

♯1 (同値) 類は友をよぶ？

♯2 α が二つ以上の元をもつときは．

例 1.6 (曜日) 前に考えた例は次のように一般化される．$n \in \mathbb{Z}$ を一つ選び固定する．$\mathbb{Z}$ 上の関係 $\sim$ を

$$a \sim b \Longleftrightarrow a, b \text{ を } n \text{ で割ったときの余りが一致する}$$

と定めると $\mathbb{Z}$ 上の同値関係である．この同値関係に関する商集合は

$$\mathbb{Z}/{\sim} = \{[0], [1], \cdots, [n-1]\}$$

で与えられる．この同値関係には次の記法を使う[♯3]．

$$a \equiv b \pmod{n}.$$

a と b が同値であるとき "a と b は n を**法として合同**である" と言い表す．前の例は $\equiv \pmod{2}$ を扱っていたことに注意しよう．

$n = 7$ の場合を考えよう．このとき $\mathbb{Z}/{\equiv}$ は $\{[0], [1], [2], \cdots, [6]\}$ であるが，それぞれ

$$[0] = \{0, \pm 7, \pm 14, \pm 28, \cdots\},$$
$$[1] = \{\cdots, -6, 1, 8, 15, \cdots\}, \quad [2] = \{\cdots, -5, 2, 9, 16, \cdots\},$$
$$[3] = \{\cdots, -4, 3, 10, 17, \cdots\}, \quad [4] = \{\cdots, -3, 4, 11, 18, \cdots\},$$
$$[5] = \{\cdots, -2, 5, 12, 19, \cdots\}, \quad [6] = \{\cdots, -1, 6, 13, 20, \cdots\}$$

で与えられることに注意しよう．同値類それぞれに月曜・火曜・水曜・木曜・金曜・土曜・日曜と名前をつければ，それぞれの同値類に含まれる整数 (日付) が月曜日，火曜日，$\cdots$，日曜日という**曜日**になる．ここでも注意したいことは，曜日はそれぞれの日付ではなく同値類につけられた名称だということである[♯4]．

これらの例から，**分類する**とはどういうことを意味するかをつかんでもらいたいのです．まず分類するためには，**分類する基準** (同じか異なるか) が必要です．二つの対象が同じか異なるかを判定する基準がしっかり定まっていなければなりません．この基準を与えるものが同値関係なのです．言い方を変えると「同値関係でない関係を基準にしてはいけない」ということです[♯5]．与えられた

♯3 ガウスの『整数論』第 1 章第 1 節には次のように記されています [16]. "以後，数の合同を記号 $\equiv$ によって明示し，法が必要な場合は，それを括弧に入れて $-16 \equiv 9$ (mod. 5), $-7 \equiv 15$ (mod. 11) というふうに表記することにしよう". ガウスの『整数論』では mod. とピリオド (省略のドット) がついていました．いまは．を打たないのが標準的な記法.

♯4 実際のカレンダーでは $\{1, 2, \cdots, 31\}$ などに狭めて考えます.

♯5 何故か？理由を考えてください.

同値関係に基づき商集合をつくること，それが分類対象の集合 X の元を**分類すること**なのです♯6.

演習 1.7 自然数全体を $\mathbb{N}$, 自然数の二つの組の全体を $\mathbb{N}^2$ で表す.

$$\mathbb{N}^2 = \{(m,n) \,|\, m,\, n \in \mathbb{N}\}.$$

$\mathbb{N}^2$ 上に次の関係 $\sim$ を定める.

$$(m,n) \sim (m',n') \Longleftrightarrow n + m' = m + n'.$$

この関係が同値関係であることを確かめよ.

演習 1.8 X として次のものを選ぶ：

$$X = \{(m,n) \,|\, m \in \mathbb{N} \cup \{0\},\, n \in \mathbb{N}\}.$$

関係 $\sim$ を $mn' = m'n$ で定めると X 上の同値関係であることを確かめよ.

同値関係についてもう少し練習をつみたい人に [102, 1.1 節] をすすめておきます.

1.2 空間について

……我々が普段目にしている空間とはいったい何だろうか？ 説明してみなさいといわれて即座に満足な回答ができるだろうか？……

ニュートン♯7は著書『プリンキピア』♯8の中で「絶対空間」という語を持ち出しています. 目の前に「空間」はある♯9. そう宣言してさっさと運動学に進んでしまいます. 彼は空間とは何かという問いには解答拒否をしているかのようです.

♯6 言語学者の水谷静夫氏は次のように述べています. “自分の分野でも，大方の品詞分類の方法的基礎がまさに類別に在ると思ひ至った時には，本当に嬉しかった”. 水谷静夫，芙蓉出水,『数学セミナー』, 1987 年 4 月号，p. 104, 単行本：『数学との出会い』，数学セミナーリーディングス，1995 に再録.

♯7 Issac Newton (1642–1727).

♯8 *Philosophiae Naturalis Principia Mathematica*, 1678.

♯9『プリンキピア』の中では “絶対的な空間は，その本性として，どのような外的事物とも関係なく，つねに同じ形状を保ち，不動不変のままのもの” と述べています.

現実の空間とはいったい何かという問いは「物理学上の問い」と考えるべきかもしれません．いやむしろ哲学や認知心理学の問いと言うべきかもしれません．じつは現代の幾何学研究においても，「空間とは何か」は問い続けられているのです (たとえば [14] をみてください)．この本では，空間とは何かという問いには深入りせずに，次に説明するような数学的な割り切りをしてしまいます．

1.2.1 座標空間

我々の目の前にある現実の空間を数学的に捉えたものを**ユークリッド**[♯10]**空間**とよぶことにし，$\mathbb{E}^3$ と表記します．ユークリッド空間の一点を固定し，その点を基準にして直交座標系を引くことができます．基準に選んだ点を**原点**と名づけると，ユークリッド空間の各点と実数の三つ組 (x_1, x_2, x_3) が対応づきます．この対応を介してユークリッド空間を実数の三つ組全体のなす集合と見なす[♯11]ことができるのです．

ここまで述べたことを整理するために次の記号を定めておきます．

- $\mathbb{R}$ = 実数全体のなす集合．
- $\mathbb{R}^n = \{(x_1, x_2, \cdots, x_n) \mid x_1, x_2, \cdots, x_n \in \mathbb{R}\}$ = 実数の n 個の組の全体．

ユークリッド空間は座標系を介して $\mathbb{R}^3$ と同一視できます．

空間と平面で共通した議論をいちいち繰り返すと，時間とページ数をむやみに消費します．そこで，両者に共通した議論を一度で記述するために次の記法を準備します．

- $\mathbb{E}^1$ = 直線の世界 (1 次元ユークリッド空間)．
- $\mathbb{E}^2$ = 平面の世界 (2 次元ユークリッド空間・**ユークリッド平面**)．

座標をとることでこれらは $\mathbb{R}^1$, $\mathbb{R}^2$ と同一視されます．同一視を行なったとき $\mathbb{R}^1$ は**数直線**, $\mathbb{R}^2$ は**数平面**または**座標平面**とよばれています．$\mathbb{R}^3$ は**数空間**または**座標空間**とよばれています．

小中学校・高校の頃から馴染んできた数直線・座標平面・座標空間の語を“大人のレベル”で説明しなおすとこうなるのです．

♯10 Euclid of Alexandria (ΕΥΚΛΕΙΔΟΥ/Eukleidēs/エウクレイデス, 325BC?–265BC).

♯11 このように数学的な意味や仕組み (構造) に着目して異なる対象を「同じものとみなすこと」を**同一視**するといいます．この言い方はこれから多用しますので慣れてください．

より一般に，$\mathbb{R}^n$ は n 次元ユークリッド空間 $\mathbb{E}^n$ という世界を記述していると考えることにしましょう．たとえば古典力学では，時刻を 4 番目の座標にもつ 4 次元ユークリッド空間を考え**時空**とよびます[♯12]．

以下では平面と空間で差異が現れない限り，統一的な扱いをしたいのです．そのため抽象的な n 次元ユークリッド空間 $\mathbb{E}^n$ を考察の対象とします．

高次元の空間を扱うなんて想像できないよ，と思うかもしれません．しかし，あまり意識せず「平面 $(n = 2)$ と空間 $(n = 3)$ を並行して扱っているんだな」と思って気楽に読み進めてください．

数空間 $\mathbb{R}^n$ は解析幾何学の創始者の一人であるルネ・デカルト[♯13]にちなみデカルト空間ともよばれます．

■こんな定義でよいのだろうか　この節では，かなり感覚的にユークリッド空間を定式化しました．抽象的・公理的な思考にすでに慣れている読者には厳密さが欠けていると感じられたでしょう．

もともとのユークリッド空間には，絶対的な原点も絶対的な座標も存在しません．言い換えると，原点と座標系は観測時に**人間の都合で勝手に設定されるもの**に過ぎないのです．この本では 4.1 節で「座標系を捨て去った空間」を考察し，ユークリッド空間 $\mathbb{E}^n$ を厳密に定式化します．ただし 4.1 節の内容を理解するためには，線型空間の概念を学んでおく必要があります．

1.2.2　等質性と等方性

ユークリッド空間の基本的な性質を振り返ります．

まずユークリッド空間は**一様**です．特別な点は存在せず，どの場所 (点) も平等．どの場所も同じ様相を示しています．

この事実を次のように表現します：

“$\mathbb{E}^n$ は**等質**[♯14]である”．

ユークリッド空間は点平等なだけでなく方向平等でもあります．ユークリッ

[♯12] 3.2 節，例 3.41 で扱います．

[♯13] René Descartes (1596–1650)．一説によると 1619 年 11 月 10 日の晩，ノイブルクの炉部屋で「驚くべき学問の基礎」(図形を方程式で表して研究する方法の萌芽) を見いだしたと言われています ([54, 8 章], [104, 第 4 講] 参照)．

[♯14] **均質**ともいいます．

ド空間には特別な方向は存在しません．この事実を

“$\mathbb{E}^n$ は**等方的**である”

と言い表します．

等質性と等方性は「誰しもが認める経験的事実」として初等幾何学 (ユークリッド原論) は始まります．ユークリッド空間がもつ等質かつ等方的という性質は次の重要な帰結を生む♯15ことに注意を払ってください．

- もの (剛体) を曲げたり伸ばしたり歪ませたりせずに移動させることができる．
- 離れた場所にある二つのものを形を変えないまま移動させて比較することができる．

この性質は**自由運動公理**とよばれてます．この性質は単に観念的なことを述べているだけでなく，実用的な意義をもつことを注意します．たとえばメートル原器♯16を頭に思い浮かべてください．メートル原器を形を変えないまま移動できるから，正確に長さを測定できるのです♯17．

註 1.9 (**ところで移動とは ?**) ここまで移動という言葉を何気なく使ってきたのですが，移動とはどういうことなのか考えたことがあるでしょうか．この節では移動にとりたてて意味をつけずに曖昧な状態で使ってきました．小中学校の数学教育においては「ものの形を変えずに動かすこと」という限定的な意味で使われています♯18．

この本では,「ものの形をかえない操作」を合同変換として第 2 章で厳密に定義します．等質性・等方性は「合同変換とその作用」を用いてより正確な定式化を例 3.17 で行います．この本の観点・立場からすれば，検定済教科書の「移動」は合同変換のことです♯19．

♯15 一般の連結リーマン多様体においては等方性から等質性が導かれるのですが，自由運動公理は導かれません．くわしくは註 3.66 参照.

♯16 メートルという単位の成立にまつわる歴史は，一度は学んでおくとよいでしょう.

♯17 ユークリッドの著書『原論』($\Sigma\tau o\iota\chi\varepsilon\acute{\iota}\alpha$/*Stoicheia*/*Elements*) においては，等方性と等質性は暗黙の了解とされています．実際，線分・角の合同を論ずる際に等方性・等質性 (自由運動公理と言い換えてよい) を使います.

♯18 数学教育に興味のある読者や教員志望の読者は，中学校 1 年生用の検定済教科書を調べてみてください.

♯19 この本では “移動” という概念を 3.3 節で定義します．註 3.62 を参照.

註 1.10 (**微分幾何学を将来学ぼうという読者向けの注意**) 現代の幾何学では等質でも等方的でもない空間を考える．非ユークリッド幾何の舞台として登場するリーマン多様体は一般には等質でも等方的でもない．一般のリーマン多様体に対して等質性と等方性をどう定義するか，また自由運動公理をどのように定めるかについては註 3.66 で紹介する．

■定木とコンパス 古代ギリシアの数学者たちが挑み，そして不可能であることが後に判明した問題に次の 3 つがあります：

- 角の 3 等分
- 立方倍積問題 (与えられた立方体の 2 倍の体積を持つ立方体の作図
- 円積問題 (与えられた円と同じ面積を持つ正方形の作図)

これらはギリシア幾何学の 3 大難問とよばれました．しかしながら，古代ギリシアの幾何学全体が「定木とコンパス」に限定されていたということではないので注意が必要です ([104, p. 122] 参照)．作図 (とその指導方法) に関心のある読者，とくに中学校教諭 (および志望者である大学生) はユークリッド『原論』について学ぶことを薦めます．まず [108] に目を通した上で [107] を時間をかけて読んでみてください．

1.3 キョリは函数

数直線 $\mathbb{R}^1$ 上の 2 点 p, q の間の距離は $|p-q|$ で与えられます．数平面 $\mathbb{R}^2$ の 2 点 $\mathrm{P}=(p_1,p_2), \mathrm{Q}=(q_1,q_2)$ の距離 $\mathrm{d}(\mathrm{P},\mathrm{Q})$ は三平方の定理 (ピタゴラス[♯20]の定理) により

$$\mathrm{d}(\mathrm{P},\mathrm{Q})=\sqrt{(p_1-q_1)^2+(p_2-q_2)^2}$$

で与えられます．$n=3$ のときも同様に計算されます．では $n>3$ のとき，数空間 $\mathbb{R}^n$ における 2 点間の距離をどう考えたらよいでしょうか．高次元の数空間に対して 2 点間の距離というものが最初から与えられているわけではないのです．そこで $n=2,3$ のときの計算方法 (三平方の定理[♯21]) に着目し，次の要

[♯20] Pythagoras (570?BC–490?BC).

[♯21] 和算では鉤股弦の理とよばれていました．鉤^2 + 股^2 = 弦^2．

領で**定義してしまう**のです[♯22].

2 点 P, Q の座標を

$$\mathrm{P} = (p_1, p_2, \cdots, p_n), \quad \mathrm{Q} = (q_1, q_2, \cdots, q_n)$$

とするとき,

$$\mathrm{d}(\mathrm{P}, \mathrm{Q}) := \sqrt{\sum_{i=1}^{n} (p_i - q_i)^2} \tag{1.1}$$

と定め，これを P から Q へ測った**距離**とよぶことに決めます．この定義式からすぐに次の事実が確かめられます.

命題 1.11 (1) $\mathrm{d}(\mathrm{P}, \mathrm{Q}) \geqq 0$, とくに $\mathrm{d}(\mathrm{P}, \mathrm{Q}) = 0 \Longleftrightarrow \mathrm{P} = \mathrm{Q}$.

(2) $\mathrm{d}(\mathrm{P}, \mathrm{Q}) = \mathrm{d}(\mathrm{Q}, \mathrm{P})$, つまり 2 点間の距離はどちらから測ってもよい.

(3) $\mathrm{d}(\mathrm{P}, \mathrm{Q}) + \mathrm{d}(\mathrm{Q}, \mathrm{R}) \geqq \mathrm{d}(\mathrm{P}, \mathrm{R})$, これを**三角不等式**[♯23]とよぶ.

(証明) 三角不等式だけを確かめておけばよい．$a_i = p_i - q_i$, $b_i = q_i - r_i$ とおくと証明したい不等式は

$$\sqrt{\sum_{i=1}^{n} a_i^2} + \sqrt{\sum_{i=1}^{n} b_i^2} \geqq \sqrt{\sum_{i=1}^{n} (a_i + b_i)^2}$$

と書き表せる．両辺ともに非負[♯24]だから

$$\left(\sqrt{\sum_{i=1}^{n} a_i^2} + \sqrt{\sum_{i=1}^{n} b_i^2} \right)^2 \geqq \sum_{i=1}^{n} (a_i + b_i)^2$$

と同値である.

$$\begin{aligned} \sum_{i=1}^{n} a_i^2 + \sum_{i=1}^{n} b_i^2 + 2\sqrt{\sum_{i=1}^{n} a_i^2 \cdot \sum_{i=1}^{n} b_i^2} &\geqq \sum_{i=1}^{n} (a_i + b_i)^2 \\ &= \sum_{i=1}^{n} a_i^2 + \sum_{i=1}^{n} b_i^2 + 2\sum_{i=1}^{n} a_i b_i \end{aligned}$$

だから

♯22 このように，計算手段や定理をもとに一般化を行うのが常です．高次元空間や一般的な空間 (位相空間・多様体) を学ぶためには，こうした思考方法にも慣れておく必要があります.

♯23 作家菊池寛は，学校で教わる算数・数学で社会に出てから役立ったのは三角不等式だけだったということを書いていました．彼の真意は？

♯24 ひふ (nonnegative)：負でないこと．高等学校まででではあまり聞いたことがないと思いますが大学ではよく使う表現です.

$$\sqrt{\sum_{i=1}^{n} a_i^2 \cdot \sum_{i=1}^{n} b_i^2} \geqq \sum_{i=1}^{n} a_i b_i \tag{1.2}$$

を証明すれば三角不等式が得られる．ここで次のことに注意しよう．

$$\sum_{i=1}^{n} a_i^2 \cdot \sum_{i=1}^{n} b_i^2 \geqq \left(\sum_{i=1}^{n} a_i b_i\right)^2 \tag{1.3}$$

が証明できれば

$$\sqrt{\sum_{i=1}^{n} a_i^2 \cdot \sum_{i=1}^{n} b_i^2} \geqq \sqrt{\left(\sum_{i=1}^{n} a_i b_i\right)^2} = \left|\sum_{i=1}^{n} a_i b_i\right| \geqq \sum_{i=1}^{n} a_i b_i$$

であるから先ほど目標にあげた不等式 (1.2) が得られる．以上のことから (1.3) を証明することになった．これはシュワルツ[♯25]の不等式[♯26]とよばれている．この不等式の検証は読者の演習としよう．□

演習 1.12　シュワルツの不等式を証明せよ[♯27]．特に等号成立はどういうときかくわしく調べること．さらにその結果を用いて次にあげる補題を証明せよ．

補題 1.13　$\mathbb{R}^n$ の 3 点

$$\mathrm{P} = (p_1, p_2, \cdots, p_n), \quad \mathrm{Q} = (q_1, q_2, \cdots, q_n), \quad \mathrm{R} = (r_1, r_2, \cdots, r_n)$$

に対し $\mathrm{d(P,Q)} + \mathrm{d(Q,R)} = \mathrm{d(P,R)}$ であるための必要十分条件は，以下の条件をみたす $\lambda \geqq 0$, $\mu \geqq 0$, $\lambda + \mu = 1$ が存在することである．

$$q_i = \lambda p_i + \mu r_i, \quad i = 1, 2, \cdots, n.$$

演習 1.14　変数 x, y が $\dfrac{x^2}{a^2} + \dfrac{y^2}{b^2} = 1$ をみたしながら変化するとき，$x + y$ の最大値およびそのときの x, y の値をもとめよ．(熊本商科大入試・一部略)

演習 1.15　実数 a_1, a_2, a_3, a_4, a_5 が $a_1 + a_2 + a_3 + a_4 + a_5 = 10$, $a_1^2 + a_2^2 + a_3^2 + a_4^2 + a_5^2 = 25$ をみたすとき a_5 の最大値をもとめよ．(早稲田大入試・一部略)

♯25 Hermann Amandus Schwarz (1843–1921)．複素函数論を学ぶと Schwarz の名前を何度も聞くでしょう (シュワルツの補題，シュワルツ微分，シュワルツ・クリストッフェル変換など)．超函数 (distribution) を導入したシュワルツ (L. Schwartz) とは別人．

♯26 コーシーの不等式とよぶ方が妥当ですが，シュワルツ (シュヴァルツ) の不等式とかコーシー・シュヴァルツの不等式とよばれています．

♯27 ヒント：t に関する 2 次函数 $f(t) = \sum_{i=1}^{n} (a_i t + b_i)^2$ がすべての t に対し $f(t) \geqq 0$ であるための必要十分条件は？

数空間 $\mathbb{R}^n$ の "2 点間の距離" は次のように抽象的に表現できます.

d は $\mathbb{R}^n \times \mathbb{R}^n$ 上の函数, つまり $\mathrm{d} : \mathbb{R}^n \times \mathbb{R}^n \longrightarrow \mathbb{R}$ という写像であり, 次の性質をもつ:

$$\mathrm{d}(\mathrm{P},\mathrm{Q}) \geqq 0, \text{ とくに } \mathrm{d}(\mathrm{P},\mathrm{Q}) = 0 \Longleftrightarrow \mathrm{P} = \mathrm{Q}, \tag{1.4}$$

$$\mathrm{d}(\mathrm{P},\mathrm{Q}) = \mathrm{d}(\mathrm{Q},\mathrm{P}), \tag{1.5}$$

$$\mathrm{d}(\mathrm{P},\mathrm{Q}) + \mathrm{d}(\mathrm{Q},\mathrm{R}) \geqq \mathrm{d}(\mathrm{P},\mathrm{R}). \tag{1.6}$$

これらが**距離の基本性質**と言えます. 別の言い方をすれば, **距離から決定される性質**はすべて上の性質から導かれます. 上にあげた性質をもつ函数 d は距離とよんでも差し支えないだろうと考えることができるのです. そこで, 次のような抽象的な設定を考えます♯28.

定義 1.16 X を空でない集合とする. 函数 $\mathrm{d} : X \times X \longrightarrow \mathbb{R}$ で (1.4), (1.5), (1.6) の 3 条件をみたすものを X 上の**距離函数**(かんすう)とよぶ. 組 (X, d) を**距離空間**とよぶ♯29.

$\mathbb{R}^n$ の性質のうちで距離だけで決まるものを見抜くためには, 一般の距離空間について学ぶことが有効です. 一般の距離空間を学ぶことで

- 距離空間に共通な性質,
- $\mathbb{R}^n$ に特有な性質

の区別・見分けがつくようになるからです.

(1.1) で定まる函数 d はもちろん $\mathbb{R}^n$ 上の距離函数です. これを $\mathbb{R}^n$ の**自然な距離函数**とか**ユークリッド距離**とよびます♯30. 数空間 $\mathbb{R}^n$ は自然な距離函数を備えた距離空間です.

■重大な注意 $\mathbb{R}^n$ 上の距離函数は自然な距離函数だけではありません. $\mathbb{R}^n$ に限らず, 一つの集合上には距離函数はいくらでもあります♯31. たとえば (極端

♯28 距離空間の概念はフレシェ (Maurice Fréchet, 1878–1973) の論文 Sur quelques points du calcul fonctionnels, Rend. Mat. Circ. Palermo **22** (1906) で導入されました. 彼の名を冠したものにはフレシェ微分・フレシェ空間・フレシェ・リー群などがあります.

♯29 一般の距離空間については 6.2.7 節で少しだけ学びます.

♯30 普通の距離函数, 標準的な距離 (standard distance function) ともよびます.

♯31 というかいくらでも作れる.

な例ですが) $X \times X$ 上の函数 d を

$$\mathrm{d}(\mathrm{P},\mathrm{Q}) = \begin{cases} 1, & \mathrm{P} \neq \mathrm{Q}, \\ 0, & \mathrm{P} = \mathrm{Q} \end{cases}$$

と定めると，これも X 上の距離函数です．この距離函数は X の**離散距離函数**とよばれています．今後，数空間 $\mathbb{R}^n$ には**ユークリッド距離が指定されている**という取り決めをしておきます[♯32].

演習 1.17 $X = \mathbb{R}^n$ とし函数 $\mathrm{d}_1 : X \times X \longrightarrow \mathbb{R}$ を

$$\mathrm{d}_1(\mathrm{P},\mathrm{Q}) := \sum_{i=1}^{n} |p_i - q_i|$$

と定める．d_1 が距離函数であることを確かめよ．

演習 1.18 $X = \mathbb{R}^n$ とし函数 $\mathrm{d}_\infty : X \times X \longrightarrow \mathbb{R}$ を

$$\begin{aligned} \mathrm{d}_\infty(\mathrm{P},\mathrm{Q}) &:= \max_{1 \leqq i \leqq n} |p_i - q_i| \\ &= \{|p_1 - q_1|, |p_2 - q_2|, \cdots, |p_n - q_n|\} \text{ の最大値} \end{aligned}$$

と定める．d_∞ が距離函数であることを確かめよ．

演習 1.19 次の不等式を確かめよ

$$\frac{1}{\sqrt{n}}\mathrm{d}(\mathrm{P},\mathrm{Q}) \leqq \mathrm{d}_\infty(\mathrm{P},\mathrm{Q}) \leqq \mathrm{d}_1(\mathrm{P},\mathrm{Q}) \leqq \sqrt{n}\mathrm{d}(\mathrm{P},\mathrm{Q}).$$

ただし d はユークリッド距離函数.

演習 1.20 $\mathrm{O} = (0,0) \in \mathbb{R}^2$ とする．次の 3 つの集合を一枚の紙に図示せよ．

$$\begin{aligned} S^1 &= \{\mathrm{P} \in \mathbb{R}^2 \,|\, \mathrm{d}(\mathrm{P},\mathrm{O}) = 1\}, \\ S^1_{(1)} &= \{\mathrm{P} \in \mathbb{R}^2 \,|\, \mathrm{d}_1(\mathrm{P},\mathrm{O}) = 1\}, \\ S^1_{(\infty)} &= \{\mathrm{P} \in \mathbb{R}^2 \,|\, \mathrm{d}_\infty(\mathrm{P},\mathrm{O}) = 1\}. \end{aligned}$$

註 1.21 d_1 にはいろいろな名称がつけられている．たとえば**タクシー距離**とよばれることがある．道路網の研究やクラスター分析という分野で d_1 は**マンハッタン距離**とよばれている．ニューヨーク市マンハッタン区 (や京都・札幌) のように，碁盤の目状に区画整理されている町の中での移動量を表すというこ

♯32 $\mathbb{R}^n$ にユークリッド距離 d を指定したもの $(\mathbb{R}^n, \mathrm{d})$ をユークリッド空間とよび $\mathbb{E}^n$ (または $\boldsymbol{E}^n$) と表記する本がありますので，他の本を読むときは注意してください．

とが命名の由来である．電気工学ではプリント基板の直交配線の配線長という利用がある．d_1, d は 6.2 節で与える距離函数 d_p の特別な場合である (演習問題 6.25).

1.4 ベクトルをもう一度

高等学校で学んだベクトルを同値関係を用いて再考します.

1.4.1 ベクトルの学びなおし

高等学校でベクトル[♯33]をどのように習ったか思い出してください.

定義 1.22 (変位ベクトル) 空間内の 2 点 P, Q に対し P から Q へ向かう有向線分を $\overrightarrow{\mathrm{PQ}}$ と表記し，P を始点，Q を終点とする**変位ベクトル**とよぶ.

P と Q の距離 d(P, Q) を $\overrightarrow{\mathrm{PQ}}$ の**長さ**といい $|\overrightarrow{\mathrm{PQ}}|$ と表す.

$$|\overrightarrow{\mathrm{PQ}}| := \mathrm{d}(\mathrm{P}, \mathrm{Q}).$$

定義から $|\overrightarrow{\mathrm{PQ}}| = |\overrightarrow{\mathrm{QP}}|$ です．変位ベクトルは “どれだけ移動したか” に着目している量だから “どの方向に”，“どれだけ進んだか” という二つの要素で決まる量です．いいかえると “向き” と “大きさ” が同じ変位ベクトルは**同一の変位ベクトル**と考えるのが自然です．そこで次の約束をします：

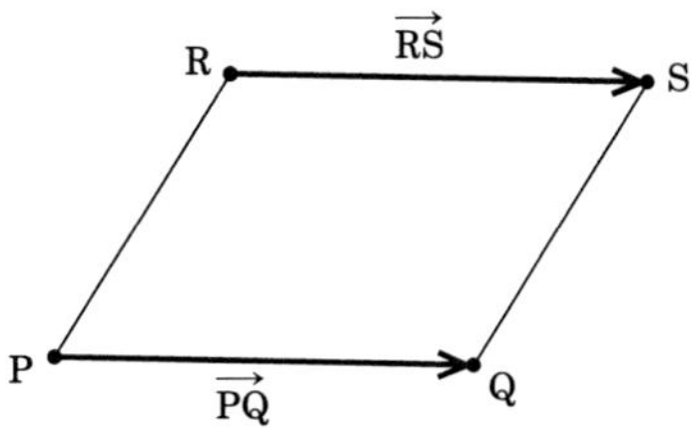

図 1.1 変位ベクトル.

♯33 今日使われているベクトルに纏わる用語の多くはグラスマン (Hermann Günter Grassmann, 1809–1877) とハミルトン (1.5.3 節参照) により導入されました．有向線分・内積・外積はグラスマンが，スカラー・ベクトル・スカラー積・ベクトル積はハミルトンが導入しました．グラスマンは，外積代数や，こんにちグラスマン多様体とよばれる空間を導入しました．数学以外に物理学・色彩理論や言語学 (グラスマンの法則) でも活躍しました.

定義 1.23 二つの変位ベクトル $\overrightarrow{\mathrm{PQ}}, \overrightarrow{\mathrm{RS}}$ に対し

$$\overrightarrow{\mathrm{PQ}} \ /\!/ \ \overrightarrow{\mathrm{RS}} \quad (\text{線分として平行で同じ向き}),$$
$$|\overrightarrow{\mathrm{PQ}}| = |\overrightarrow{\mathrm{RS}}|$$

であるときこれらは**変位ベクトルとして等しい**といい，$\overrightarrow{\mathrm{PQ}} = \overrightarrow{\mathrm{RS}}$ と表す．

■すぐにわかること 図を描いてみれば以下のことが確かめられます．

(1) $\overrightarrow{\mathrm{PQ}} = \overrightarrow{\mathrm{PQ}}$,

(2) $\overrightarrow{\mathrm{PQ}} = \overrightarrow{\mathrm{RS}} \implies \overrightarrow{\mathrm{RS}} = \overrightarrow{\mathrm{PQ}}$,

(3) $\overrightarrow{\mathrm{PQ}} = \overrightarrow{\mathrm{RS}}$ であり同時に $\overrightarrow{\mathrm{RS}} = \overrightarrow{\mathrm{TU}} \implies \overrightarrow{\mathrm{PQ}} = \overrightarrow{\mathrm{TU}}$.

これは「変位ベクトルとして等しい」は同値関係であることを意味しています．ですがよく考えると，**どの集合の上の同値関係なのかがはっきりしていません．** これから，きちんと同値関係を定義して，変位ベクトルを学び直します．

特別な変位ベクトルとして**零ベクトル**を定義します．これは長さが 0 で変位がない状態を表します．零ベクトルは $\vec{0}$ (または $\mathbf{0}$) と表記します．

次のことも図を描いて確かめてください．

■事実 任意の変位ベクトル $\boldsymbol{a}$ と任意の点 P に対して，$\boldsymbol{a} = \overrightarrow{\mathrm{PQ}}$ となる点 Q が唯一存在する．

任意の点 P に対し $\overrightarrow{\mathrm{PP}} = \vec{0} = \mathbf{0}$ であることに注意してください．

平面の変位ベクトル全体を $\mathbb{V}^2$, 空間の変位ベクトル全体を $\mathbb{V}^3$ で表すことにします．$\mathbb{V}^2, \mathbb{V}^3$ がどのような構造をもっているかを調べましょう．

ユークリッド空間 $\mathbb{E}^n$ 内の有向線分全体を $\mathscr{L}^n$ と表記します♯34．P を始点とし Q を終点とする有向線分を (P, Q) と書きます．向きをつけていない線分 (**無向線分**) は PQ と表示します．$\mathscr{L}^n$ は $\mathbb{E}^n$ 内の 2 点の組を集めたものと思うことができます♯35：

$$\mathscr{L}^n = \{(\mathrm{P}, \mathrm{Q}) \mid \mathrm{P},\ \mathrm{Q} \in \mathbb{E}^n\}.$$

♯34 $n = 1, 2, 3$ の場合を考えていますが，一般の n だと考えても差し支えありません．

♯35 有向線分は始点と終点で決まるから．

ただし向きをつけていますから $\mathrm{P} \neq \mathrm{Q}$ のときは，$(\mathrm{P},\mathrm{Q}) \neq (\mathrm{Q},\mathrm{P})$ です[♯36]．便宜上，(P,P) のような組も $\mathscr{L}^n$ に含めておきます[♯37]．

$\mathscr{L}^n$ 上の関係 $\sim$ を

$$
\begin{aligned}
&(\mathrm{P},\mathrm{Q}) \sim (\mathrm{P}',\mathrm{Q}') \iff \\
&\mathrm{PQ} \,/\!/\, \mathrm{P}'\mathrm{Q}' \text{ であり同じ向き，} \mathrm{d}(\mathrm{P},\mathrm{Q}) = \mathrm{d}(\mathrm{P}',\mathrm{Q}')
\end{aligned}
\tag{1.7}
$$

で定めます．

演習 1.24 (1.7) の関係 $\sim$ が同値関係であることを確かめよ．

商集合 $\mathscr{L}^n/{\sim}$ を $\mathbb{V}^n$ と表記し，$\mathbb{V}^n$ の元を**ベクトル**とよぶことにします[♯38]．$(\mathrm{P},\mathrm{Q}) \in \mathscr{L}^n$ の同値類を $\overrightarrow{\mathrm{PQ}}$ と書くことにすると，同値類の定義より

$$(\mathrm{P},\mathrm{Q}) \sim (\mathrm{R},\mathrm{S}) \iff \overrightarrow{\mathrm{PQ}} = \overrightarrow{\mathrm{RS}}$$

が得られます．このように抽象的にベクトルの定義をやり直しても，高等学校で習ったものと別物になったわけではありません．今までに習ったベクトルの概念と**整合性がある**ことを理解してもらえるでしょうか．

$\mathbb{V}^n = \mathscr{L}^n/{\sim}$ の定義に基づいて，ベクトルの加法・スカラー倍をあらためて定義してみましょう．まず，二つのベクトル $\boldsymbol{a},\boldsymbol{b} \in \mathbb{V}^n$ に対し**和** $\boldsymbol{a}+\boldsymbol{b}$ を定義するにはどうしたらよいでしょうか．

ベクトル $\boldsymbol{a}$, $\boldsymbol{b}$ は (定義から) 有向線分の同値類ですから，$\boldsymbol{a} = \overrightarrow{\mathrm{PQ}}$, $\boldsymbol{b} = \overrightarrow{\mathrm{RS}}$ と表すことができます．もっとていねいに書くと

$$
\begin{aligned}
\boldsymbol{a} &= \{(\mathrm{P}',\mathrm{Q}') \in \mathscr{L}^n \mid (\mathrm{P},\mathrm{Q}) \sim (\mathrm{P}',\mathrm{Q}')\}, \\
\boldsymbol{b} &= \{(\mathrm{R}',\mathrm{S}') \in \mathscr{L}^n \mid (\mathrm{R},\mathrm{S}) \sim (\mathrm{R}',\mathrm{S}')\}
\end{aligned}
$$

です．そこで代表元 $(\mathrm{P},\mathrm{Q}) \in \boldsymbol{a}$ を一つ選んでおきます．$\boldsymbol{b}$ の中から (Q,T) という形の代表元を探すことができます (なぜか？ 理由を説明してください)．そこで有向線分 (P,T) を考えそれの同値類をとります．この同値類を $\boldsymbol{a}+\boldsymbol{b}$ と定めればよいのです (図 1.2)．ここで気にしなければいけないことがあります．最初に $\boldsymbol{a}$ の中から (P,Q) を一つ選んで $\boldsymbol{a}+\boldsymbol{b} = [(\mathrm{P},\mathrm{T})]$ と定めたのですが，

♯36 このように，順序が違っていれば異なるとみなすという約束をした組 (P,Q) を**順序対**とよぶ．

♯37 空集合を集合の仲間とするように．

♯38 今までの用法にあわせて変位ベクトルとよぶのが適切ですが，煩雑なので単にベクトルとよぶことにします．

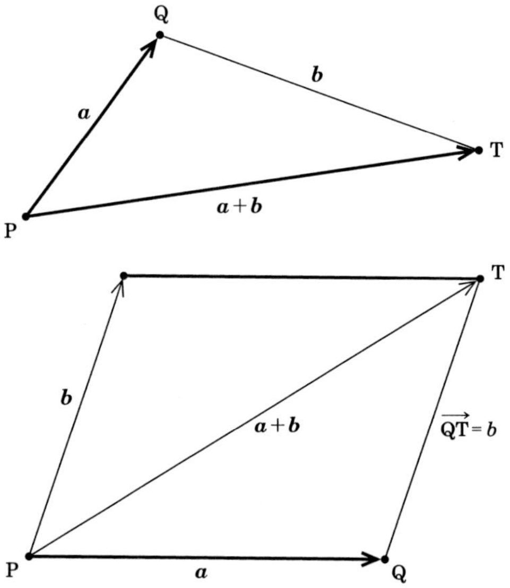

図 **1.2** ベクトルの加法.

もし最初の代表元を変えたらどうなるのでしょうか. 別の代表元 $(\mathrm{P}',\mathrm{Q}') \in \boldsymbol{a}$ をとってみます. すると♯39 $(\mathrm{P},\mathrm{Q}) \mathbin{/\!/} (\mathrm{P}',\mathrm{Q}')$. $(\mathrm{Q},\mathrm{T}) \in \boldsymbol{b}$ に対し別の代表元 $(\mathrm{Q}',\mathrm{T}')$ をとることができます. そこで $(\mathrm{P}',\mathrm{T}')$ を考えると, これは今の作り方から (P,T) と同値です. したがって $[(\mathrm{P},\mathrm{T})] = [(\mathrm{P}',\mathrm{T}')]$ なので $\boldsymbol{a}+\boldsymbol{b}$ は**代表元の選び方に依らずに定まります**♯40. 記法 $[\cdot]$ を使わずに $\overrightarrow{\cdot}$ を使うと, ここまでの説明は次のように書き表せます.

$$
\begin{aligned}
&\overrightarrow{\mathrm{PQ}} + \overrightarrow{\mathrm{QT}} = \overrightarrow{\mathrm{PT}},\\
&\overrightarrow{\mathrm{PQ}} + \overrightarrow{\mathrm{RS}} = \overrightarrow{\mathrm{PT}}, \quad \overrightarrow{\mathrm{RS}} = \overrightarrow{\mathrm{QT}},\\
&\overrightarrow{\mathrm{P'Q'}} + \overrightarrow{\mathrm{RS}} = \overrightarrow{\mathrm{P'T'}}, \quad \overrightarrow{\mathrm{RS}} = \overrightarrow{\mathrm{Q'T'}}.
\end{aligned}
$$

高等学校で初めてベクトルの加法を学んだときのことと比べてみてください. 同じことを同値関係で説明しなおしているだけと思えますか.

命題 1.25 $\boldsymbol{a},\boldsymbol{b},\boldsymbol{c} \in \mathbb{V}^n$ に対し

♯39 $\sim$ の定義から.

♯40 商集合に演算を定めることができるときにこの表現を使うので, 覚えておくこと. 演習 1.7, 演習 1.8 の略解も参照.

(1) (交換法則) $\boldsymbol{a}+\boldsymbol{b}=\boldsymbol{b}+\boldsymbol{a}$,

(2) (結合法則) $(\boldsymbol{a}+\boldsymbol{b})+\boldsymbol{c}=\boldsymbol{a}+(\boldsymbol{b}+\boldsymbol{c})$,

(3) $\boldsymbol{a}+\boldsymbol{0}=\boldsymbol{0}+\boldsymbol{a}$

が成立する．

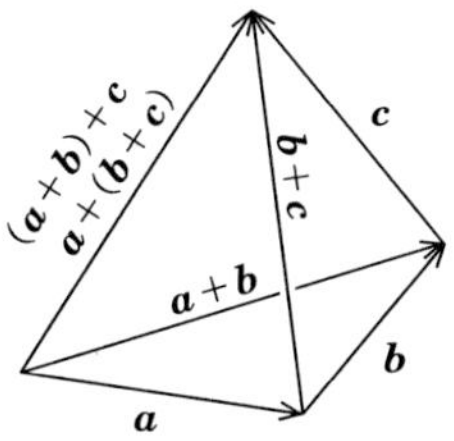

図 1.3　ベクトルの結合法則.

演習 1.26　命題 1.25 を確かめよ．

定義 1.27　$\boldsymbol{a}=\overrightarrow{\mathrm{PQ}}$ に対し $\overrightarrow{\mathrm{QP}}$ を $\boldsymbol{a}$ の**逆ベクトル**とよび，$-\boldsymbol{a}$ と表す．

演習 1.28　次の問いに答えよ．

(1) 逆ベクトルの定義が代表元の選び方に依らないことを確かめよ．

(2) $\boldsymbol{a}+(-\boldsymbol{a})=(-\boldsymbol{a})+\boldsymbol{a}=\boldsymbol{0}$ を確かめよ．

■ちょっとひとこと (群)　$\mathbb{V}^n$ に，ベクトルの加法 "+" を定義しました．+ は $\mathbb{V}^n$ の二つの元から第 3 の元をつくる操作です．集合と写像に慣れていれば + は $+:\mathbb{V}^n\times\mathbb{V}^n\longrightarrow\mathbb{V}^n$ という写像を定めていることに気付くでしょう．さらに + は $(\boldsymbol{a}+\boldsymbol{b})+\boldsymbol{c}=\boldsymbol{a}+(\boldsymbol{b}+\boldsymbol{c})$ という性質をみたしています．この事実を，一般的な観点から説明しなおしておきます．

空でない集合 G において，集合 G の任意の 2 元 a,b に対し第 3 の元 $a*b$ が定まり**結合法則**：

$$(a*b)*c=a*(b*c)$$

をみたすとき G を**半群**とよびます．また $a*b$ を a と b の積，写像 $*:G\times G\longrightarrow G;\ (a,b)\longmapsto a*b$ を半群 G の演算とよびます．演算を明記して半群 G を $(G,*)$ とも表記します．

半群 G において，ある $e \in G$ が存在してどの $a \in G$ に対しても $a * e = e * a = a$ をみたすとき，e を G の**単位元**とよびます．単位元 e をもつ半群 G が次の条件をみたすとき，G は**群**であると言い表します．

どの $a \in G$ に対しても $a * x = x * a = e$ をみたす x が存在する．

この x を a の逆元とよび a^{-1} で表します．半群・群の定義では $a * b = b * a$ が成立することは要求されていないことに注意してください．この条件を**交換法則**とよびます．交換法則がみたされている群を**可換群**とよびます．この本で必要とする範囲の群に関する知識は附録 A.2 にまとめてありますので，必要に応じて参照してください．

さて半群 $(\mathbb{V}, +)$ ではゼロベクトル $\mathbf{0}$ が単位元です．また $\boldsymbol{a}$ に対し $-\boldsymbol{a}$ が逆元になっています．さらに交換法則もみたしていますから，$(\mathbb{V}^n, +)$ は可換群です．□

ベクトルの集合 $\mathbb{V}^n$ は加法 $+$ について可換群の構造[♯41]をもつことがわかりました．$\mathbb{V}^n$ は加法に加え**スカラー乗法**というものも備えています．

$\boldsymbol{a} = \overrightarrow{\mathrm{PQ}}$ と正の実数 $c > 0$ に対し，(P, Q) の長さを c 倍して得られる有向線分の定めるベクトルを $c\boldsymbol{a}$ と表記します．これが代表元の選び方に依らないことは明らかです．$c\boldsymbol{a}$ を $\boldsymbol{a}$ の c 倍とよび，$c = 0$ に対し $0\boldsymbol{a} = \mathbf{0}$ と決めます．$c < 0$ については $|c|\boldsymbol{a}$ の向きを逆にしたものを $c\boldsymbol{a}$ と定めます．とくに $(-1)\boldsymbol{a} = -\boldsymbol{a}$ です．

演習 1.29　次を確かめよ．$\boldsymbol{a}, \boldsymbol{b} \in \mathbb{V}^n$，$c, d \in \mathbb{R}$ に対し

(1) $c(\boldsymbol{a} + \boldsymbol{b}) = c\boldsymbol{a} + c\boldsymbol{b}$,

(2) $(c + d)\boldsymbol{a} = c\boldsymbol{a} + d\boldsymbol{a}$,

(3) $(cd)\boldsymbol{a} = c(d\boldsymbol{a})$.

■線型空間について　$(\mathbb{V}, +)$ にスカラー乗法を付加したものは命題 1.25 と演習 1.29 であげた性質をみたします．この事実は線型代数学で抽象化されます．集合 V に演算 $+$ と実数倍が定義され命題 1.25 と演習 1.29 であげた性質がみたされるとき，$(V, +)$ を**実線型空間**とよびます[♯42]．この本では第 4 章でのみ線型

[♯41] 可換群においては演算を $+$ で表し，加法群とよぶことがあります．

[♯42] 実ベクトル空間 (real vector space) ともよびます．

空間の概念を必要とします．第 4 章を読む際，線型空間について未習の読者は附録 A.3 や線型代数学の教科書 (たとえば [67, 4.2 節], [47, §2.3] など) をみてください．

加法とスカラー乗法演算については，高等学校で習った基本性質が抽象的な定義 $\mathbb{V}^n = \mathscr{L}^n/\sim$ の下でも成立することが確かめられました．

高等学校で習った事実はすべて抽象的な定義から再現できるのです！

1.4.2 成分表示

さて，ここまで座標をまったく用いていなかったことに気付いていますか．座標系を引いて $\mathbb{E}^n$ を $(\mathbb{R}^n, \mathrm{d})$ とみなすと何がわかるでしょう．4 点 P, Q, P′, Q′ $\in \mathbb{R}^n$ の座標をそれぞれ

$$\mathrm{P} = (p_1, p_2, \cdots, p_n), \quad \mathrm{Q} = (q_1, q_2, \cdots, q_n),$$
$$\mathrm{P}' = (p'_1, p'_2, \cdots, p'_n), \quad \mathrm{Q}' = (q'_1, q'_2, \cdots, q'_n)$$

とすると，有向線分 (P, Q), $(\mathrm{P}', \mathrm{Q}')$ に対し

$$(\mathrm{P}, \mathrm{Q}) \sim (\mathrm{P}', \mathrm{Q}') \iff q_i - p_i = q'_i - p'_i \ (i = 1, 2, \cdots, n) \tag{1.8}$$

が成立することが確かめられるはずです．つまり $(q_1 - p_1, q_2 - p_2, \cdots, q_n - p_n)$ はベクトル $\boldsymbol{a} = \overrightarrow{\mathrm{PQ}}$ の**代表元の選び方に依らずに確定**します．

定義 1.30 $\boldsymbol{a} = \overrightarrow{\mathrm{PQ}}$ に対し

$$(q_1 - p_1, q_2 - p_2, \cdots, q_n - p_n)$$

を $\boldsymbol{a}$ の**成分**とよぶ．

$$\boldsymbol{a} = (q_1 - p_1, q_2 - p_2, \cdots, q_n - p_n)$$

を $\boldsymbol{a}$ の**成分表示**とよぶ．

平面ベクトル・空間ベクトルについて自信がない読者は，高等学校のときに使っていた教科書・参考書で復習するか，[48] を読むとよいでしょう．

1.4.3 一般次元の場合には

ここまでをふりかえると，$n \geqq 4$ の場合でも $\mathbb{R}^n$ においてベクトルを定義できることに気付くと思います．

まず補題 1.13 を利用して，$\mathbb{R}^n$ における線分を定義します．

定義 1.31 相異なる2点 P, Q $\in \mathbb{R}^n$ に対し $\mathrm{d}(\mathrm{P},\mathrm{X})+\mathrm{d}(\mathrm{X},\mathrm{Q})=\mathrm{d}(\mathrm{P},\mathrm{Q})$ をみたす点 X をすべて集めて得られる集合

$$\{\mathrm{X}\in\mathbb{R}^n \mid \mathrm{d}(\mathrm{P},\mathrm{X})+\mathrm{d}(\mathrm{X},\mathrm{Q})=\mathrm{d}(\mathrm{P},\mathrm{Q})\}$$

を，P, Q を端点とする**線分**とよぶ．しばしば線分 PQ と略称する．

$\mathbb{R}^n$ 内の2点のなす順序対の全体

$$\mathscr{L}^n=\{(\mathrm{P},\mathrm{Q}) \mid \mathrm{P},\,\mathrm{Q}\in\mathbb{R}^n\}$$

を考えます．$(\mathrm{P},\mathrm{Q})\in\mathscr{L}^n$ と線分 PQ を対応させてみましょう．線分の定義から "線分 PQ $=$ 線分 QP" ですが，順序対においては (P,Q) と (Q,P) の区別があることを尊重して (P,Q) と (Q,P) が定める (対応する) 線分を区別します．この区別を考慮にいれたものを**有向線分**とよびます．$\mathbb{R}^n$ 内の有向線分全体を $\mathscr{L}^n$ と同一視してよいことは，$n\leqq 3$ のときとまったく同様です．

ここで線分の平行性を定義しておきます．

定義 1.32 有向線分 (P,Q), (R,S) が次の条件をみたすとき，互いに**平行**であるという．

$$t\neq 0 \text{ が存在し } q_i-p_i=t(s_i-r_i)\ (i=1,2,\cdots,n).$$

(1.8) と，この定義をもとにして，

$$(\mathrm{P},\mathrm{Q})\sim(\mathrm{R},\mathrm{S}) \iff q_i-p_i=t(s_i-r_i)\ (i=1,2,\cdots,n)$$

と定めます．$\sim$ は $\mathscr{L}^n$ 上の同値関係です．とくに $n\leqq 3$ のときは (1.7) と一致しています．そこで，$n\leqq 3$ のときのように (P,Q) の $\sim$ による同値類を $\overrightarrow{\mathrm{PQ}}$ と書き，ベクトルとよぶのです．この定義に従って $\mathbb{V}^n=\mathscr{L}^n/\sim$ が命題 1.25, 演習 1.29 にあげた性質をみたすことは簡単に確かめられます[♯43]．

定義 1.33 有向線分 (P,Q), (R,S) が平行で

$$q_i-p_i=t(s_i-r_i),\quad i=1,2,\cdots,n$$

をみたしているとき，すなわち $\overrightarrow{\mathrm{PQ}}=t\overrightarrow{\mathrm{RS}}$ であるとき (P,Q) と (R,S) の比は t であるといい，$\dfrac{\mathrm{PQ}}{\mathrm{RS}}=t$ と表す．

♯43 したがって $\mathbb{V}^n$ は線型空間です．

演習 1.34 相異なる 2 点 P, Q $\in \mathbb{R}^n$ と $m, n \in \mathbb{R}$ (ただし $m+n \neq 0$) に対し,

$$\frac{\mathrm{PX}}{\mathrm{XQ}} = \frac{m}{n}$$

をみたす点 X $\in \mathbb{R}^n$ が唯一存在することを示せ. X を (P,Q) を $m:n$ に分ける点とよぶ. $n/m > 0$ のとき X を**内分点**, そうでないとき**外分点**とよぶ. とくに $1:1$ に内分する点 X を (P,Q) の**中点**とよぶ.

続いて $\mathbb{R}^n$ 内の直線を定義します. **線分 PQ の両端を限りなく伸ばしたものを直線といいたい**のですから, 補題 1.13 を参考にして

$$\left\{ \mathrm{X} = (x_1, x_2, \cdots, x_n) \in \mathbb{R}^n \,\middle|\, \begin{array}{l} x_i = \lambda p_i + \mu q_i \\ (\lambda,\, \mu \in \mathbb{R},\, \lambda + \mu = 1) \end{array} \right\} \tag{1.9}$$

を**直線** PQ とよべばよいことに気付くでしょう.

1.4.4 位置ベクトル

1 点 O $\in \mathbb{E}^n$ をとり固定します. 点 P $\in \mathbb{E}^n$ に対し有向線分 (O,P) を, 点 P の O を基点とする**位置ベクトル**とよびましょう. いま固定した O を原点とする座標系を引き $\mathbb{E}^n$ を数空間 $\mathbb{R}^n$ と同一視します. いったん $\mathbb{E}^n$ を $\mathbb{R}^n$ と同一視してしまえば点 P と位置ベクトル (O,P) を同じものと思っても (混用しても) 差し支えないことに気付くと思います.

そこで今後は P $\in \mathbb{R}^n$ と P の位置ベクトル $\boldsymbol{p} = (\mathrm{O},\mathrm{P})$ を同一視します. 始点が固定されているから♯44, $(\mathrm{O},\mathrm{P}) = \overrightarrow{\mathrm{OP}}$ と書いてしまいます. この約束の下では $\boldsymbol{p} = \overrightarrow{\mathrm{OP}} \in \mathbb{R}^n$ という記法が許されています♯45. この約束により 2 点 P, Q 間の距離は $\mathrm{d}(\mathrm{P},\mathrm{Q}) = |\boldsymbol{p} - \boldsymbol{q}|$ と表せる.

例 1.35 (直線の位置ベクトル表示) 相異なる 2 点 P, Q $\in \mathbb{R}^n$ に対し直線 PQ 上の点 X は, ある実数 t により

$$\overrightarrow{\mathrm{PX}} = t\overrightarrow{\mathrm{PQ}}$$

と表せる. したがって X の位置ベクトル $\boldsymbol{x} = \overrightarrow{\mathrm{OX}}$ は $\overrightarrow{\mathrm{OP}} + t\overrightarrow{\mathrm{PQ}}$ と表示できるので

♯44 平行移動しないという約束をしたことと一緒.

♯45 位置ベクトルは始点が固定されていて,「平行移動して重なる有向線分は同じとみなす」という約束から外れた概念です. そのため**束縛ベクトル**という言い方もされます. それに対し (変位) ベクトルは自由に平行移動できるという意味で**自由ベクトル**とよばれることがあります.

$$\text{直線 PQ} = \{\boldsymbol{x} = \overrightarrow{\mathrm{OP}} + t\overrightarrow{\mathrm{PQ}} \mid t \in \mathbb{R}\} \tag{1.10}$$

という表示を得る．これを直線 PQ の**ベクトル表示**，または**径数表示**とよぶ♯46．
□

直線 PQ に対する 2 種類の表示方法 (1.9) と (1.10) を互いに書き換えて「同一の集合を表していること」を確かめてください．

さて

$$\mathrm{E}_1 = (1, 0, 0, \cdots, 0), \quad \mathrm{E}_2 = (0, 1, 0, \cdots, 0), \cdots,$$
$$\mathrm{E}_n = (0, 0, 0, \cdots, 1)$$

の位置ベクトル

$$\boldsymbol{e}_1 = \overrightarrow{\mathrm{OE}_1}, \boldsymbol{e}_2 = \overrightarrow{\mathrm{OE}_2}, \cdots, \boldsymbol{e}_n = \overrightarrow{\mathrm{OE}_n}$$

を並べてできる組 $\{\boldsymbol{e}_1, \boldsymbol{e}_2, \cdots, \boldsymbol{e}_n\}$ を $\mathbb{R}^n$ の**標準基底**とよびます．

命題 1.36 任意のベクトル $\boldsymbol{p} = (p_1, p_2, \cdots, p_n) \in \mathbb{V}^n$ は標準基底を用いて

$$\boldsymbol{p} = p_1\boldsymbol{e}_1 + p_2\boldsymbol{e}_2 + \cdots + p_n\boldsymbol{e}_n$$

と表すことができる (図 1.4)♯47．

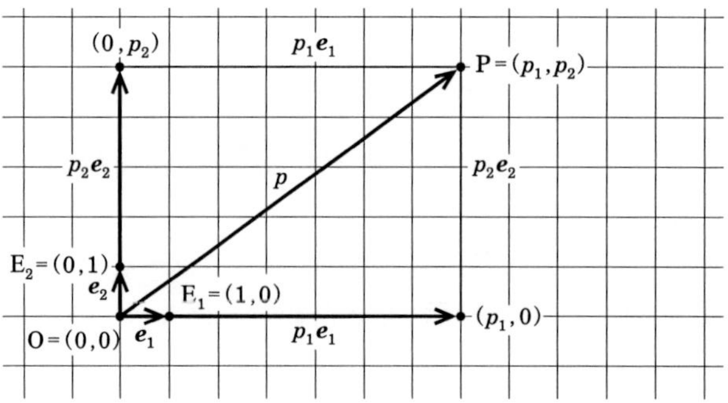

図 **1.4** 位置ベクトル．

定義 1.37 $\boldsymbol{a}_1, \boldsymbol{a}_2, \cdots, \boldsymbol{a}_k \in \mathbb{V}^n$ とする．いまこれらのベクトルに対し

$$c_1\boldsymbol{a}_1 + c_2\boldsymbol{a}_2 + \cdots + c_k\boldsymbol{a}_k = \boldsymbol{0}$$

♯46 命題 4.13 を参照．

♯47「$\boldsymbol{p}$ は $\{\boldsymbol{e}_1, \boldsymbol{e}_2, \cdots, \boldsymbol{e}_n\}$ の**線型結合**で表せる」と言い表します．

という方程式を考える[♯48]．もし，この方程式の解が $(c_1, c_2, \cdots, c_k) = (0, 0, \cdots, 0)$ のみであるときベクトルの組 $\{\boldsymbol{a}_1, \boldsymbol{a}_2, \cdots, \boldsymbol{a}_k\}$ は**線型独立**であるという[♯49]．線型独立でないときは**線型従属**であるという．

演習 1.38 座標平面 $\mathbb{R}^2$ において零でない 2 本のベクトル $\{\boldsymbol{a}_1, \boldsymbol{a}_2\}$ が線型独立であるとはどういう意味か説明せよ．座標空間 $\mathbb{R}^3$ において零でない 3 本のベクトル $\{\boldsymbol{a}_1, \boldsymbol{a}_2, \boldsymbol{a}_3\}$ について同じことを考えよ．

1.4.5 ベクトルの内積

$\boldsymbol{a} = (a_1, a_2, \cdots, a_n)$, $\boldsymbol{b} = (b_1, b_2, \cdots, b_n) \in \mathbb{V}^n$ に対しシュワルツの不等式から

$$-|\boldsymbol{a}|\,|\boldsymbol{b}| \leqq a_1b_1 + a_2b_2 + \cdots + a_nb_n \leqq |\boldsymbol{a}|\,|\boldsymbol{b}|$$

がいえます．$a_1b_1 + a_2b_2 + \cdots + a_nb_n$ を $\boldsymbol{a} \cdot \boldsymbol{b}$ と書いておきましょう．すると $|\boldsymbol{a}|$, $|\boldsymbol{b}| \neq 0$ のとき

$$-1 \leqq \frac{\boldsymbol{a} \cdot \boldsymbol{b}}{|\boldsymbol{a}||\boldsymbol{b}|} \leqq 1$$

ですから

$$\frac{\boldsymbol{a} \cdot \boldsymbol{b}}{|\boldsymbol{a}||\boldsymbol{b}|} = \cos\theta$$

となる $\theta \in [0, \pi]$ が唯一存在します[♯50]．この θ を $\boldsymbol{a}$ と $\boldsymbol{b}$ の**なす角**といい，$\angle(\boldsymbol{a}, \boldsymbol{b})$ で表します．

定義 1.39 $\boldsymbol{a}, \boldsymbol{b} \in \mathbb{V}^n$ に対し $\angle(\boldsymbol{a}, \boldsymbol{b}) = \pi/2$ のとき $\boldsymbol{a}$ と $\boldsymbol{b}$ は**直交する**といい，$\boldsymbol{a} \perp \boldsymbol{b}$ と表記する．

便宜上，**零ベクトルはすべてのベクトルと直交する**と定めておきます．この定義から，2 本のベクトル $\boldsymbol{a}$, $\boldsymbol{b}$ に対し "$\boldsymbol{a} \perp \boldsymbol{b} \Longleftrightarrow \boldsymbol{a} \cdot \boldsymbol{b} = 0$" が成立します．

$\boldsymbol{a}$, $\boldsymbol{b}$ の成分は代表元の選び方に依らないので $\boldsymbol{a} \cdot \boldsymbol{b} = a_1b_1 + a_2b_2 + \cdots + a_nb_n$ は二つのベクトル $\boldsymbol{a}$, $\boldsymbol{b}$ が指定されれば決まる実数です．これを $\boldsymbol{a}$, $\boldsymbol{b}$ の**内積**とよびます．

内積は $\mathbb{V}^n \times \mathbb{V}^n \longrightarrow \mathbb{R}$ という写像を定めています．

♯48 未知変数は $c_1, c_2, \cdots, c_k$.

♯49 1 次独立ともいいます．

♯50 $y = \cos x$ $(0 \leqq x \leqq \pi)$ のグラフを描いてみよう．

演習 1.40 内積は次の性質[♯51]をもつことを確かめよ ($\boldsymbol{a}, \boldsymbol{b}, \boldsymbol{c} \in \mathbb{V}^n$, $\lambda \in \mathbb{R}$).

(1) $(\boldsymbol{a}+\boldsymbol{b})\cdot\boldsymbol{c} = \boldsymbol{a}\cdot\boldsymbol{c}+\boldsymbol{b}\cdot\boldsymbol{c}$,

(2) $\boldsymbol{a}\cdot(\boldsymbol{b}+\boldsymbol{c}) = \boldsymbol{a}\cdot\boldsymbol{b}+\boldsymbol{a}\cdot\boldsymbol{c}$,

(3) $\lambda(\boldsymbol{a}\cdot\boldsymbol{b}) = (\lambda\boldsymbol{a})\cdot\boldsymbol{b} = \boldsymbol{a}\cdot(\lambda\boldsymbol{b})$,

(4) (対称性) $\boldsymbol{a}\cdot\boldsymbol{b} = \boldsymbol{b}\cdot\boldsymbol{a}$,

(5) (正値性) $\boldsymbol{a}\cdot\boldsymbol{a} = |\boldsymbol{a}|^2$.

演習 1.41 高等学校では $\boldsymbol{a}\cdot\boldsymbol{b}$ を

$$\boldsymbol{a}\cdot\boldsymbol{b} = |\boldsymbol{a}||\boldsymbol{b}|\cos\theta, \quad \theta = \angle(\boldsymbol{a},\boldsymbol{b})$$

と定義すると習った．何故，この本では $\boldsymbol{a}\cdot\boldsymbol{b} = \sum a_i b_i$ と定義し $\boldsymbol{a}\cdot\boldsymbol{b} = |\boldsymbol{a}||\boldsymbol{b}| \times \cos\theta$ を用いて角 $\theta = \angle(\boldsymbol{a},\boldsymbol{b})$ を定義したのだろうか．理由を考えよ．

演習 1.42 (中線定理) 次の等式を証明せよ．

$$|\boldsymbol{a}+\boldsymbol{b}|^2 + |\boldsymbol{a}-\boldsymbol{b}|^2 = 2\left(|\boldsymbol{a}|^2+|\boldsymbol{b}|^2\right), \quad \boldsymbol{a},\boldsymbol{b}\in\mathbb{V}^n.$$

この等式は**平行四辺形則**とよばれています．とくに $n=2$ の場合，この等式は**中線定理**そのものなので中線定理ともよばれます．この等式は命題 2.7 の証明で用います．

演習 1.43 (極化公式) 次の等式を証明せよ．

$$\boldsymbol{a}\cdot\boldsymbol{b} = \frac{1}{4}\left(|\boldsymbol{a}+\boldsymbol{b}|^2 - |\boldsymbol{a}-\boldsymbol{b}|^2\right), \quad \boldsymbol{a},\boldsymbol{b}\in\mathbb{V}^n.$$

これを**極化公式**とよぶ．

註 1.44 函数解析学を学ぶと極化公式の応用に出会う．実線型空間 V 上の函数 $|\cdot|$ が次の条件をみたすとき***ノルム***という．

(1) $|\boldsymbol{a}| \geqq 0$, とくに $|\boldsymbol{a}| = 0 \Longleftrightarrow \boldsymbol{a} = \boldsymbol{0}$,

(2) $|\boldsymbol{a}+\boldsymbol{b}| \leqq |\boldsymbol{a}|+|\boldsymbol{b}|$,

(3) $|\lambda\boldsymbol{a}| = |\lambda||\boldsymbol{a}|$ $(\lambda\in\mathbb{R})$.

さらにノルム $|\cdot|$ が中線定理の等式をみたすとき，

$$(\boldsymbol{a}|\boldsymbol{b}) = \frac{1}{4}\left(|\boldsymbol{a}+\boldsymbol{b}|^2 - |\boldsymbol{a}-\boldsymbol{b}|^2\right)$$

[♯51] (1), (2), (3) をみたす $\mathbb{V}^n$ 上の 2 変数函数を $\mathbb{V}^n$ 上の**双線型形式** (bilinear form) であると言い表します．第 4 章，定義 1.40 参照．第 3 章，3.44 でも双線型性をとりあげます．

とおけば，$(\cdot|\cdot)$ は V 上の内積[♯52]を定めることが知られている[♯53]．□

註 1.45 (平行四辺形) 平面内の平行四辺形の面積の計算方法をもとにして，$\mathbb{R}^n$ 内の平行四辺形とその面積を次のように定義します．$\boldsymbol{a}, \boldsymbol{b} \in \mathbb{R}^n$ は線型独立であるとする．

$$\{\mathrm{P} \in \mathbb{R}^n \mid \overrightarrow{\mathrm{OP}} = s\boldsymbol{a} + t\boldsymbol{b}\ (0 \leqq s,\, t \leqq 1)\}$$

をベクトル $\boldsymbol{a}, \boldsymbol{b}$ の張る**平行四辺形**とよぶ．$\boldsymbol{a}, \boldsymbol{b}$ のなす角を θ とするとき，$|\boldsymbol{a}||\boldsymbol{b}|\sin\theta$ を $\boldsymbol{a}, \boldsymbol{b}$ の張る平行四辺形の**面積**とよぶ[♯54]．

最後に，ユークリッド平面 $\mathbb{E}^2$ の位置ベクトルを利用した演習問題を 2 題あげておきます．

演習 1.46 三角形[♯55]ABC の 3 辺 BC, CA, AB の中点をそれぞれ L, M, N とし，3 頂点から対辺に下ろした垂線の足を D, E, F とする．垂心[♯56] H と 3 頂点を結ぶ線分 AH, BH, CH の中点を P, Q, R とすれば，L, M, N, D, E, F, P, Q, R は同一円周上にあることを証明せよ．この円は △ABC の **9 点円**とよばれる (図 1.5)．(ヒント：外心[♯57]O を原点とする位置ベクトルを用いる．OH の中点 K が 9 点円の中心であることを示せばよい)

演習 1.47 対辺が平行でない四角形 OABC の辺 OA, BC を延長した直線の交点を D, 同様に OB, AC を延長した直線の交点を E とする．このとき AB, OC, DE の中点 P, Q, R は同一直線上にあることを証明せよ (図 1.6, ニュートンの定理)．

■さらに勉強するために■

この節では，ベクトルを同値関係を用いて再定義しました．すでに高等学校で習っているものをどうして (こんな面倒くさい) 定義しなおしをするのかと疑

♯52 抽象化された意味の内積については第 4 章，定義 1.40 を参照．

♯53 フォン・ノイマン–ジョルダンの定理，P. Jordan, J. Von Neumann, On inner products in linear metric spaces, Ann. of Math. (2) **36** (1935), no. 3, 719–723.

♯54 定義 4.21 も参照．

♯55 $\mathbb{R}^n$ 内の三角形については 2.3 節であらためて定義します (定義 2.44)．

♯56 3 本の垂線 AD, BE, CF は一点 H で交わります．その交点 H を △ABC の**垂心**といいます．

♯57 三角形 ABC の外接円の中心を**外心**とよびます．

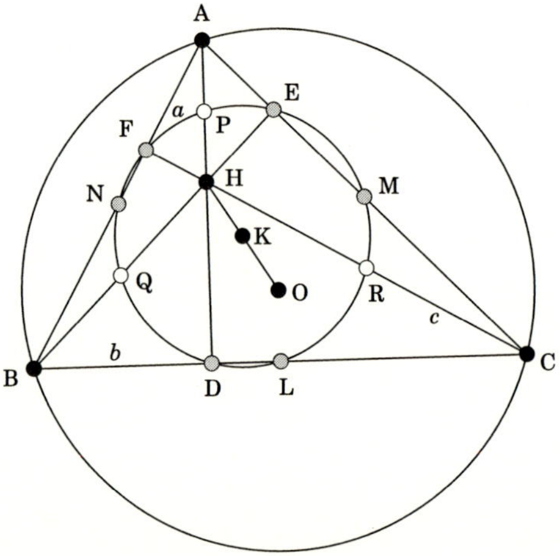

図 **1.5** 9 点円.

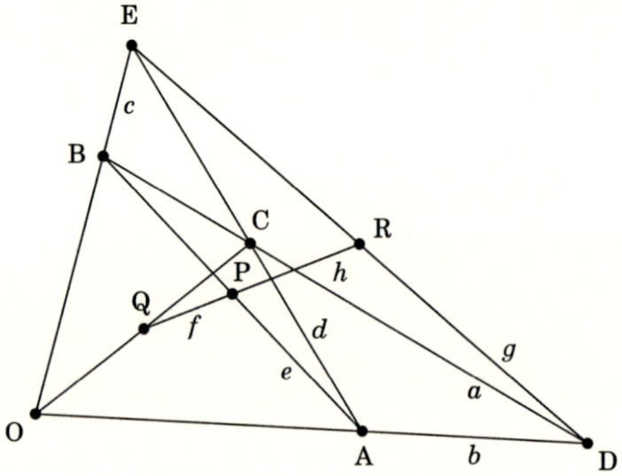

図 **1.6** ニュートンの定理.

問に思った読者もいることと思います．しかし，変位ベクトルの相当 ($\overrightarrow{\mathrm{PQ}} = \overrightarrow{\mathrm{RS}}$) とはどういうことかを一度は真剣に考える甲斐はあります．この節で行なった抽象化は線型代数学 (線型空間の理論) へとつながっていくからです．参考文献にあげた線型代数学の教科書 (たとえば [67]) を本節に続けて読むことをすすめます．

この節にはもう一つの工夫をしてあります．この節自体が「同値関係」に慣れるための練習問題となっています．もう少し練習を積みたい人は [61, 第一章]

を読むとよいでしょう．そこでは同値関係の練習を積みながら「偶力は合成不可能であること」を数学的に証明しており，同値関係をきちっときめておくことの必要性を感得できるはずです．

1.5 ベクトルの外積

1.5.1 外積の定義

ベクトルの外積について未習の読者のために，この節では手短かに外積を説明します．既習の読者で自信のない人は復習と思って通読してください．

最初に**右手座標系**を定義します．3 次元ユークリッド空間に直交座標系を引いておきます．原点を O とし座標系を (x_1, x_2, x_3) とします．$\boldsymbol{e}_1 = (1, 0, 0)$, $\boldsymbol{e}_2 = (0, 1, 0)$, $\boldsymbol{e}_3 = (0, 0, 1)$ がそれぞれ**右手**の親指・人さし指・中指の方向を向いているとき，この座標系を**右手座標系**とよびます．

以下，とくに断りのない限り，3 次元ユークリッド空間 $\mathbb{E}^3$ を数空間 $\mathbb{R}^3$ とみなすときは**右手座標系を用いる**こととにします．

命題 1.48 $\boldsymbol{a}, \boldsymbol{b} \in \mathbb{R}^3$ が線型独立のとき以下の (1)–(3) をみたす $\boldsymbol{c}$ が唯一存在する[♯58]．$\boldsymbol{c}$ を $\boldsymbol{a}$, $\boldsymbol{b}$ の**外積**とよび，$\boldsymbol{c} = \boldsymbol{a} \times \boldsymbol{b}$ と書く (図 1.7).

(1) $\boldsymbol{a} \perp \boldsymbol{c}$ かつ $\boldsymbol{b} \perp \boldsymbol{c}$,

(2) $\{\boldsymbol{a}, \boldsymbol{b}, \boldsymbol{c}\}$ は右手系[♯59],

(3) $|\boldsymbol{c}|$ は $\boldsymbol{a}$ と $\boldsymbol{b}$ の張る平行四辺形の面積に等しい[♯60].

$\boldsymbol{a}$ と $\boldsymbol{b}$ が線型従属のとき，および $\boldsymbol{a} = \boldsymbol{0}$ または $\boldsymbol{b} = \boldsymbol{0}$ のときは，$\boldsymbol{a} \times \boldsymbol{b} = \boldsymbol{0}$ と決めます．定義から明らかに

$$\boldsymbol{a} \times \boldsymbol{b} = -\boldsymbol{b} \times \boldsymbol{a}, \quad c(\boldsymbol{a} \times \boldsymbol{b}) = (c\boldsymbol{a}) \times \boldsymbol{b} = \boldsymbol{a} \times (c\boldsymbol{b}), \quad c \in \mathbb{R}$$

です．

3 点 A, B, C の位置ベクトル $\boldsymbol{a} = \overrightarrow{\mathrm{OA}}$, $\boldsymbol{b} = \overrightarrow{\mathrm{OB}}$, $\boldsymbol{c} = \overrightarrow{\mathrm{OC}}$ が**線型独立**であ

♯58 $\mathbb{V}^3$ の元は向きと長さでただ一つに決まります.

♯59 Right-handed system: 右手座標系を定めたときと同様，次のように定める．$\boldsymbol{a}$ に右手の親指，$\boldsymbol{b}$ にひとさし指を対応させたとき $\boldsymbol{c}$ が中指に対応する向きになっていること．左手のそれらと対応するようになっているときは左手系とよぶ.

♯60 註 1.45 参照.

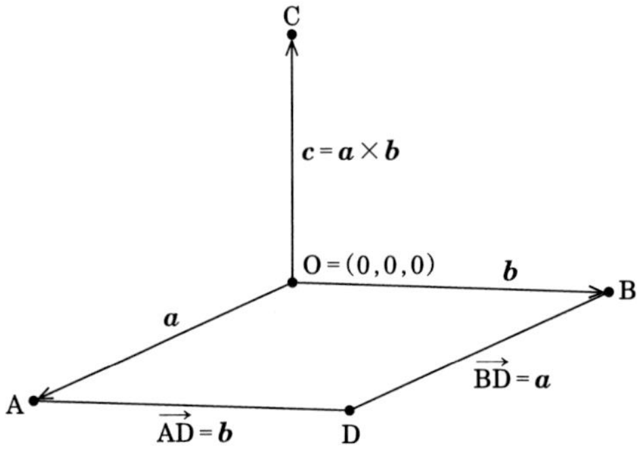

図 **1.7**　外積.

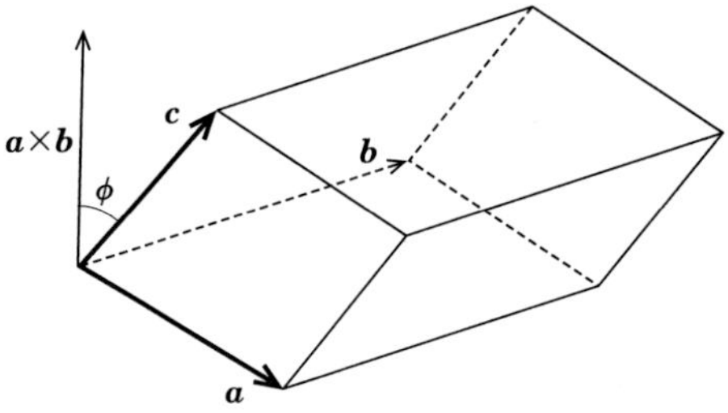

図 **1.8**　平行六面体.

るとします[♯61]. このとき

$$\{\mathrm{P} \in \mathbb{R}^3 \mid \overrightarrow{\mathrm{OP}} = s\boldsymbol{a} + t\boldsymbol{b} + u\boldsymbol{c}\ (0 \leqq s,\ t,\ u \leqq 1)\} \tag{1.11}$$

を O, A, B, C を頂点とする**平行六面体** (平行六面体 OABC) とよびます (図 1.8)[♯62].

平行六面体 OABC の体積をもとめてみましょう. $\boldsymbol{c}$ と $\boldsymbol{a} \times \boldsymbol{b}$ のなす角を ϕ とします. OA, OB を 2 辺とする平行四辺形の面積は $|\boldsymbol{a} \times \boldsymbol{b}|$ で, この平行四辺形を底面と考えると平行六面体 OABC の体積は

$$\begin{aligned} \text{平行六面体 OABC の体積} &= \text{底面積} \times \text{高さ} \\ &= |\boldsymbol{a} \times \boldsymbol{b}||\boldsymbol{c}||\cos\phi| \\ &= |(\boldsymbol{u} \times \boldsymbol{b}) \cdot \boldsymbol{c}| \end{aligned}$$

[♯61] この 4 点は独立であると言い表します. 4.1.5 節を参照してください.

[♯62] 定義 4.21 も参照してください.

ともとめられます．絶対値をはずした量 $(\boldsymbol{a}\times\boldsymbol{b})\cdot\boldsymbol{c}$ を平行六面体 OABC の**符号付体積**とよびます．組 $(\boldsymbol{a},\boldsymbol{b},\boldsymbol{c})$ が右手系のとき正，左手系のとき負の符号を体積につけたものになるからです．

3 本のベクトル $\boldsymbol{a}$, $\boldsymbol{b}$, $\boldsymbol{c}$ に対し，$(\boldsymbol{a}\times\boldsymbol{b})\cdot\boldsymbol{c}$ を**スカラー 3 重積**とよびます．

演習 1.49 $\boldsymbol{a}$, $\boldsymbol{b}$, $\boldsymbol{c}$ のスカラー 3 重積を $\det(\boldsymbol{a}\,\boldsymbol{b}\,\boldsymbol{c})$ と書くことにする．このとき次の性質をもつことを確かめよ．

$$\det(\lambda\boldsymbol{a}\,\boldsymbol{b}\,\boldsymbol{c})=\det(\boldsymbol{a}\,\lambda\boldsymbol{b}\,\boldsymbol{c})=\det(\boldsymbol{a}\,\boldsymbol{b}\,\lambda\boldsymbol{c})=\lambda\det(\boldsymbol{a}\,\boldsymbol{b}\,\boldsymbol{c}),$$
$$\det(\boldsymbol{a}\,\boldsymbol{b}\,\boldsymbol{c})=\det(\boldsymbol{b}\,\boldsymbol{c}\,\boldsymbol{a})=\det(\boldsymbol{c}\,\boldsymbol{a}\,\boldsymbol{b}),$$
$$\det(\boldsymbol{a}\,\boldsymbol{b}\,\boldsymbol{c})=-\det(\boldsymbol{b}\,\boldsymbol{a}\,\boldsymbol{c})=-\det(\boldsymbol{c}\,\boldsymbol{b}\,\boldsymbol{a})=-\det(\boldsymbol{a}\,\boldsymbol{c}\,\boldsymbol{b}),$$
$$\det(\boldsymbol{a}+\boldsymbol{a}'\,\boldsymbol{b}\,\boldsymbol{c})=\det(\boldsymbol{a}\,\boldsymbol{b}\,\boldsymbol{c})+\det(\boldsymbol{a}'\,\boldsymbol{b}\,\boldsymbol{c}),$$
$$\det(\boldsymbol{a}\,\boldsymbol{b}+\boldsymbol{b}'\,\boldsymbol{c})=\det(\boldsymbol{a}\,\boldsymbol{b}\,\boldsymbol{c})+\det(\boldsymbol{a}\,\boldsymbol{b}'\,\boldsymbol{c}),$$
$$\det(\boldsymbol{a}\,\boldsymbol{b}\,\boldsymbol{c}+\boldsymbol{c}')=\det(\boldsymbol{a}\,\boldsymbol{b}\,\boldsymbol{c})+\det(\boldsymbol{a}\,\boldsymbol{b}\,\boldsymbol{c}').$$

$\boldsymbol{a}=(a_1,a_2,a_3)$, $\boldsymbol{b}=(b_1,b_2,b_3)$, $\boldsymbol{c}=(c_1,c_2,c_3)$ と成分表示をして $\det(\boldsymbol{a}\,\boldsymbol{b}\,\boldsymbol{c})$ を計算してみます．標準基底 $\{\boldsymbol{e}_1,\boldsymbol{e}_2,\boldsymbol{e}_3\}$ を用いて

$$\boldsymbol{a}=\sum_{i=1}^{3}a_i\boldsymbol{e}_i,\ \ \boldsymbol{b}=\sum_{j=1}^{3}b_j\boldsymbol{e}_j,\ \ \boldsymbol{c}=\sum_{k=1}^{3}c_k\boldsymbol{e}_k$$

と表すと，演習 1.49 より

$$\begin{aligned}\det(\boldsymbol{a}\,\boldsymbol{b}\,\boldsymbol{c})&=\det\left(\sum_{i=1}^{3}a_i\boldsymbol{e}_i\ \sum_{j=1}^{3}b_j\boldsymbol{e}_j\ \sum_{k=1}^{3}c_k\boldsymbol{e}_k\right)\\&=\sum_{i=1}^{3}\sum_{j=1}^{3}\sum_{k=1}^{3}a_ib_jc_k\det(\boldsymbol{e}_i\,\boldsymbol{e}_j\,\boldsymbol{e}_k).\end{aligned}$$

ここで

$$\det(\boldsymbol{e}_1\,\boldsymbol{e}_2\,\boldsymbol{e}_3)=\det(\boldsymbol{e}_2\,\boldsymbol{e}_3\,\boldsymbol{e}_1)=\det(\boldsymbol{e}_3\,\boldsymbol{e}_1\,\boldsymbol{e}_2)=1,$$
$$\det(\boldsymbol{e}_1\,\boldsymbol{e}_3\,\boldsymbol{e}_2)=\det(\boldsymbol{e}_2\,\boldsymbol{e}_1\,\boldsymbol{e}_3)=\det(\boldsymbol{e}_3\,\boldsymbol{e}_2\,\boldsymbol{e}_1)=-1.$$

$\boldsymbol{e}_i$, $\boldsymbol{e}_j$, $\boldsymbol{e}_k$ のなかに同じものがあれば

$$\det(\boldsymbol{e}_i\,\boldsymbol{e}_j\,\boldsymbol{e}_k)=0$$

であることを使うと

$$\begin{aligned}\det(\boldsymbol{a}\,\boldsymbol{b}\,\boldsymbol{c})&=a_1b_2c_3+a_2b_3c_1+a_3b_1c_2\\&\quad-a_1b_3c_2-a_2b_1c_3-a_3b_2c_1\end{aligned}\tag{1.12}$$

となります．$\boldsymbol{a}\times\boldsymbol{b}$ の成分をもとめます．まず

$$\boldsymbol{a}\times\boldsymbol{b}=\{(\boldsymbol{a}\times\boldsymbol{b})\cdot\boldsymbol{e}_1\}\boldsymbol{e}_1+\{(\boldsymbol{a}\times\boldsymbol{b})\cdot\boldsymbol{e}_2\}\boldsymbol{e}_2+\{(\boldsymbol{a}\times\boldsymbol{b})\cdot\boldsymbol{e}_3\}\boldsymbol{e}_3$$

と計算できることに注意します．

$$(\boldsymbol{a}\times\boldsymbol{b})\cdot\boldsymbol{e}_i=\det(\boldsymbol{a}\,\boldsymbol{b}\,\boldsymbol{e}_i)$$

ですから，ここに (1.12) を使えば $\boldsymbol{a}\times\boldsymbol{b}$ の成分表示

$$\boldsymbol{a}\times\boldsymbol{b}=(a_2b_3-a_3b_2,a_3b_1-a_1b_3,a_1b_2-a_2b_1) \tag{1.13}$$

が得られます．この公式 (1.13) から次の公式が得られます．

$$\boldsymbol{a}\times(\boldsymbol{b}+\boldsymbol{c})=\boldsymbol{a}\times\boldsymbol{b}+\boldsymbol{a}\times\boldsymbol{c},$$
$$(\boldsymbol{a}+\boldsymbol{b})\times\boldsymbol{c}=\boldsymbol{a}\times\boldsymbol{c}+\boldsymbol{b}\times\boldsymbol{c}.$$

演習 1.50　次の計算を行なえ．

$$(0,1,0)\times(0,0,1),\quad (1,2,3)\times(1,-1,2),$$
$$(-2,-2,1)\times(1,0,3),\quad (2,-4,-2)\times(-3,6,3).$$

演習 1.51　次の等式を確かめよ．

(1) $(\boldsymbol{a}\times\boldsymbol{b})\times\boldsymbol{c}=(\boldsymbol{c}\cdot\boldsymbol{a})\boldsymbol{b}-(\boldsymbol{b}\cdot\boldsymbol{c})\boldsymbol{a}$,

(2) $(\boldsymbol{a}\times\boldsymbol{b})\times\boldsymbol{c}+(\boldsymbol{b}\times\boldsymbol{c})\times\boldsymbol{a}+(\boldsymbol{c}\times\boldsymbol{a})\times\boldsymbol{b}=\boldsymbol{0}$,

(3) $(\boldsymbol{a}\times\boldsymbol{b})\cdot(\boldsymbol{c}\times\boldsymbol{d})=(\boldsymbol{a}\cdot\boldsymbol{c})(\boldsymbol{b}\cdot\boldsymbol{d})-(\boldsymbol{a}\cdot\boldsymbol{d})(\boldsymbol{b}\cdot\boldsymbol{c})$.

(2) はヤコビの恒等式[♯63]，(3) はラグランジュの恒等式とよばれている．

演習 1.52　零でないベクトル $\boldsymbol{a}$, $\boldsymbol{b}$ に対し $\{(\boldsymbol{a}\times\boldsymbol{b})\times\boldsymbol{a}\}\times\boldsymbol{b}=\boldsymbol{0}$ となるのはいつか?

3 行 3 列の行列 A を考えましょう．

$$A=\begin{pmatrix} a_{11} & a_{12} & a_{13}\\ a_{21} & a_{22} & a_{23}\\ a_{31} & a_{32} & a_{33}\end{pmatrix}.$$

これを 3 本の列ベクトルを並べたものと解釈します (p.39 参照)．つまり

$$A=(\boldsymbol{a}_1\,\boldsymbol{a}_2\,\boldsymbol{a}_3),$$

♯63 (2) は $(\mathbb{R}^3,\times)$ がリー環 (Lie algebra) とよばれる構造をもつことを意味しています．(1) は $(\mathbb{R}^3,\times)$ が $\mathfrak{so}(3)$ という記号で表されるリー環と同型であることを意味します．

$$\boldsymbol{a}_1 = \begin{pmatrix} a_{11} \\ a_{21} \\ a_{31} \end{pmatrix}, \quad \boldsymbol{a}_2 = \begin{pmatrix} a_{12} \\ a_{22} \\ a_{32} \end{pmatrix}, \quad \boldsymbol{a}_3 = \begin{pmatrix} a_{13} \\ a_{23} \\ a_{33} \end{pmatrix}.$$

このとき $\det A := \det(\boldsymbol{a}_1\, \boldsymbol{a}_2\, \boldsymbol{a}_3)$ と定め，行列 A の**行列式**とよびます．$\det(A)$ とも書きます．

演習 1.53 3 次行列 A, B と実数 λ に対し次の等式を確かめよ．

$$\det(AB) = \det(A)\det(B),$$

$$\det(\lambda A) = \lambda^3 \det(A).$$

註 1.54 (行列式) 2 行 2 列の行列 A に対する行列式 $\det A$ は

$$\det A := a_{11}a_{22} - a_{12}a_{21}, \quad A = \begin{pmatrix} a_{11} & a_{12} \\ a_{21} & a_{22} \end{pmatrix}$$

と定める．演習 1.53 に相当する等式は次で与えられる．

$$\det(AB) = \det(A)\det(B),$$

$$\det(\lambda A) = \lambda^2 \det(A).$$

1 行 1 列の行列 A に対しては $\det(A) = A$ と定めておく．

次数 n が 4 次以上のときでも通用する行列式の一般的な定義は，線型代数学の教科書 ([83, 第 4 章], [67, 3 章] など) を参照してください．本書の以後の節・章を読むに当たっては，3 次までの行列式を知っておけば[♯64]事足ります．

演習 1.55 $\mathbb{R}^2$ 内の線型独立な 2 本のベクトル $\boldsymbol{a}$, $\boldsymbol{b}$ で張られる平行四辺形の面積は $|\det(\boldsymbol{a}, \boldsymbol{b})|$ で与えられることを確かめよ．絶対値をはずした量 $\det(\boldsymbol{a}, \boldsymbol{b})$ を**符号付面積**とよぶ．$\mathbb{R}^2$ においても右手系・左手系を定義できる．ベクトルの組 $\{\boldsymbol{a}, \boldsymbol{b}\}$ に対し，$\boldsymbol{a}$ に右手の親指を，$\boldsymbol{b}$ に人差し指を対応させる．このとき手のひらが自分の顔の方を向いていたら右手系，そうでないときは左手系とよぶ．

1.5.2 力学における内積・外積の例

ベクトルの内積・外積は自然科学・工学の多くの場面に登場します．ごく基本的な例を力学から二つあげておきます ([90] などを参照)．

♯64 一般の n 次行列に対し，公式 $\det(AB) = \det(A)\det(B)$, $\det(\lambda A) = \lambda^n \det(A)$ が成立することを認めておけばよい．(2.5) 参照．

例 1.56 (仕事)　質点が一定の力 $\boldsymbol{F}$ を受けて一直線上を距離 s だけ動いたとする．もといた場所から動いた点までの変位ベクトルを $\boldsymbol{s}$ とする ($s = |\boldsymbol{s}|$ に注意)．このとき内積を用いて定義される (スカラー) 量 $W = \boldsymbol{F} \cdot \boldsymbol{s}$ を，力 $\boldsymbol{F}$ がした**仕事**とよぶ．$\boldsymbol{F}$ と直線がなす角 θ は $\boldsymbol{F}$ と $\boldsymbol{s}$ のなす角と等しいから，$W = Fs\cos\theta$ と表せる．ただし $F = |\boldsymbol{F}|$.

例 1.57 (角運動量)　質点の運動を考える．質点の質量を m, 位置ベクトルを $\boldsymbol{r}$ で表す．$\boldsymbol{r}$ は時刻 t の函数である♯65．$\boldsymbol{v} = \mathrm{d}\boldsymbol{r}/\mathrm{d}t$ を速度ベクトル，$\boldsymbol{a} = \mathrm{d}\boldsymbol{v}/\mathrm{d}t$ を加速度ベクトルとよぶ．ニュートンの運動方程式より，この質点に働く力は $\boldsymbol{F} = m\boldsymbol{a}$ で与えられる．このとき $\boldsymbol{p} = m\boldsymbol{v}$ を**運動量**とよぶ．また，外積を用いて定義されるベクトル量 $\boldsymbol{L} = \boldsymbol{r} \times \boldsymbol{p}$, $\boldsymbol{N} = \boldsymbol{r} \times \boldsymbol{F}$ をそれぞれ，この運動の**角運動量**，**力のモーメント**とよぶ．

ニュートンの時代にはベクトルの概念はまだなかったそうです．速度や力などをベクトルを用いて表現することが有効であると指摘したのはメビウス♯66と言われています．次の 1.5.3 節で簡単に紹介する四元数の研究とギッブス♯67の著書 *Elements of Vector Analysis* (1901) により，ベクトルの取り扱いが発展・普及するようになりました．

1.5.3* 四元数と八元数

2 次方程式 $z^2 + 1 = 0$ の根は実数の範囲には存在しません．この根 (の一つ) を $i = \sqrt{-1}$ と書くことにします．無論これは実数ではありませんが，**新しい数を定めている**と考え虚数単位とよびます．このとき $z^2 + 1 = 0$ の根は i と $-i$ だけであることがわかります．

$$\mathbb{C} = \{z = x + yi \mid x, y \in \mathbb{R}\}$$

とおき $z \in \mathbb{C}$ を**複素数**とよびます．複素平面 $\mathbb{C}$ の導入により複素数の概念が受け入れられるようになったことは，すでにどこかで学ばれたかもしれません．

♯65 $\boldsymbol{r} = \boldsymbol{r}(t)$ は t のベクトル値函数であるといいます．

♯66 August Ferdinand Möbius (1790–1868).

♯67 Josiah Willard Gibbs (1839–1903).

ハミルトン[♯68]は複素数が 2 次元的な数であることに基づき 3 次元的な数を作ろうとしたのですがうまくいかず，熟考の末，4 次元的な数に行き着きました．彼はその数を**四元数**と命名しました (**ハミルトン数**ともよばれています)．

$$\mathbb{H} = \{x_0 + x_1\boldsymbol{i} + x_2\boldsymbol{j} + x_3\boldsymbol{k} \,|\, x_0, x_1, x_2, x_3 \in \mathbb{R}\}$$

とおきましょう．$\mathbb{H}$ の元 (四元数とよぶ) はスカラー x_0 にベクトル $x_1\boldsymbol{i} + x_2\boldsymbol{j} + x_3\boldsymbol{k} \in \mathbb{R}^3$ を加えたものです．ここで $\boldsymbol{i} = \boldsymbol{e}_1$, $\boldsymbol{j} = \boldsymbol{e}_2$, $\boldsymbol{k} = \boldsymbol{e}_3$. $\mathbb{H}$ の乗法は

$$1\boldsymbol{i} = \boldsymbol{i}1 = \boldsymbol{i}, \quad 1\boldsymbol{j} = \boldsymbol{j}1 = \boldsymbol{j}, \quad 1\boldsymbol{k} = \boldsymbol{k}1 = \boldsymbol{k},$$
$$\boldsymbol{ij} = -\boldsymbol{ji} = \boldsymbol{k}, \quad \boldsymbol{jk} = -\boldsymbol{kj} = \boldsymbol{i}, \quad \boldsymbol{ki} = -\boldsymbol{ik} = \boldsymbol{j},$$
$$\boldsymbol{i}^2 = \boldsymbol{j}^2 = \boldsymbol{k}^2 = -1$$

で定められます．この乗法規則からわかるように四元数の積は一般には**非可換**，つまり一般には $xy \neq yx$ です．四元数を $x = x_0 + \boldsymbol{x}$ と表記したとき $\boldsymbol{x}$ を x の**ベクトル部分**とか虚数部分とよびます．とくに $x_0 = 0$ のとき，$x \in \mathbb{H}$ を**純虚四元数**とよびます．$\mathbb{R}^3$ の元を純虚四元数と思って積を計算すると

$$\boldsymbol{xy} = -\boldsymbol{x} \cdot \boldsymbol{y} + \boldsymbol{x} \times \boldsymbol{y}$$

という公式が得られます．実数全体 $\mathbb{R}$, 複素数全体 $\mathbb{C}$ は体ですが，$\mathbb{H}$ は斜体 (非可換体) です[♯69]．ハミルトンは 1843 年 10 月 16 日に Brougham Bridge という橋[♯70]を歩いているときに四元数の乗法規則を思いつき，思わず橋に $i^2 = j^2 = k^2 = ijk = -1$ と刻んだといわれています[♯71]．この橋には四元数を記念した銘板[♯72]がつけられています (図 1.9)．

四元数を絵柄にした記念切手がアイルランドで 1983 年に発行されていま

♯68 William Rowan Hamilton (1805–1865). 線型代数学の基礎概念，四元数，解析力学 (ハミルトン系)，グラフ理論などさまざまな活躍をした．グラフ理論には彼の名を冠したハミルトン閉路・ハミルトングラフというものがあります．

♯69 附録 A.2.7 を見てください．

♯70 今は Broom Bridge という表記になっているそうです．

♯71 Archibald H. Hamilton に宛てた 1865 年 8 月 5 日付けの手紙の一部より引用：Nor could I resist the impulse– unphilosophical as it may have been– to cut with a knife on a stone of Brougham Bridge, as we passed it, the fundamental formula with the symbols, i, j, k; namely, $i^2 = j^2 = k^2 = ijk = -1$ which contains the Solution of the Problem, but of course, as an inscription, has long since mouldered away.

♯72 銘板の文面確認について，崎間公久氏・村上曜氏 (物理のかぎしっぽ) にお世話になりました．クラインの講義録 [35] の 4.3 節は "四元数の乗法" です．

Here as he walked by
on the 16th of October 1843
Sir William Rowan Hamilton
in a flash of genius discovered
the fundamental formula of
quaternion multiplication
$i^2 = j^2 = k^2 = ijk = -1$
& cut it on a stone of this bridge

図 1.9

す[♯73].

四元数をさらに拡大したものとして**八元数**[♯74]があります．数空間 $\mathbb{R}^7$ の標準基底 $\{\boldsymbol{e}_1, \boldsymbol{e}_2, \cdots, \boldsymbol{e}_7\}$ を用いて

$$\mathfrak{O} = \{x_0 + x_1\boldsymbol{e}_1 + x_2\boldsymbol{e}_2 + \cdots x_7\boldsymbol{e}_7 \,|\, x_0, x_1, \cdots, x_7 \in \mathbb{R}\}$$

とおきます．$\mathfrak{O}$ の乗法を

$$(a1)\boldsymbol{e}_i = \boldsymbol{e}_i(a1) = a\boldsymbol{e}_i, \quad a \in \mathbb{R}, \quad i = 1, \cdots, 7$$

と表 1.1 にあげる乗積表で定めます．

$\mathfrak{O}$ の元を八元数とよびます ($\mathfrak{O}$ は O のドイツ文字)．八元数全体 $\mathfrak{O}$ はもはや斜体にもなっていません．実際，八元数においては結合法則 $(xy)z = x(yz)$ が成り立ちません．たとえば $(\boldsymbol{e}_1\boldsymbol{e}_2)\boldsymbol{e}_4 = -\boldsymbol{e}_1(\boldsymbol{e}_2\boldsymbol{e}_4)$．$\mathfrak{O}$ は**ケーリー代数**とよばれています[♯75]．四元数の積から $\mathbb{R}^3$ の外積が定まるように，八元数の積から $\mathbb{R}^7$

[♯73] 複素平面を絵柄にした切手が旧西ドイツで発行されたことがあります．ガウス生誕 200 年の記念切手 (1977 年) で Gausssche Zahlenebene と記されています．四元数の切手・複素平面の切手については [97] 参照.

[♯74] octanion, octonion, octonian とも綴る.

[♯75] Arthur Cayley (1821–1895) 線型代数の基礎概念を作ったひとり．ケーリー代数のほか，ケーリー変換，ケーリーグラフ，樹木 (tree) とよばれるグラフの研究，無限小正方形を用いた双等温曲面 (isothermic surface) の研究などで知られる．ケーリーの論文は 1845 年に公表された．その 2 年前にグレヴス (John Graves) が八元数を発見しハミルトンに伝えていたがハミルトンの要請により出版を 1847 年まで遅らせたそうである．グレヴスは octaves とよんでいた.

表 1.1　$\boldsymbol{e}_i\boldsymbol{e}_j$ の乗積表.

i \ j	1	2	3	4	5	6	7
1	-1	$\boldsymbol{e}_3$	$-\boldsymbol{e}_2$	$\boldsymbol{e}_5$	$-\boldsymbol{e}_4$	$\boldsymbol{e}_7$	$\boldsymbol{e}_6$
2	$-\boldsymbol{e}_3$	-1	$\boldsymbol{e}_1$	$-\boldsymbol{e}_6$	$\boldsymbol{e}_7$	$\boldsymbol{e}_4$	$-\boldsymbol{e}_5$
3	$\boldsymbol{e}_2$	$-\boldsymbol{e}_1$	-1	$\boldsymbol{e}_7$	$\boldsymbol{e}_6$	$-\boldsymbol{e}_5$	$-\boldsymbol{e}_4$
4	$-\boldsymbol{e}_5$	$\boldsymbol{e}_6$	$-\boldsymbol{e}_7$	-1	$\boldsymbol{e}_1$	$-\boldsymbol{e}_2$	$\boldsymbol{e}_3$
5	$\boldsymbol{e}_4$	$-\boldsymbol{e}_7$	$-\boldsymbol{e}_6$	$-\boldsymbol{e}_1$	-1	$\boldsymbol{e}_3$	$\boldsymbol{e}_2$
6	$-\boldsymbol{e}_7$	$-\boldsymbol{e}_4$	$\boldsymbol{e}_5$	$\boldsymbol{e}_2$	$-\boldsymbol{e}_3$	-1	$\boldsymbol{e}_1$
7	$\boldsymbol{e}_6$	$\boldsymbol{e}_5$	$\boldsymbol{e}_4$	$-\boldsymbol{e}_3$	$-\boldsymbol{e}_2$	$-\boldsymbol{e}_1$	-1

の外積が

$$\boldsymbol{x}\boldsymbol{y} = -\boldsymbol{x}\cdot\boldsymbol{y} + \boldsymbol{x}\times\boldsymbol{y},\quad \boldsymbol{x},\boldsymbol{y}\in\mathbb{R}^7$$

で定められます．八元数ではどのような公式が成立するか興味が湧いたときは横田 [101] を見てください．ある意味で**数の拡大は八元数でおしまい**であることが知られています．附録 A.4 を見てください．

第 1 章を読み終えたあなたへ

物理・工学などにおける例を通じて数学の (抽象的な) 概念に具体的なイメージをつけておくことは今後，数学そのものの学習を進めていく上でも役立ちます．力学の教科書は世の中に数多くあります．ここでは一冊だけ，[90] を紹介しておきます．この本は「仕事を定義してから内積を説明する」という具合に物理量から数学の概念に進む工夫がされています．微分積分に慣れている読者には [87] もおすすめです．

ベクトルの外積についてもっとくわしく学びたい読者には [22] をすすめます．

第2章

図形の合同

この章では $\mathbb{R}^n$ の等距離変換についてくわしく調べます．本章以降を読み進めるためには，行列と線型変換 (1 次変換) についての理解が必要になります．そこで，本論に入る前にいくつかの約束と，行列と線型変換についての最小限の復習をしておきます．

■記号と記法の約束■

記述の簡略化のため，本章を通じて以下の記号の使い方をする．

- 実数を成分とする n 次行列 (n 行 n 列の行列) をすべて集めて得られる集合を $\mathrm{M}_n\mathbb{R}$ で表す．
- $\mathbb{R}^n$ の点はアルファベットの大文字 (ローマン体) で表し，その点の位置ベクトルを小文字のボールド体で表す (例 $\mathrm{A} \in \mathbb{R}^n$, $\boldsymbol{a} = \overrightarrow{\mathrm{OA}}$)．
- $\mathbb{R}^n$ 上の変換 f が与えられたとき，点 A の f による像 $f(\mathrm{A})$ の位置ベクトルを $f(\boldsymbol{a})$ と記す．

この約束の下では，点と点の対応である f からベクトル間の対応 $\boldsymbol{a} \longmapsto f(\boldsymbol{a})$ が定まることになる．そこで $f : \mathbb{R}^n \longrightarrow \mathbb{R}^n$ をベクトルの変換ともみなすことにする．

■ 1 次変換■

- 行列による変換を考察するので，ベクトルを n 行 1 列の行列として取り扱う．すなわち $\boldsymbol{p} = (p_1, p_2, \cdots, p_n) \in \mathbb{R}^n$ を n 行 1 列の行列

$$\begin{pmatrix} p_1 \\ p_2 \\ \vdots \\ p_n \end{pmatrix}$$

とみなす.

- n 次行列 A が

$$A = \begin{pmatrix} a_{11} & a_{12} & \cdots & a_{1n} \\ a_{21} & a_{22} & \cdots & a_{2n} \\ \vdots & \vdots & \ddots & \vdots \\ a_{n1} & a_{n2} & \cdots & a_{nn} \end{pmatrix}$$

という成分をもつとき $A = (a_{ij})$ と略記する．また A は n 本のベクトル

$$\boldsymbol{a}_1 = \begin{pmatrix} a_{11} \\ a_{21} \\ \vdots \\ a_{n1} \end{pmatrix}, \quad \boldsymbol{a}_2 = \begin{pmatrix} a_{12} \\ a_{22} \\ \vdots \\ a_{n2} \end{pmatrix}, \cdots, \boldsymbol{a}_n = \begin{pmatrix} a_{1n} \\ a_{2n} \\ \vdots \\ a_{nn} \end{pmatrix}$$

が並べられたものと考え $A = (\boldsymbol{a}_1\, \boldsymbol{a}_2\, \cdots\, \boldsymbol{a}_n)$ という表記もする.

- 行列 $A \in \mathrm{M}_n\mathbb{R}$ を用いて $\mathbb{R}^n$ 上の変換 f_A を

$$f_A(\boldsymbol{p}) = A\boldsymbol{p}$$

で定めることができる．右辺は行列 A と行列 $\boldsymbol{p}$ の積である．この変換 f_A を A が定める 1 **次変換**とよぶ.

■転置行列■

$A = (a_{ij}) \in \mathrm{M}_n\mathbb{R}$ に対し

$${}^t\!A = \begin{pmatrix} a_{11} & a_{21} & \cdots & a_{n1} \\ a_{12} & a_{22} & \cdots & a_{n2} \\ \vdots & \vdots & \ddots & \vdots \\ a_{1n} & a_{2n} & \cdots & a_{nn} \end{pmatrix}$$

と定め，A の**転置行列**とよぶ．ベクトル $\boldsymbol{p}$ に対し，その転置行列は次で定める.

$$\boldsymbol{p} = \begin{pmatrix} p_1 \\ p_2 \\ \vdots \\ p_n \end{pmatrix}, \quad {}^t\boldsymbol{p} = (p_1\, p_2\, \cdots\, p_n).$$

$\mathbb{R}^n$ のベクトルを n 行 1 列の行列とみたとき，1 行 n 列の行列のことを**コベクトル**とよんでベクトルと区別することもある[♯1]．2 本のベクトル $\boldsymbol{p}, \boldsymbol{q}$ の内積は $\boldsymbol{p} \cdot \boldsymbol{q} = {}^t\boldsymbol{p}\boldsymbol{q}$ と表示できる．さらに行列 A による 1 次変換 $A\boldsymbol{p}$ を考えると ${}^t(A\boldsymbol{p}) = {}^t\boldsymbol{p}{}^tA$ が成立する．これを使うと次の公式を得る．

$$A\boldsymbol{p} \cdot \boldsymbol{q} = \boldsymbol{p} \cdot {}^tA\boldsymbol{q}.$$

この公式は 2.1 節で用いる．

■正則行列■

- 1 と 0 のみを成分にもつ行列

$$E = \begin{pmatrix} 1 & 0 & \cdots & 0 \\ 0 & 1 & \cdots & 0 \\ \vdots & \vdots & \ddots & \vdots \\ 0 & 0 & \cdots & 1 \end{pmatrix}$$

を n 次の**単位行列**とよぶ．n 次であることを強調する必要があるときは E_n と表記する．どの $A \in \mathrm{M}_n\mathbb{R}$ についても $AE_n = E_nA = A$ である．${}^tE = E$ に注意.

- $A \in \mathrm{M}_n\mathbb{R}$ に対し $AX = XA = E_n$ となる $X \in \mathrm{M}_n\mathbb{R}$ が存在する[♯2]とき X を A の逆行列とよび，A^{-1} と記す.

- 行列 A が逆行列 A^{-1} をもつとき**正則**という．n 次正則行列の全体

$$\mathrm{GL}_n\mathbb{R} = \{A \in \mathrm{M}_n\mathbb{R} \mid A \text{ は正則 }\}$$

は行列の積に関し群をなす．この群 $\mathrm{GL}_n\mathbb{R}$ を n 次実**一般線型群**とよぶ.

■恒等変換■

$\mathbb{R}^n$ の変換 I を $I(\mathrm{A}) = \mathrm{A}$ で定め，これを $\mathbb{R}^n$ の**恒等変換**とよぶ．恒等変換は単位行列 E の定める 1 次変換と一致する $(I = f_E)$ ことに注意.

♯1 コベクトルについて知りたい人は，多重線型代数とかテンソルという言葉がタイトルに含まれている本をみてください (双対空間という語を調べる)．コベクトルは $(p_1\, p_2\, \cdots\, p_n)$ のようにカンマで区切らずに表記するのですが，ベクトルの成分表示 $\boldsymbol{p} = (p_1, p_2, \cdots, p_n)$ と混用することもあります.

♯2 存在すればただ一つである．確かめてください.

2.1 合同の意味を考え直す

図形の合同を考察するために，次の用語を定めることから始めます．

定義 2.1 (X, d) を距離空間とする．変換 $f : X \longrightarrow X$ が条件：

$$任意の 2 点 \mathrm{P}, \mathrm{Q} に対し \mathrm{d}(f(\mathrm{P}), f(\mathrm{Q})) = \mathrm{d}(\mathrm{P}, \mathrm{Q})$$

をみたすとき**等距離変換**とよぶ．

一般的な定義から始めましたが，この節では X が数空間 $(\mathbb{R}^n, \mathrm{d})$ の場合のみ考えます．

例 2.2 (平行移動) $\mathbb{R}^n$ のベクトル $\boldsymbol{a}$ を一つとり，$\mathbb{R}^n$ 上の変換 $T_{\boldsymbol{a}}$ を

$$T_{\boldsymbol{a}}(\mathrm{P}) = \mathrm{P}', \quad \overrightarrow{\mathrm{OP}'} = \overrightarrow{\mathrm{OP}} + \boldsymbol{a}$$

で定め，ベクトル $\boldsymbol{a}$ による**平行移動**とよぶ．

この定義では，ベクトル $\boldsymbol{a}$ が $\mathrm{P} \longmapsto \mathrm{P}'$ と点が平行移動したときの**移動量**として捉えられていることに注意してください (1.4 節で与えたベクトルの定義と整合的 !)．

$$\begin{aligned} \mathrm{d}(T_{\boldsymbol{a}}(\mathrm{P}), T_{\boldsymbol{a}}(\mathrm{Q})) &= |(\boldsymbol{p} + \boldsymbol{a}) - (\boldsymbol{q} + \boldsymbol{a})| = |\boldsymbol{p} - \boldsymbol{q}| \\ &= \mathrm{d}(\mathrm{P}, \mathrm{Q}) \end{aligned}$$

だから $T_{\boldsymbol{a}}$ は等距離変換です．

命題 2.3 f, g を $\mathbb{R}^n$ の等距離変換とすると，その合成[♯3] $g \circ f$ も等距離変換．

(証明)

$$\begin{aligned} \mathrm{d}((g \circ f)(\mathrm{P}), (g \circ f)(\mathrm{Q})) &= d(g(f(\mathrm{P})), g(f(\mathrm{Q}))) \\ &= \mathrm{d}(f(\mathrm{P}), f(\mathrm{Q})) = \mathrm{d}(\mathrm{P}, \mathrm{Q}). \ \square \end{aligned}$$

命題 2.4 (1) f, g が $\mathbb{R}^n$ の平行移動ならば $f \circ g = g \circ f$ も平行移動．

(2) 平行移動 f は逆変換 f^{-1} をもつ．

(3) 任意の 2 点 $\mathrm{P}, \mathrm{Q} \in \mathbb{R}^n$ に対し $\mathrm{Q} = T_{\boldsymbol{a}}(\mathrm{P})$, $\boldsymbol{a} = \overrightarrow{\mathrm{OA}}$ である $\mathrm{A} \in \mathbb{R}^n$ が唯一存在する．

[♯3] 附録 A.1 を見てください．

(証明) (1), (2) は演習問題としよう．(3) のみ示す．$\boldsymbol{a} = \overrightarrow{\mathrm{OQ}} - \overrightarrow{\mathrm{OP}}$ が答え．□

演習 2.5 $f = T_{\boldsymbol{a}}$, $g = T_{\boldsymbol{b}}$ とするとき $f \circ g$, $g \circ f$, f^{-1} をもとめよ．

原点を動かさない等距離変換 f を考えます．f は等距離変換ですから $\mathrm{d}(f(\mathrm{P}), f(\mathrm{O})) = \mathrm{d}(\mathrm{P}, \mathrm{O}) = |\overrightarrow{\mathrm{OP}}|$ をみたします．一方 $f(\mathrm{O}) = \mathrm{O}$ より $\mathrm{d}(f(\mathrm{P}), f(\mathrm{O})) = \mathrm{d}(f(\mathrm{P}), \mathrm{O}) = |\overrightarrow{\mathrm{O}f(\mathrm{P})}|$ ですから

任意のベクトル $\boldsymbol{p}$ に対し $|f(\boldsymbol{p})| = |\boldsymbol{p}|$

を得ました．ここで $\mathrm{d}(f(\mathrm{P}), f(\mathrm{Q})) = \mathrm{d}(\mathrm{P}, \mathrm{Q})$ をベクトルを用いて書き直すと $|f(\boldsymbol{p}) - f(\boldsymbol{q})|^2 = |\boldsymbol{p} - \boldsymbol{q}|^2$ です．この式に $|f(\boldsymbol{p})| = |\boldsymbol{p}|$, $|f(\boldsymbol{q})| = |\boldsymbol{q}|$ を代入すると $f(\boldsymbol{p}) \cdot f(\boldsymbol{q}) = \boldsymbol{p} \cdot \boldsymbol{q}$ となります．以上を整理しておきましょう：

補題 2.6 等距離変換 f が原点を動かさなければ，f はベクトルの**内積を保つ**，すなわち，任意のベクトル $\boldsymbol{p}$, $\boldsymbol{q}$ に対し

$$f(\boldsymbol{p}) \cdot f(\boldsymbol{q}) = \boldsymbol{p} \cdot \boldsymbol{q}. \tag{2.1}$$

さらに次の命題を示せます．

命題 2.7 $f(\mathrm{O}) = \mathrm{O}$ をみたす $\mathbb{R}^n$ の等距離変換 f は**線型変換**である．すなわち，任意のベクトル $\boldsymbol{p}$, $\boldsymbol{q}$ と任意の実数 λ に対し

$$f(\boldsymbol{p} + \boldsymbol{q}) = f(\boldsymbol{p}) + f(\boldsymbol{q}), \quad f(\lambda \boldsymbol{p}) = \lambda f(\boldsymbol{p})$$

をみたす．

(証明) 補題 2.6 を用いる．$\boldsymbol{p} \in \mathbb{R}^n$ と $\lambda \in \mathbb{R}$ に対し

$$\begin{aligned} |f(\lambda \boldsymbol{p}) - \lambda f(\boldsymbol{p})|^2 &= |f(\lambda \boldsymbol{p})|^2 - 2 f(\lambda \boldsymbol{p}) \cdot (\lambda f(\boldsymbol{p})) + |\lambda|^2 |f(\boldsymbol{p})|^2 \\ &= |\lambda \boldsymbol{p}|^2 - 2\lambda \boldsymbol{p} \cdot (\lambda \boldsymbol{p}) + |\lambda|^2 |\boldsymbol{p}|^2 \\ &= 0. \end{aligned}$$

したがって $f(\lambda \boldsymbol{p}) = \lambda f(\boldsymbol{p})$ が成立することが証明された．

次に $f(\boldsymbol{p} + \boldsymbol{q})$ と $f(\boldsymbol{p}) + f(\boldsymbol{q})$ を比べよう．

$$\begin{aligned} &|f(\boldsymbol{p} + \boldsymbol{q}) - (f(\boldsymbol{p}) + f(\boldsymbol{q}))|^2 \\ &= |f(\boldsymbol{p} + \boldsymbol{q})|^2 - 2 f(\boldsymbol{p} + \boldsymbol{q}) \cdot (f(\boldsymbol{p}) + f(\boldsymbol{q})) + |f(\boldsymbol{p}) + f(\boldsymbol{q})|^2 \end{aligned}$$

$$= |\boldsymbol{p}+\boldsymbol{q}|^2 - 2f(\boldsymbol{p}+\boldsymbol{q})\cdot(f(\boldsymbol{p})+f(\boldsymbol{q})) + |\boldsymbol{p}+\boldsymbol{q}|^2.$$

ここで

$$\begin{aligned} f(\boldsymbol{p}+\boldsymbol{q})\cdot(f(\boldsymbol{p})+f(\boldsymbol{q})) &= f(\boldsymbol{p}+\boldsymbol{q})\cdot f(\boldsymbol{p}) + f(\boldsymbol{p}+\boldsymbol{q})\cdot f(\boldsymbol{q}) \\ &= (\boldsymbol{p}+\boldsymbol{q})\cdot\boldsymbol{p} + (\boldsymbol{p}+\boldsymbol{q})\cdot\boldsymbol{q} = |\boldsymbol{p}+\boldsymbol{q}|^2 \end{aligned}$$

だから

$$|f(\boldsymbol{p}+\boldsymbol{q}) - (f(\boldsymbol{p})+f(\boldsymbol{q}))|^2 = 2|\boldsymbol{p}+\boldsymbol{q}|^2 - 2|\boldsymbol{p}+\boldsymbol{q}|^2 = 0.$$

したがって

$$f(\boldsymbol{p}+\boldsymbol{q}) = f(\boldsymbol{p}) + f(\boldsymbol{q}).$$

以上より f は線型変換である．□

ここで，線型代数学における次の基本的な結果を思い出してください (証明をつけます).

補題 2.8　変換 $f:\mathbb{R}^n \longrightarrow \mathbb{R}^n$ が線型であるための必要十分条件は，ある実行列 $A\in \mathrm{M}_n\mathbb{R}$ により定まる 1 次変換であることである♯4．すなわち

$$f(\boldsymbol{p}) = f_A(\boldsymbol{p}) = A\boldsymbol{p}$$

と表されることである．この行列 A を f の標準基底に関する**表現行列**とよぶ.

(証明)　($\Longrightarrow$) だけを確かめればよい．f は線型なので

$$f(\boldsymbol{p}) = f\left(\sum_{j=1}^{n} p_j\boldsymbol{e}_j\right) = \sum_{j=1}^{n} p_j f(\boldsymbol{e}_j).$$

ここで

$$f(\boldsymbol{e}_j) = a_{1j}\boldsymbol{e}_1 + a_{2j}\boldsymbol{e}_2 + \cdots + a_{nj}\boldsymbol{e}_n = \sum_{i=1}^{n} a_{ij}\boldsymbol{e}_i$$

とおくと

$$f(\boldsymbol{p}) = A\boldsymbol{p}, \quad A = (a_{ij})$$

と表される．□

補題 2.9　$A\in \mathrm{M}_n\mathbb{R}$ に対し次は同値：

(1) A は内積を保つ，すなわち任意の 2 ベクトル $\boldsymbol{x}, \boldsymbol{y}$ に対し $A\boldsymbol{x}\cdot A\boldsymbol{y} = \boldsymbol{x}\cdot\boldsymbol{y}$ をみたす.

(2) ベクトルの長さを保つ，すなわち任意のベクトル $\boldsymbol{x}$ に対し $|A\boldsymbol{x}| = |\boldsymbol{x}|$

♯4 したがって線型変換と 1 次変換は同じものです (英語ではどちらも linear transformation).

をみたす.

(3) ${}^t\!AA = A{}^t\!A =$ 単位行列 E.

(4) $A = (\boldsymbol{a}_1\,\boldsymbol{a}_2\,\cdots\,\boldsymbol{a}_n)$ と列ベクトルを並べたもので表示したとき，$\boldsymbol{a}_i \cdot \boldsymbol{a}_j = \delta_{ij}$.

ここで δ_{ij} は**クロネッカーのデルタ**とよばれるもので次で定義される：

$$\delta_{ij} = \begin{cases} 1, & i = j, \\ 0, & i \neq j. \end{cases}$$

(**証明**) (1) $\Longrightarrow$ (2) は明らか. (2) $\Longrightarrow$ (1) は演習問題とする. (2) $\Longleftrightarrow$ (3) を示す.

$$\begin{aligned} (2) &\Longleftrightarrow \text{任意の } \boldsymbol{p} \in \mathbb{R}^n \text{ に対し } A\boldsymbol{p} \cdot A\boldsymbol{p} = \boldsymbol{p} \cdot \boldsymbol{p} \\ &\Longleftrightarrow \text{任意の } \boldsymbol{p} \in \mathbb{R}^n \text{ に対し } \boldsymbol{p} \cdot ({}^t\!AA)\boldsymbol{p} = \boldsymbol{p} \cdot \boldsymbol{p} \\ &\Longleftrightarrow \text{任意の } \boldsymbol{p} \in \mathbb{R}^n \text{ に対し } \boldsymbol{p} \cdot ({}^t\!AA - E)\boldsymbol{p} = \boldsymbol{0} \\ &\Longleftrightarrow {}^t\!AA = E. \text{ これは (3).} \end{aligned}$$

次に $A = (\boldsymbol{a}_1\,\boldsymbol{a}_2\,\cdots\,\boldsymbol{a}_n)$ のように列ベクトルを並べたものとして表しておくと

$${}^t\!AA = \begin{pmatrix} \boldsymbol{a}_1 \cdot \boldsymbol{a}_1 & \boldsymbol{a}_1 \cdot \boldsymbol{a}_2 & \cdots & \boldsymbol{a}_1 \cdot \boldsymbol{a}_n \\ \boldsymbol{a}_2 \cdot \boldsymbol{a}_1 & \boldsymbol{a}_2 \cdot \boldsymbol{a}_2 & \cdots & \boldsymbol{a}_2 \cdot \boldsymbol{a}_n \\ \vdots & \vdots & \ddots & \vdots \\ \boldsymbol{a}_n \cdot \boldsymbol{a}_1 & \boldsymbol{a}_n \cdot \boldsymbol{a}_2 & \cdots & \boldsymbol{a}_n \cdot \boldsymbol{a}_n \end{pmatrix}$$

だから，(3) $\Longleftrightarrow$ (4) がわかる. □

証明中に出てきた行列 ${}^t\!AA$ を A の**グラム行列**[♯5]とよびます.

演習 2.10 (2) $\Longrightarrow$ (1) を示せ.

この補題における条件をみたす正方行列を**直交行列**とよびます. 直交行列の定める $\mathbb{R}^n$ の 1 次変換を**直交変換**といいます.

いま証明した補題から次を導けます.

命題 2.11 変換 $f : \mathbb{R}^n \longrightarrow \mathbb{R}^n$ が原点を動かさない等距離変換であるための必要十分条件は，f が直交変換であること.

♯5 Jorgen Pedersen Gram (1850–1916).

${}^t\!AA = E$ より $A^{-1} = {}^t\!A$ であることに注意しましょう.

定義 2.12 $\mathrm{O}(n) = \{A \in \mathrm{M}_n\mathbb{R} \mid {}^t\!AA = E\}$ は行列の積に関し群をなします. この群を n 次**直交群**とよびます.

演習 2.13 (1) $\mathrm{O}(n)$ が群をなすことを確かめよ.

(2) $A \in \mathrm{O}(n)$ ならば $\det A = \pm 1$ を示せ.

(3) $\mathrm{SO}(n) = \{A \in \mathrm{O}(n) \mid \det A = 1\}$ は $\mathrm{O}(n)$ の部分群であることを確かめよ. (ヒント：演習 1.53) この群を n 次**特殊直交群**とよぶ.

特殊直交群の幾何学的な意味は後程 (2.5 節) 説明します.

定理 2.14 f が $\mathbb{R}^n$ の等距離変換ならば

$$f(\boldsymbol{p}) = A\boldsymbol{p} + \boldsymbol{b}, \quad A \in \mathrm{O}(n), \ \boldsymbol{b} \in \mathbb{R}^n$$

と一意的に表される. 逆に, この形の変換は等距離変換である.

(証明) f を等距離変換とし $\boldsymbol{b} = f(\boldsymbol{0})$ とおく. 変換 g を $g(\boldsymbol{p}) = f(\boldsymbol{p}) - \boldsymbol{b}$ で定義すると, 明らかに g も等距離変換. しかも $g(\boldsymbol{0}) = \boldsymbol{0}$ だからある直交行列 A により $g(\boldsymbol{p}) = A\boldsymbol{p}$ と表される. したがって $f(\boldsymbol{p}) = A\boldsymbol{p} + \boldsymbol{b}$. □

数空間 $(\mathbb{R}^n, \mathrm{d})$ の等距離変換全体を $\mathrm{E}(n)$ で表します.

等距離変換の合成を計算してみましょう. $f(\boldsymbol{p}) = A\boldsymbol{p} + \boldsymbol{b}$, $g(\boldsymbol{p}) = C\boldsymbol{p} + \boldsymbol{d}$ とすると

$$g(f(\boldsymbol{p})) = g(A\boldsymbol{p} + \boldsymbol{b}) = C(A\boldsymbol{p} + \boldsymbol{b}) + \boldsymbol{d} = (CA)\boldsymbol{p} + (C\boldsymbol{b} + \boldsymbol{d}).$$

したがって, とくに $C = A^{-1}$, $\boldsymbol{d} = -C\boldsymbol{b} = -A^{-1}\boldsymbol{b}$ と選べば $g(f(\boldsymbol{p})) = \boldsymbol{p}$. つまり $g = f^{-1}$ です. $\mathrm{E}(n)$ を直交行列とベクトルのなす組全体と思うことにしましょう：

$$\mathrm{E}(n) = \{(A, \boldsymbol{b}) \mid A \in \mathrm{O}(n), \boldsymbol{b} \in \mathbb{R}^n\}.$$

$(A, \boldsymbol{b}) \in \mathrm{E}(n)$ に対し, この組が定める等距離変換を同じ記号 $(A, \boldsymbol{b})$ で表します.

$$(A, \boldsymbol{b})(\boldsymbol{p}) = A\boldsymbol{p} + \boldsymbol{b}.$$

すると先ほど計算した合成規則から次のことがわかります：

$$(C, \boldsymbol{d}) \circ (A, \boldsymbol{b}) = (CA, C\boldsymbol{b} + \boldsymbol{d}),$$

$$(A,\boldsymbol{b})\circ(E,\boldsymbol{0})=(E,\boldsymbol{0})\circ(A,\boldsymbol{b})=(A,\boldsymbol{b}),$$
$$(A,\boldsymbol{b})\circ(A^{-1},-A^{-1}\boldsymbol{b})=(E,\boldsymbol{0}).$$

さらに結合法則：

$$\{(A,\boldsymbol{b})\circ(C,\boldsymbol{d})\}\circ(F,\boldsymbol{g})=(A,\boldsymbol{b})\circ\{(C,\boldsymbol{d})\circ(F,\boldsymbol{g})\}$$

をみたすことも確かめられます.

定理 2.15　$\mathrm{E}(n)$ は合成に関し群をなす．$\mathrm{E}(n)$ を n 次**ユークリッド群**とよぶ.

もともとの意味 (等距離変換) を忘れてしまって $\mathrm{E}(n)$ を単に直交行列とベクトルのなす組の全体と思うことにすれば，$\mathrm{E}(n)$ は積集合 $\mathrm{O}(n)\times\mathbb{R}^n$ に

$$(C,\boldsymbol{d})(A,\boldsymbol{b})=(CA,C\boldsymbol{b}+\boldsymbol{d})$$

で定まる積を定めたものと理解されます．$\mathrm{E}(n)$ の理解の仕方を二通り述べたのですが，これらの関係を明確にするためには，3.1 節で学ぶ群作用・半直積群を必要とします.

演習 2.13 で見たように，等距離変換 $f=(A,\boldsymbol{b})\in\mathrm{E}(n)$ に対して行列式 $\det A$ は ±1 となります．そこで $\det A$ を等距離変換 f の**符号**とよぶことにします．符号が 1 の等距離変換を**運動**とよび，$\mathbb{R}^n$ の運動全体を $\mathrm{SE}(n)$ と記します．$\mathrm{SE}(n)$ が $\mathrm{E}(n)$ の部分群♯6であることは容易に確かめられます (行列式の性質に注意すればよい)．$\mathrm{SE}(n)$ を**ユークリッド運動群**♯7とよびます.

註 2.16　距離空間 (X,d) の等距離変換は単射 (1 対 1 写像) である (確かめよ). ただし全射とは限らない．(X,d) 上の全射である等距離変換全体を $I(X,\mathrm{d})$ と表すと，$I(X,\mathrm{d})$ は合成に関し群をなす (確かめよ)．$(\mathbb{R}^n,\mathrm{d})$ の場合は等距離変換は自動的に全単射になる.

演習 2.17　C を $\mathbb{R}^n$ の直交変換，$T_{\boldsymbol{a}}$ をベクトル $\boldsymbol{a}$ による平行移動とする．$C\circ T_{\boldsymbol{a}}=T_{C\boldsymbol{a}}\circ C$ を確かめよ.

演習 2.18

♯6 附録 A.2 をみてください.

♯7 ユークリッド運動群を $\mathrm{E}(n)$ と表記する本もあるので注意.

$$A = \begin{pmatrix} \frac{1}{\sqrt{2}} & 0 & -\frac{1}{\sqrt{2}} \\ 0 & 1 & 0 \\ \frac{1}{\sqrt{2}} & 0 & \frac{1}{\sqrt{2}} \end{pmatrix}, \quad \boldsymbol{b} = \begin{pmatrix} 1 \\ 3 \\ -1 \end{pmatrix}, \quad \boldsymbol{p} = \begin{pmatrix} 2 \\ -2 \\ 8 \end{pmatrix}$$

とする．$A \in \mathrm{O}(3)$ を確かめよ．また $f = (A, \boldsymbol{b})$, $g = T_{\boldsymbol{b}}$ に対し $f(\boldsymbol{p})$, $f^{-1}(\boldsymbol{p})$, $A(g(\boldsymbol{p}))$ をもとめよ．

演習 2.19 次の変換は等距離変換かどうか調べ，そのときは $(A, \boldsymbol{b})$ の形の表示を与えよ．

$$f_1(\boldsymbol{p}) = -\boldsymbol{p}, \quad f_2(\boldsymbol{p}) = (\boldsymbol{c} \cdot \boldsymbol{p})\boldsymbol{c}, \quad \boldsymbol{c} \text{ は単位ベクトル},$$

$n = 3$ のとき

$$f_3(\boldsymbol{p}) = \begin{pmatrix} p_3 - 1 \\ p_2 - 2 \\ p_1 - 3 \end{pmatrix}, \quad f_4(\boldsymbol{p}) = \begin{pmatrix} p_1 \\ p_2 \\ 1 \end{pmatrix}.$$

この節では等距離変換のもつ一般的な性質について述べましたが，具体例としてとりあげたのは平行移動だけでした．そこで次節では，原点を動かさない等距離変換の例である鏡映を調べます．

■さらに学ぶために■

本節の内容は [63] の 3.1, 3.3 節を参考にして書きました．英文ですが [63] の 3 章をすすめておきます．

2.2 ひっくり返す・裏返す

2.2.1 超平面

数空間 $\mathbb{R}^3$ における平面の表示方法から始めます．点 A を通りベクトル $\boldsymbol{n} \neq \boldsymbol{0}$ に垂直な平面 Π は

$$\Pi = \{\mathrm{X} \in \mathbb{R}^3 \mid (\boldsymbol{x} - \boldsymbol{a}) \cdot \boldsymbol{n} = 0\}, \quad \boldsymbol{x} = \overrightarrow{\mathrm{OX}}, \boldsymbol{a} = \overrightarrow{\mathrm{OA}}$$

と表すことができます (図 2.1)．ベクトル $\boldsymbol{n}$ を Π の**法線ベクトル**とよびます．

点 $\mathrm{P} \in \mathbb{R}^3$ の Π に関する対称点 P' をもとめてみましょう．P, P′ の位置ベクトルを $\boldsymbol{p}$, $\boldsymbol{p}'$ とし，この 2 点を結ぶ直線 ℓ をベクトルを使って表しましょう．

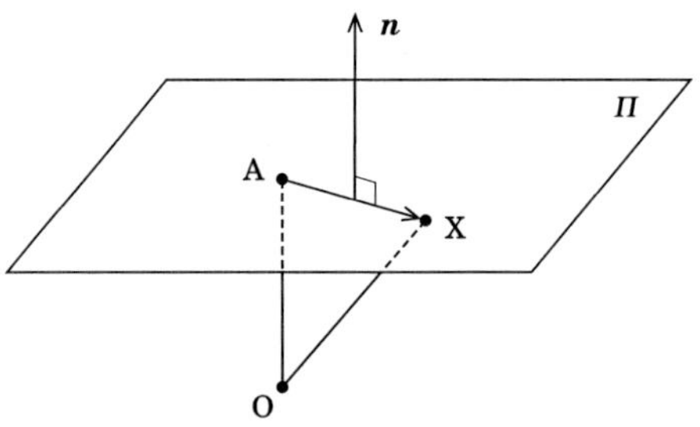

図 2.1 平面.

ℓ 上の点 X の位置ベクトル $\boldsymbol{x}$ はある実数 t を用いて $\boldsymbol{x} = \boldsymbol{p} + t\boldsymbol{n}$ と表せますから，直線 ℓ は

$$\ell = \{\boldsymbol{x} = \boldsymbol{p} + t\boldsymbol{n} \,|\, t \in \mathbb{R}\}$$

と表示できます．ℓ と Π の交点をもとめましょう．$\boldsymbol{x} = \boldsymbol{p} + t\boldsymbol{n}$ を Π の方程式に代入して

$$0 = (\boldsymbol{p} + t\boldsymbol{n} - \boldsymbol{a}) \cdot \boldsymbol{n} = \boldsymbol{p} \cdot \boldsymbol{n} + t\boldsymbol{n} \cdot \boldsymbol{n} - \boldsymbol{a} \cdot \boldsymbol{n}.$$

ここから

$$t = \frac{\boldsymbol{a} \cdot \boldsymbol{n} - \boldsymbol{p} \cdot \boldsymbol{n}}{\boldsymbol{n} \cdot \boldsymbol{n}}.$$

$\boldsymbol{p}' = \boldsymbol{p} + (2t)\boldsymbol{n}$ なので

$$\boldsymbol{p}' = \boldsymbol{p} + \frac{2(\boldsymbol{a} \cdot \boldsymbol{n} - \boldsymbol{p} \cdot \boldsymbol{n})}{\boldsymbol{n} \cdot \boldsymbol{n}}\boldsymbol{n}$$

を得ます．$\boldsymbol{p}' = S_{\Pi}(\boldsymbol{p})$ と書いておきましょう．とくに $P \in \Pi$ だと $(\boldsymbol{p} - \boldsymbol{a}) \cdot \boldsymbol{n} = 0$ ですから $S_{\Pi}(\boldsymbol{p}) = \boldsymbol{p}$. 対応 $\boldsymbol{p} \longmapsto S_{\Pi}(\boldsymbol{p})$ により変換 $S_{\Pi} : \mathbb{R}^3 \longrightarrow \mathbb{R}^3$ が定まります．この変換を平面 Π に関する**鏡映**または**面対称**とよびます．定義から明らかに

$$S_{\Pi} \circ S_{\Pi} = I, \quad S_{\Pi}(\boldsymbol{a} + \boldsymbol{n}) = \boldsymbol{a} - \boldsymbol{n}$$

です．

$\mathbb{R}^3$ 内の平面 Π は $\Pi = \{\mathrm{X} \in \mathbb{R}^n \,|\, \boldsymbol{x} \cdot \boldsymbol{n} = \alpha\}$ という形で表示することもできます．いま平面 Π がこの形で与えられているとしましょう．点 $\Lambda \subset \Pi$ をどこでもいいから選んでおきます．$\mathrm{A} \in \Pi$ ですから $\alpha = \boldsymbol{a} \cdot \boldsymbol{n}$ をみたします．したがって $(\boldsymbol{x} - \boldsymbol{a}) \cdot \boldsymbol{n} = 0$ と書き直せます．すると

$$S_\Pi(\boldsymbol{p}) = \boldsymbol{p} + \frac{2(\boldsymbol{a}\cdot\boldsymbol{n} - \boldsymbol{p}\cdot\boldsymbol{n})}{\boldsymbol{n}\cdot\boldsymbol{n}}\boldsymbol{n} = \boldsymbol{p} - \frac{2(\boldsymbol{p}\cdot\boldsymbol{n} - \alpha)}{\boldsymbol{n}\cdot\boldsymbol{n}}\boldsymbol{n}$$

という式を得ます.

とくに Π が原点を通る場合

$$S_\Pi(\boldsymbol{p}) = \boldsymbol{p} - \frac{2(\boldsymbol{p}\cdot\boldsymbol{n})}{\boldsymbol{n}\cdot\boldsymbol{n}}\boldsymbol{n}$$

という簡単な式になります.

さて，以上のことは一般の $\mathbb{R}^n$ でも意味をもつことに注意してください．そこで次の定義をします.

定義 2.20　部分集合 $\Pi \subset \mathbb{R}^n$ が次をみたすとき $\mathbb{R}^n$ の**超平面**とよぶ：ベクトル $\boldsymbol{n} \neq \boldsymbol{0}$ と実数 α が存在して

$$\Pi = \{\mathrm{X} \in \mathbb{R}^n \mid \overrightarrow{\mathrm{OX}}\cdot\boldsymbol{n} = \alpha\}$$

と表示できる.

超平面 Π に関する鏡映 $S_\Pi : \mathbb{R}^n \longrightarrow \mathbb{R}^n$ を

$$S_\Pi(\boldsymbol{p}) = \boldsymbol{p} - \frac{2(\boldsymbol{p}\cdot\boldsymbol{n} - \alpha)}{\boldsymbol{n}\cdot\boldsymbol{n}}\boldsymbol{n} \tag{2.2}$$

で定義する.

演習 2.21　(2.2) を用いて次を確かめよ.

(1) $\mathrm{P} \in \Pi \Longrightarrow S_\Pi(\boldsymbol{p}) = \boldsymbol{p}$,

(2) $S_\Pi \circ S_\Pi = I$ (恒等変換).

定理 2.22　超平面 $\Pi \subset \mathbb{R}^n$ に関する鏡映 S_Π は $\mathbb{R}^n$ の等距離変換：

$$\mathrm{d}(S_\Pi(\mathrm{P}), S_\Pi(\mathrm{Q})) = \mathrm{d}(\mathrm{P}, \mathrm{Q}), \quad \mathrm{P}, \mathrm{Q} \in \mathbb{R}^n.$$

(証明)　定義に従って計算する.

$$\begin{aligned}
&\mathrm{d}(S_\Pi(\mathrm{P}), S_\Pi(\mathrm{Q}))^2 = |S_\Pi(\boldsymbol{p}) - S_\Pi(\boldsymbol{q})|^2 \\
&= \left|\boldsymbol{p} - \frac{2(\boldsymbol{p}\cdot\boldsymbol{n} - \alpha)}{\boldsymbol{n}\cdot\boldsymbol{n}}\boldsymbol{n} - \boldsymbol{q} + \frac{2(\boldsymbol{q}\cdot\boldsymbol{n} - \alpha)}{\boldsymbol{n}\cdot\boldsymbol{n}}\boldsymbol{n}\right|^2 \\
&= \left|(\boldsymbol{p} - \boldsymbol{q}) - \frac{2\{(\boldsymbol{p} - \boldsymbol{q})\cdot\boldsymbol{n}\}}{\boldsymbol{n}\cdot\boldsymbol{n}}\boldsymbol{n}\right|^2 \\
&= |\boldsymbol{p} - \boldsymbol{q}|^2 - \frac{4\{(\boldsymbol{p} - \boldsymbol{q})\cdot\boldsymbol{n}\}^2}{\boldsymbol{n}\cdot\boldsymbol{n}} + \frac{4\{(\boldsymbol{p} - \boldsymbol{q})\cdot\boldsymbol{n}\}^2}{(\boldsymbol{n}\cdot\boldsymbol{n})^2}(\boldsymbol{n}\cdot\boldsymbol{n})
\end{aligned}$$

$$= |\boldsymbol{p} - \boldsymbol{q}|^2 = \mathrm{d}(\mathrm{P}, \mathrm{Q})^2. \ \square$$

註 2.23 ($n \leqq 2$ **のとき**) (1) $n = 1$ のとき：超平面の方程式は $ax = \alpha$ となり，$\mathit{\Pi}$ は一点である．$\mathit{\Pi}$ に関する鏡映は点 $\mathit{\Pi}$ に関する**点対称**とよばれる．

(2) $n = 2$ のとき：$\mathit{\Pi} = \{(x_1, x_2) \,|\, a_1x_1 + a_2x_2 = \alpha\}$ だから超平面とは直線のことである．$\mathit{\Pi}$ に関する鏡映は直線 $\mathit{\Pi}$ に関する**線対称**とよばれる．

註 2.24 演習 2.21, 定理 2.22 からわかるように，鏡映は 2 回続けて行なうと恒等変換になる等距離変換である．この点に着目し，測地線空間とよばれる距離空間[♯8]に対し鏡映の概念を一般化できる[♯9]．

演習 2.25 A$(2, 0, -3)$, B$(0, 2, -1)$, C$(8, 0, 1)$ を通る平面 $\mathit{\Pi}$ に関する P$(1, -3, 4)$ の対称点 Q および PQ の長さをもとめよ．(東京女子医大入試)

演習 2.26 (前問への補充問題) 四面体 ABCP の体積をもとめよ．

演習 2.27 $(0, 0, -11)$ を通り $\boldsymbol{n} = (2, 3, -1)$ に垂直な平面 $\mathit{\Pi}$ と，$\mathit{\Pi}$ に関し同じ側にある 2 点 P$(1, 1, 1)$, Q$(-1, 0, -6)$ がある．

(1) $\mathit{\Pi}$ に関する P の対称点 P$'$ をもとめよ．

(2) $|\overrightarrow{\mathrm{PX}}| + |\overrightarrow{\mathrm{QX}}|$ が最小となる $\mathit{\Pi}$ 上の点 X をもとめよ．(近畿大入試)

演習 2.28 平面 $\mathit{\Pi} = \{(x_1, x_2, x_3) \in \mathbb{R}^3 \,|\, ax_1 + bx_2 + cx_3 + d = 0\}$ において $\boldsymbol{n} = (a, b, c)$, $f(x_1, x_2, x_3) = ax_1 + bx_2 + cx_3 + d$ とおく．$\mathbb{R}^3$ 内の点 P $= (p_1, p_2, p_3)$ に対し「P が $\mathit{\Pi}$ に関して $\boldsymbol{n}$ と同じ向きの側にあること」と「$f(p_1, p_2, p_3) > 0$ であること」は同値であることを確かめよ．

演習 2.29 空間に 4 点 P$(1, 1, 1)$, Q$(1, 2, 2)$, R$(-1, 1, 2)$, S$(-2, -1, -2)$ がある．線分 PQ を含み，線分 RS と交わるすべての平面を表す式をもとめよ．(ヒント：演習 2.28 を利用)

♯8 距離空間 (X, d) の任意の 2 点 x, y に対し閉区間 $I = [0, \ell]$ から X への写像 γ で次の条件をみたすものが存在するとき，**測地線空間** (geodesic space) とよぶ：$\gamma(0) = x$, $\gamma(\ell) = y$, $d(\gamma(t_1), \gamma(t_2)) = |t_1 - t_2|$ ($^\forall t_1,\, t_2 \in I$). ここで $\ell = d(x, y)$. この γ を x と y を結ぶ**測地線** (geodesic) とよぶ．

♯9 保坂哲也，Reflection groups of geodesic spaces and Coxeter groups, Topology and its Applications **153** (2006), 1860–1866., math.GR/0405552.

演習 2.30 (1) 原点 O を通るある平面に垂直な一つのベクトルを $\boldsymbol{p}\ (\neq \boldsymbol{0})$ とするとき，点 A, B がこの平面のたがいに反対側にあるための条件を $\overrightarrow{\mathrm{OA}}$, $\overrightarrow{\mathrm{OB}}$, $\boldsymbol{p}$ の内積を用いて表せ．

(2) 4 点 $\mathrm{A}(0,1,-1)$, $\mathrm{B}(1,0,-1)$, $\mathrm{C}(-1,-2,-1)$, $\mathrm{D}(a,b,c)$ を頂点とする四面体の内部に原点 O があるための条件を a, b, c を用いて表せ．(名古屋市立大入試)

註 2.31 $\mathbb{R}^1$, $\mathbb{R}^2$ における点対称を一般の $\mathbb{R}^n$ に拡張することができる．

演習 2.32 (点対称) $\mathrm{A} \in \mathbb{R}^n$ を一つとり固定する．このとき次の要領で変換 s_{A} が定義できる．

$$s_{\mathrm{A}}(\mathrm{P}) = \mathrm{P}', \quad \boldsymbol{p}' = \boldsymbol{a} - \overrightarrow{\mathrm{AP}}, \quad \mathrm{P} \in \mathbb{R}^n.$$

s_{A} は等距離変換であることを確かめよ．s_{A} を点 A を基点とする**点対称**とよぶ (註 2.23, 演習 2.71 も参照されたい).

註 2.33 (将来微分幾何学を学ぼうという読者向けの注意) 一般のリーマン多様体においても (測地線を用いて) 点対称が定義されるが，点対称は等距離変換であるとは限らない．各点対称が大域的等距離変換であるような連結リーマン多様体を**リーマン対称空間**とよぶ (例 3.66 参照).

2.2.2* ルート系

線型変換・線型空間の基底に習熟した読者向けに，鏡映に関する演習問題をあげておきます．ただし，ここで取り上げる問題はこの本の中では直接使わないので，後回しにしても構いません．

演習 2.34 $\boldsymbol{n} \in \mathbb{R}^n$ とする $(\boldsymbol{n} \neq \boldsymbol{0})$. $\mathbb{R}^n$ の線型変換 S が次をみたせば，S は原点を通り $\boldsymbol{n}$ を法線ベクトルとする超平面 Π に関する鏡映であることを証明せよ．

$$S(\boldsymbol{n}) = -\boldsymbol{n}, \quad S(\boldsymbol{p}) = \boldsymbol{p}, \quad \boldsymbol{p} \in \Pi.$$

$\boldsymbol{n} \in \mathbb{R}^n$ を法線ベクトルとし，原点を通る平面 $\Pi_{\boldsymbol{n}}$ に関する鏡映を $S_{\boldsymbol{n}}$ と略記します．

演習 2.35 任意の直交行列 A に対し $AS_{\boldsymbol{n}}A^{-1} = S_{A\boldsymbol{n}}$ が成立することを確かめよ．

$\mathbb{R}^n$ の有限部分集合 $\varDelta$ が次の条件をみたすとき $\varDelta$ を階数 n の**ルート系**とよびます．

(1) $\varDelta$ は $\mathbb{R}^n$ を張り $\mathbf{0}$ を含まない．

(2) $\boldsymbol{p} \in \varDelta \Longrightarrow S_{\boldsymbol{p}}(\varDelta) \subset \varDelta$.

(3) $\boldsymbol{x}, \boldsymbol{y} \in \varDelta \Longrightarrow 2(\boldsymbol{x} \cdot \boldsymbol{y})/(\boldsymbol{x} \cdot \boldsymbol{x}) \in \mathbb{Z}$.

(4) $\boldsymbol{x} \in \varDelta$, $c \in \mathbb{R}$, $c \neq \pm 1 \Longrightarrow c\boldsymbol{x} \notin \varDelta$.

$\varDelta$ の元を**ルート** (root) とよぶ．

例 2.36 (A_1 **型のルート系**) $\mathbb{R}^1$ の標準基底 $\{\boldsymbol{e}_1\}$ を用いて

$$\varDelta = \{\pm \boldsymbol{x}\}, \quad \boldsymbol{x} = \boldsymbol{e}_1$$

とおくと $\varDelta$ は階数 1 のルート系である．これを A_1 型のルート系とよぶ．

例 2.37 ($A_1 \times A_1$ **型のルート系**) $\mathbb{R}^2$ の標準基底 $\{\boldsymbol{e}_1, \boldsymbol{e}_2\}$ を用いて

$$\varDelta = \{\pm \boldsymbol{x}, \pm \boldsymbol{y}\}, \quad \boldsymbol{x} = \boldsymbol{e}_1, \boldsymbol{y} = \boldsymbol{e}_2$$

とおくと $\varDelta$ は階数 2 のルート系である．これを $A_1 \times A_1$ 型のルート系とよぶ．

例 2.38 (A_2 **型のルート系**) $\mathbb{R}^2$ の標準基底 $\{\boldsymbol{e}_1, \boldsymbol{e}_2\}$ を用いて

$$\varDelta = \{\pm \boldsymbol{x}, \pm \boldsymbol{y}, \pm(\boldsymbol{x} + \boldsymbol{y})\}, \quad \boldsymbol{x} = \boldsymbol{e}_1, \boldsymbol{y} = \frac{1}{2}(-\boldsymbol{e}_1 + \sqrt{3}\boldsymbol{e}_2)$$

とおくと $\varDelta$ は階数 2 のルート系である．これを A_2 型のルート系とよぶ[♯10]．

例 2.39 (B_2 **型のルート系**) $\mathbb{R}^2$ の標準基底 $\{\boldsymbol{e}_1, \boldsymbol{e}_2\}$ を用いて

$$\varDelta = \{\pm \boldsymbol{x}, \pm \boldsymbol{y}, \pm(\boldsymbol{x} + \boldsymbol{y}), \pm(2\boldsymbol{x} + \boldsymbol{y})\},$$

$$\boldsymbol{x} = \boldsymbol{e}_1, \boldsymbol{y} = -\boldsymbol{e}_1 + \boldsymbol{e}_2$$

とおくと $\varDelta$ は階数 2 のルート系である．これを B_2 型のルート系とよぶ[♯11]．

例 2.40 (G_2 **型のルート系**) $\mathbb{R}^2$ の標準基底 $\{\boldsymbol{e}_1, \boldsymbol{e}_2\}$ を用いて

$$\varDelta = \{\pm \boldsymbol{x}, \pm \boldsymbol{y}, \pm(\boldsymbol{x} + \boldsymbol{y}), \pm(2\boldsymbol{x} + \boldsymbol{y}), \pm(3\boldsymbol{x} + \boldsymbol{y}), \pm(3\boldsymbol{x} + 2\boldsymbol{y})\},$$

$$\boldsymbol{x} = \boldsymbol{e}_1, \boldsymbol{y} = -\frac{\sqrt{3}}{2}(\sqrt{3}\boldsymbol{e}_1 - \boldsymbol{e}_2)$$

♯10 A_2 型ルート系は特殊線型群 $\mathrm{SL}_3\mathbb{R}$ に関連します．

♯11 B_2 型ルート系は特殊直交群 $\mathrm{SO}(5)$ と関連します．

とおくと Δ は階数 2 のルート系である．これを G_2 型のルート系とよぶ[♯12]．

二つのルート $\boldsymbol{x}, \boldsymbol{y} \in \Delta$ に対し，それらのなす角を θ と書きましょう．$\langle \boldsymbol{x}, \boldsymbol{y} \rangle = 2(\boldsymbol{x} \cdot \boldsymbol{y})/(\boldsymbol{y} \cdot \boldsymbol{y})$ とおくと

$$\langle \boldsymbol{x}, \boldsymbol{y} \rangle \langle \boldsymbol{y}, \boldsymbol{x} \rangle = 4\cos^2\theta$$

ですから $4\cos^2\theta = 0,\ 1,\ 2,\ 3,\ 4$ のはずです．

演習 2.41　$\boldsymbol{x}, \boldsymbol{y} \in \Delta$ を $|\boldsymbol{x}| \leqq |\boldsymbol{y}|$ であるルートとするとき，次の場合分けが生じることを確かめよ．

	$\langle \boldsymbol{x}, \boldsymbol{y} \rangle$	$\langle \boldsymbol{y}, \boldsymbol{x} \rangle$	θ	$\lvert\boldsymbol{y}\rvert/\lvert\boldsymbol{x}\rvert$	$S_{\boldsymbol{x}}S_{\boldsymbol{y}}$ の位数
(1)	0	0	90°	不定	2
(2)	1	1	60°	1	3
(3)	-1	-1	120°	1	3
(4)	1	2	45°	$\sqrt{2}$	4
(5)	-1	-2	135°	$\sqrt{2}$	4
(6)	1	3	30°	$\sqrt{3}$	6
(7)	-1	-3	150°	$\sqrt{3}$	6
(8)	2	2	0°	$1\ (\boldsymbol{y} = \boldsymbol{x})$	1
(9)	-2	-2	180°	$1\ (\boldsymbol{y} = -\boldsymbol{x})$	1

演習 2.42　階数が 1 および 2 のルート系を図示せよ．(ヒント：階数 1 のルート系は A_1 型のみ，階数 2 のルート系は A_2, $A_1 \times A_1$, B_2, G_2 のみ)

ルート系を素材にして高校生向けの練習問題を作ることができます．一例をあげておきます (実質は演習問題 2.41 の一部)．

演習 2.43　零ベクトルでない平面上のベクトル $\boldsymbol{a}, \boldsymbol{b}$ について

$$-\frac{2\boldsymbol{a}\cdot\boldsymbol{b}}{\boldsymbol{a}\cdot\boldsymbol{a}}, \quad -\frac{2\boldsymbol{a}\cdot\boldsymbol{b}}{\boldsymbol{b}\cdot\boldsymbol{b}}$$

がともに正の整数であるとき，$\boldsymbol{a}, \boldsymbol{b}$ のなす角をもとめよ．とくに $\boldsymbol{a} = (1,0)$, $|\boldsymbol{b}| \leqq 1$ のとき，$\boldsymbol{b}$ をもとめよ．(京都大・大阪大・東京商船大[♯13]入試)

[♯12] G_2 型ルート系は八元数と密接な関係があります．附録 A.5 参照．よりくわしいことは [101] を見るとよいでしょう．

[♯13] 現在の東京海洋大．

■さらに学ぶために■

$\mathbb{R}^3$ 内の平面の取り扱いに不慣れな読者は [48] を読むことをすすめます．最後に演習問題として取り上げたルート系は，リー環論・対称空間論で基本的な概念です．興味が湧いてきた読者は「リー環」または「リー代数」が標題に含まれている教科書を眺めてみるとよいでしょう (たとえば [71]).

2.3 三角形の合同定理

この節では三角形の合同定理を $\mathrm{E}(n)$ を用いて証明します．前の節で準備した鏡映が活躍します．

まず三角形をあらためて定義し，いくつかの用語も定めておきます．

定義 2.44 $\mathbb{R}^n$ 内の 3 点のなす組 $\{\mathrm{A}, \mathrm{B}, \mathrm{C}\}$ が条件

A, B, C が同一直線上にない

をみたすとき集合

$$\triangle\mathrm{ABC} = \left\{\mathrm{P} \in \mathbb{R}^n \;\middle|\; \begin{array}{l} \boldsymbol{p} = t_0\boldsymbol{a} + t_1\boldsymbol{b} + t_2\boldsymbol{c} \\ (t_0,\, t_1,\, t_2 \geqq 0,\, t_0 + t_1 + t_2 = 1) \end{array}\right\}$$

を三角形 ABC とよぶ．このとき $\{\mathrm{A}, \mathrm{B}, \mathrm{C}\}$ は三角形 ABC を**定める** (または**張る**) という．3 点 A, B, C を $\triangle\mathrm{ABC}$ の**頂点**, 線分 AB, BC, CA を $\triangle\mathrm{ABC}$ の**辺**とよぶ．角 $\angle(\overrightarrow{\mathrm{AB}}, \overrightarrow{\mathrm{AC}})$ を頂点 A における**頂角**といい $\angle\mathrm{A}$ で表す．$\angle\mathrm{B}$, $\angle\mathrm{C}$ も同様に定める．

定義 2.45 3 本の辺のうち長さが等しい 2 本が存在するとき**二等辺三角形**とよぶ．とくに 3 本の辺の長さがすべて等しい三角形を**正三角形**とよぶ．$\pi/2$ である角が存在するとき，その角を直角といい，直角を含む三角形を**直角三角形**とよぶ．直角より大きい角を**鈍角**，小さい角を**鋭角**とよぶ．すべての角が鋭角である三角形を**鋭角三角形**, 鈍角を含む三角形を**鈍角三角形**とよぶ.

定義 2.46 二つの三角形 $\triangle\mathrm{ABC}$, $\triangle\mathrm{A'B'C'}$ に対し $f(\triangle\mathrm{ABC}) = \triangle\mathrm{A'B'C'}$ となる $f \in \mathrm{E}(n)$ が存在するとき，$\triangle\mathrm{ABC} \cong \triangle\mathrm{A'B'C'}$ と表記する.

命題 2.47　$\triangle = \triangle_n$ で $\mathbb{R}^n$ 内の三角形をすべて集めて得られる集合を表すことにすると "$\cong$" は $\triangle_n$ 上の同値関係である.

(証明)　記述の簡略化のために次の記法を用意しておきます.

二つの三角形 $\triangle\mathrm{ABC}$, $\triangle\mathrm{A'B'C'}$ に対し $f(\triangle\mathrm{ABC}) = \triangle\mathrm{A'B'C'}$ となる $f \in \mathrm{E}(n)$ が存在するとき

$$\triangle\mathrm{ABC} \cong_f \triangle\mathrm{A'B'C'}$$

と表記する.

(1) 反射律：$f = (E, \mathbf{0})$ とすれば $\triangle\mathrm{ABC} \cong_f \triangle\mathrm{ABC}$.

(2) 対称律：$\triangle\mathrm{ABC} \cong_f \triangle\mathrm{A'B'C'}$ ならば $\triangle\mathrm{A'B'C'} \cong_{f^{-1}} \triangle\mathrm{ABC}$.

(3) 推移律：$\triangle\mathrm{ABC} \cong_f \triangle\mathrm{A'B'C'}$ かつ $\triangle\mathrm{A'B'C'} \cong_g \triangle\mathrm{A''B''C''}$ ならば $\triangle\mathrm{ABC} \cong_{g\circ f} \triangle\mathrm{A''B''C''}$. □

以下, 三角形 $\triangle\mathrm{ABC}$ の辺 AB, BC, CA の長さを同じ記号 AB, BC, CA で略記します[♯14].

以上の準備のもと次の定理を証明します.

定理 2.48 (三辺相等の定理)　$\triangle\mathrm{ABC}$, $\triangle\mathrm{A'B'C'}$ において

$$\mathrm{AB} = \mathrm{A'B'}, \quad \mathrm{BC} = \mathrm{B'C'}, \quad \mathrm{CA} = \mathrm{C'A'}$$

であるための必要十分条件は $f(\mathrm{A}) = \mathrm{A'}$, $f(\mathrm{B}) = \mathrm{B'}$, $f(\mathrm{C}) = \mathrm{C'}$, $f(\triangle\mathrm{ABC}) = \triangle\mathrm{A'B'C'}$ をみたす $f \in \mathrm{E}(n)$ が存在することである.

(証明)　($\Longleftarrow$) $f \in \mathrm{E}(n)$ だから

$$\mathrm{d}(\mathrm{A'}, \mathrm{B'}) = \mathrm{d}(f(\mathrm{A}), f(\mathrm{B})) = \mathrm{d}(\mathrm{A}, \mathrm{B})$$

である. 他の 2 辺についても同様.

($\Longrightarrow$) $\boldsymbol{p} := \overrightarrow{\mathrm{AA'}}$ とおき平行移動 $T_{\boldsymbol{p}}$ を考える. $\mathrm{B''} := T_{\boldsymbol{p}}(\mathrm{B})$, $\mathrm{C''} := T_{\boldsymbol{p}}(\mathrm{C})$ とおこう. $T_{\boldsymbol{p}} \in \mathrm{E}(n)$ より

$$\triangle\mathrm{ABC} \cong_{T_{\boldsymbol{p}}} \triangle\mathrm{A'B''C''}$$

である. すでに証明済みの ($\Longleftarrow$) を活用すれば

$$\mathrm{A'B''} = \mathrm{AB} = \mathrm{A'B'},$$

$$\mathrm{B''C''} = \mathrm{BC} = \mathrm{B'C'},$$

[♯14] 冷静に考えるとかなり変な記法ですが, 中学校数学でこの記法に慣れているでしょう.

$$\mathrm{C''A'} = \mathrm{CA} = \mathrm{C'A'}$$

が得られる．命題 2.47 より $\triangle\mathrm{A'B''C''} \cong \triangle\mathrm{A'B'C'}$ が言えれば証明が終わる．

平行移動 $T_{-\boldsymbol{a}'}$ を使ってみる．

$$T_{-\boldsymbol{a}'}(\mathrm{A'}) = \mathrm{O},$$
$$T_{-\boldsymbol{a}'}(\mathrm{B'}) = \mathrm{D}, \quad T_{-\boldsymbol{a}'}(\mathrm{B''}) = \mathrm{D'},$$
$$T_{-\boldsymbol{a}'}(\mathrm{C'}) = \mathrm{E}, \quad T_{-\boldsymbol{a}'}(\mathrm{C''}) = \mathrm{E'}$$

とおくと

$$\triangle\mathrm{A'B'C'} \cong_{T_{-\boldsymbol{a}'}} \triangle\mathrm{ODE}, \quad \triangle\mathrm{A'B''C''} \cong_{T_{-\boldsymbol{a}'}} \triangle\mathrm{OD'E'}$$

だから $\triangle\mathrm{ODE} \cong \triangle\mathrm{OD'E'}$ を証明すればよい．

$$\mathrm{A'B'} = \mathrm{OD}, \quad \mathrm{A'B''} = \mathrm{OD'},$$
$$\mathrm{B'C'} = \mathrm{DE}, \quad \mathrm{B''C''} = \mathrm{D'E'},$$
$$\mathrm{C'A'} = \mathrm{EO}, \quad \mathrm{C''A'} = \mathrm{OE'}$$

に注意すると目標 ($\triangle\mathrm{ODE} \cong \triangle\mathrm{OD'E'}$) は

$$\text{“}\mathrm{OD} = \mathrm{OD'},\ \mathrm{DE} = \mathrm{D'E'},\ \mathrm{EO} = \mathrm{E'O} \Longrightarrow \triangle\mathrm{ODE} \cong \triangle\mathrm{OD'E'}\text{”}$$

と書き直される．つまり “$|\boldsymbol{d}| = |\boldsymbol{d}'|$, $|\boldsymbol{e}| = |\boldsymbol{e}'|$, $\mathrm{DE} = \mathrm{D'E'}$ ならば $f(\mathrm{O}) = \mathrm{O}$, $f(\mathrm{D}) = \mathrm{D'}$, $f(\mathrm{E}) = \mathrm{E'}$ をみたす $f \in \mathrm{E}(n)$ が存在する” を証明すればよい．そこで次の補題を用意する．

補題 2.49　$X, Y \in \mathbb{R}^n$ が $|\overrightarrow{\mathrm{OX}}| = |\overrightarrow{\mathrm{OY}}|$ をみたせば $g(\mathrm{O}) = \mathrm{O}$, $g(\mathrm{X}) = \mathrm{Y}$ である $g \in \mathrm{E}(n)$ が存在する．

(補題の証明)　$\mathrm{X} \neq \mathrm{Y}$ のときだけを考えればよい．$\Pi = \{\mathrm{P} \in \mathbb{R}^n \,|\, \mathrm{PX} = \mathrm{PY}\}$ とおく．

$$\mathrm{PX} = \mathrm{PY} \Longleftrightarrow (\boldsymbol{x} - \boldsymbol{p}) \cdot (\boldsymbol{x} - \boldsymbol{p}) = (\boldsymbol{y} - \boldsymbol{p}) \cdot (\boldsymbol{y} - \boldsymbol{p}).$$

ここで仮定から $\boldsymbol{x} \cdot \boldsymbol{x} = \boldsymbol{y} \cdot \boldsymbol{y}$ なので

$$\mathrm{PX} = \mathrm{PY} \Longleftrightarrow \boldsymbol{p} \cdot (\boldsymbol{x} - \boldsymbol{y}) = 0.$$

したがって Π は原点を通り $\boldsymbol{n} = \boldsymbol{x} - \boldsymbol{y}$ を法線ベクトルにもつ超平面である．これを線分 XY の**垂直 2 等分面**とよぶ．Π に関する鏡映を g とすれば $g(\mathrm{O}) = \mathrm{O}$, $g(\mathrm{X}) = \mathrm{Y}$ であるから，これがもとめる等距離変換である．念のため計算で $g(\mathrm{X}) = \mathrm{Y}$ を確かめておこう．

$$g(\boldsymbol{x})=\boldsymbol{x}-\frac{2(\boldsymbol{x}\cdot\boldsymbol{n})}{\boldsymbol{n}\cdot\boldsymbol{n}}\boldsymbol{n}=\boldsymbol{x}-(\boldsymbol{x}-\boldsymbol{y})=\boldsymbol{y}.$$

ここで $\boldsymbol{n}\cdot\boldsymbol{n}=2\boldsymbol{x}\cdot(\boldsymbol{x}-\boldsymbol{y})$ を使った (補題の証明終わり).

定理の証明に戻る．補題 2.49 より $g(\mathrm{O})=\mathrm{O}, g(\mathrm{D})=\mathrm{D}'$ をみたす $g\in E(n)$ が存在する．したがって $\triangle\mathrm{ODE}\cong_g\triangle\mathrm{OD'E''}$, $\mathrm{E''}=g(\mathrm{E})$. ゆえに，ふたたび問題を次のように直せる．

"$\mathrm{D'E'}=\mathrm{D'E''}, \mathrm{OE'}=\mathrm{OE''}\iff\triangle\mathrm{OD'E'}\cong\triangle\mathrm{OD'E''}$ を証明せよ"

この場合も $\mathrm{E'}\neq\mathrm{E''}$ の場合だけ考えればよい．$\mathrm{E'E''}$ の垂直 2 等分面を Π' とすると $S_{\Pi'}(\mathrm{E'})=\mathrm{E''}$ である．仮定より "$\mathrm{D'E'}=\mathrm{D'E''}, \mathrm{OE'}=\mathrm{OE''}$ だから $\mathrm{O}, \mathrm{D'}\in\Pi'$．とくに $S_{\Pi'}(\mathrm{O})=\mathrm{O}, S_{\Pi'}(\mathrm{D'})=\mathrm{D'}$ なので $\triangle\mathrm{OD'E'}\cong_{S_{\Pi'}}\triangle\mathrm{OD'E''}$. 以上より $\triangle\mathrm{ABC}\cong\triangle\mathrm{A'B'C'}$. □

ややこしい証明だと感じたかもしれませんね．要点は**平行移動と鏡映を繰り返すということです**．$n=2$ のときに図を描いてみて**平行移動と鏡映で二つの三角形が重ねられること**を視覚的に確かめておくことが大事です．

定理 2.50 (二辺夾角の定理) $\triangle\mathrm{ABC}$ と $\triangle\mathrm{A'B'C'}$ において

$$\mathrm{AB}=\mathrm{A'B'}, \mathrm{AC}=\mathrm{A'C'}, \angle\mathrm{A}=\angle\mathrm{A'}=\theta\iff\triangle\mathrm{ABC}\cong\triangle\mathrm{A'B'C'}.$$

この事実を「$\triangle\mathrm{ABC}\cong\triangle\mathrm{A'B'C'}\iff$ 2 辺とその間の角 (**夾角**) が等しい」と言い表す.

(証明) $(\Longleftarrow)$ $\triangle\mathrm{ABC}\cong\triangle\mathrm{A'B'C'}$ ならば $\mathrm{AB}=\mathrm{A'B'}, \mathrm{AC}=\mathrm{A'C'}$. そこで $\boldsymbol{p}=\overrightarrow{\mathrm{AB}}, \boldsymbol{q}=\overrightarrow{\mathrm{AC}}$ などとおくと

$$\cos\angle\mathrm{A}=\frac{\boldsymbol{p}\cdot\boldsymbol{q}}{|\boldsymbol{p}|\,|\boldsymbol{q}|}=\frac{\boldsymbol{p}'\cdot\boldsymbol{q}'}{|\boldsymbol{p}'|\,|\boldsymbol{q}'|}=\cos\angle\mathrm{A}'.$$

したがって $\angle\mathrm{A}=\angle\mathrm{A'}$.

$(\Longrightarrow)$ **余弦定理**を用いる．$\mathrm{AB}=\mathrm{A'B'}, \mathrm{AC}=\mathrm{A'C'}, \angle\mathrm{A}=\angle\mathrm{A'}=\theta$ と仮定する.

補題 2.51 (余弦定理) 3 点 $\mathrm{A}, \mathrm{B}, \mathrm{C}\in\mathbb{R}^n$ に対し $\boldsymbol{p}=\overrightarrow{\mathrm{AB}}, \boldsymbol{q}=\overrightarrow{\mathrm{AC}}, \boldsymbol{r}=\overrightarrow{\mathrm{BC}}$ とおくと

$$|\boldsymbol{p}|^2+|\boldsymbol{q}|^2=|\boldsymbol{r}|^2+2|\boldsymbol{p}||\boldsymbol{q}|\cos\theta,\quad\theta=\angle(\boldsymbol{p},\boldsymbol{q}).$$

(余弦定理の証明)

$$|\boldsymbol{r}|^2 = |\boldsymbol{q}-\boldsymbol{p}|^2 = (\boldsymbol{q}-\boldsymbol{p})\cdot(\boldsymbol{q}-\boldsymbol{p})$$
$$= |\boldsymbol{p}|^2 + |\boldsymbol{q}|^2 - 2\boldsymbol{p}\cdot\boldsymbol{q}.$$ (余弦定理の証明終わり)

(定理 2.50 の証明の続き) 余弦定理より $\theta = \angle \mathrm{A} = \angle \mathrm{A}'$ に対し

$$\mathrm{BC}^2 = \mathrm{AB}^2 + \mathrm{AC}^2 - 2|\overrightarrow{\mathrm{AB}}||\overrightarrow{\mathrm{AC}}|\cos\theta,$$
$$\mathrm{B'C'}^2 = \mathrm{A'B'}^2 + \mathrm{A'C'}^2 - 2|\overrightarrow{\mathrm{A'B'}}||\overrightarrow{\mathrm{A'C'}}|\cos\theta,$$

この 2 式より $\mathrm{BC} = \mathrm{B'C'}$. したがって 3 辺が等しい. □

演習 2.52 次の定理を証明せよ.

定理 2.53 (一辺と両端の角の定理) $\triangle\mathrm{ABC}$ と $\triangle\mathrm{A'B'C'}$ において

$$\mathrm{AB} = \mathrm{A'B'},\ \angle\mathrm{A} = \angle\mathrm{A'} = \theta,\ \angle\mathrm{B} = \angle\mathrm{B'} = \phi$$
$$\iff \triangle\mathrm{ABC} \cong \triangle\mathrm{A'B'C'}.$$

この事実を「$\triangle\mathrm{ABC} \cong \triangle\mathrm{A'B'C'} \iff$ 一辺とその両端の角が等しい」と言い表す.

ここまでで見てきたように, $\cong$ は平面幾何で習った**図形の合同**にほかなりません. そこで今後 $\mathbb{R}^n$ の等距離変換を**合同変換**, $\mathrm{E}(n)$ を**合同変換群**ともよぶことにします. あらためて**図形の合同を定義**します.

定義 2.54 $\mathbb{R}^n$ 内の二つの図形[♯15] $\mathscr{A}, \mathscr{B} \subset \mathbb{R}^n$ に対し $f(\mathscr{A}) = \mathscr{B}$ となる $f \in \mathrm{E}(n)$ が存在するとき $\mathscr{A}$ と $\mathscr{B}$ は**合同**であるといい, $\mathscr{A} \cong \mathscr{B}$ (または $\mathscr{A} \equiv \mathscr{B}$) と表す.

註 2.55 今日では合同を表記するとき $\equiv$ という記号を用いるが, かつては $\cong$ が使われていた. $\cong$ は相似 ($\sim$) かつ, 等面積 ($=$) を組み合わせた記号である. 3.2 節で考察するように, 相似幾何と等積幾何の共通部分がユークリッド幾何学であることを反映した記号である. 記号の歴史については [30, pp. 149–155] にくわしい.

♯15 $\mathbb{R}^n$ の部分集合.

演習 2.56 $\mathbb{R}^2$ 内の三角形 $\triangle$ABC の辺の長さの総和を 2 で割ったものを σ で表す．すなわち $\sigma = (a+b+c)/2$, ここで $a = \mathrm{BC}$, $b = \mathrm{AC}$, $c = \mathrm{AB}$.

(1) $\triangle$ABC の面積が $\sqrt{\sigma(\sigma-a)(\sigma-b)(\sigma-c)}$ で与えられることを示せ．これを**ヘロンの公式**[♯16]とよぶ.

(2) 三角形に関する**等周不等式**

$$\triangle\mathrm{ABC} \text{ の面積} \leqq \frac{\sigma^2}{3\sqrt{3}}, \quad \text{等号成立は } \triangle\mathrm{ABC} \text{ が正三角形のとき}$$

を証明せよ．この不等式は同一の周長をもつ三角形の中で正三角形が最大の面積をもつことを意味する．より一般に周長が L の単純閉曲線の囲む図形の面積を A とすると，次の不等式が知られている：

$$4\pi A \leqq L^2, \quad \text{等号成立は閉曲線が円のとき}.$$

これを**等周不等式**とよぶ．したがって同一の周長をもつ滑らかな単純閉曲線の中で円が最大の面積をもつ．等周不等式については [40] を見るとよい．

演習 2.57 数平面 $\mathbb{R}^2$ 内の三角形全体の集合 $\triangle_2$ を同値関係 $\cong$ で類別して得られる商集合 $\triangle_2/\cong$ を考える．定義から $\triangle_2/\cong$ の元は**三角形の形状**[♯17]である．言い換えると $\triangle_2/\cong$ の元につけられた名称が三角形の形状である．この集合を平面三角形の**モデュライ空間**とよぶ．モデュライ空間 $\triangle_2/\cong$ はどういう集合であるか具体的な記述方法を考察せよ．$\triangle_2/\cong$ を用いてヘロンの公式の意味を説明せよ．

■さらに学ぶために■

この節では「三辺相等の定理」を基本とし，それから「二辺夾角の定理」および「一辺と両端の角の定理」を導きました．この本のように線型代数学を利用する方法とは別に，ユークリッド原論に従って三角形の合同定理を証明することも経験しておくとよいでしょう．ユークリッド原論ではまず最初に「二辺夾角の定理」を証明します．なぜ原論では「二辺夾角の定理」が最初なのかを

[♯16] Heron of Alexandoria (10?–75?). さまざまな遊戯的 (?) 機械の考案者としても知られています．たとえば，祭壇に火を供えると開く寺院の扉，蒸気を噴出すことで回るタービン．

[♯17] ここでは形状は形に大きさを加味したものという意味で使っています．定義 3.28 を参照してください．

検討し，この本との違いを考えることをすすめます[♯18]．原論に直接あたってもよいのですが，まずは [29] か [38] を読むことをすすめます．じっくり時間をかけて中学校で学んだ幾何を現代数学として学びなおしたいという人には [85] をすすめます．英文でもよいという読者には [6] をすすめておきます．

2.4 線対称こそ主役

定理 2.48 の証明を振り返ってみます．△ABC を △A′B′C′ へうつす合同変換は平行移動と鏡映の合成で得られたことを思い出してください．この節では，鏡映の繰り返しについてさらにくわしく調べます．

命題 2.58 $\varPi_1$, $\varPi_2$ を互いに平行な $\mathbb{R}^n$ の超平面とする．すなわち，共通の法線ベクトル $\boldsymbol{n}$ をもつ超平面の組である．このとき $f = S_{\varPi_2} \circ S_{\varPi_1}$ は平行移動である．

(証明) 2 平面を結ぶ垂線を引く．その両端を $A \in \varPi_1$, $B \in \varPi_2$ とし $\boldsymbol{v} = \overrightarrow{\mathrm{AB}}$ とすれば $f = T_{2\boldsymbol{v}}$ である．□

逆に次の命題が成立する．

命題 2.59 恒等変換でない平行移動は 2 つの鏡映の合成である．

(証明) $\boldsymbol{p} \neq \boldsymbol{0}$ に対し $T_{\boldsymbol{p}}$ が $T_{\boldsymbol{p}} = S_{\varPi_2} \circ S_{\varPi_1}$ と表わせるような超平面

$$\varPi_1 = \{\mathrm{X} \in \mathbb{R}^n \,|\, \boldsymbol{x} \cdot \boldsymbol{p} = \alpha\},$$

$$\varPi_2 = \{\mathrm{X} \in \mathbb{R}^n \,|\, \boldsymbol{x} \cdot \boldsymbol{p} = \beta\}$$

を探す．$\boldsymbol{x} \in \mathbb{R}^n$ に対し $\boldsymbol{y} = S_{\varPi_1}(\boldsymbol{x})$ とおく．

$$S_{\varPi_2}(\boldsymbol{y}) = \boldsymbol{y} - \frac{2(\boldsymbol{y} \cdot \boldsymbol{p} - \beta)}{\boldsymbol{p} \cdot \boldsymbol{p}} \boldsymbol{p}.$$

ここで $\boldsymbol{y} \cdot \boldsymbol{p} = \boldsymbol{x} \cdot \boldsymbol{p} - 2(\boldsymbol{x} \cdot \boldsymbol{p} - \alpha) = 2\alpha - \boldsymbol{x} \cdot \boldsymbol{p}$ だから

$$S_{\varPi_2}(S_{\varPi_1}(\boldsymbol{x})) = \boldsymbol{x} - \frac{2(\alpha - \beta)}{\boldsymbol{p} \cdot \boldsymbol{p}} \boldsymbol{p}.$$

したがって $\alpha - \beta = -(\boldsymbol{p} \cdot \boldsymbol{p})/2$. たとえば $\alpha = 0$, $\beta = |\boldsymbol{p}|^2/2$ とすればよい．
□

[♯18] ユークリッド原論の邦訳は共立出版から入手できます [13].

平行移動を二つの鏡映の合成として表す方法は，一意的ではないことに注意してください．

次の定理は三辺相等の定理 (定理 2.48) の拡張とみなせます．

定理 2.60 $1 \leqq k \leqq n$ とする．$\mathrm{P}_0, \mathrm{P}_1, \cdots, \mathrm{P}_k, \mathrm{Q}_0, \mathrm{Q}_1, \cdots, \mathrm{Q}_k \in \mathbb{R}^n$ が条件

$$\mathrm{d}(\mathrm{P}_i, \mathrm{P}_j) = \mathrm{d}(\mathrm{Q}_i, \mathrm{Q}_j), \quad i, j = 0, 1, \cdots, k$$

をみたせば，$f(\mathrm{P}_j) = \mathrm{Q}_j$ $(j = 0, 1, \cdots, k)$ となる合同変換 f が存在する．

(証明) $S_0 \in \mathrm{E}(n)$ を次のように定める．

- $\mathrm{P}_0 = \mathrm{Q}_0$ のとき：$S_0 = I$ (恒等変換),
- $\mathrm{P}_0 \neq \mathrm{Q}_0$ のとき：$S_0 =$ 線分 $\mathrm{P}_0\mathrm{Q}_0$ の垂直 2 等分面 $\Pi_0 = \{\mathrm{X} \in \mathbb{R}^n \mid \mathrm{P}_0 X = \mathrm{Q}_0 X\}$ に関する鏡映.

定義より S_0 は $S_0(\mathrm{P}_0) = \mathrm{Q}_0$ をみたす合同変換である．続いて $\mathrm{S}_1 \in \mathrm{E}(n)$ を

- $S_0(\mathrm{P}_1) = \mathrm{Q}_1$ のとき：$S_1 = I$,
- $S_0(\mathrm{P}_1) \neq \mathrm{Q}_1$ のとき：$S_1 =$ 線分 $S_0(\mathrm{P}_1)\mathrm{Q}_1$ の垂直 2 等分面 $\Pi_1 = \{\mathrm{X} \in \mathbb{R}^n \mid S_0(\mathrm{P}_1)X = \mathrm{Q}_1 X\}$ に関する鏡映,

で定める．

$$\mathrm{d}(S_0(\mathrm{P}_0), \mathrm{Q}_1) = \mathrm{d}(\mathrm{Q}_0, \mathrm{Q}_1) = \mathrm{d}(\mathrm{P}_0, \mathrm{P}_1) = \mathrm{d}(S_0(\mathrm{P}_0), S_0(\mathrm{P}_1))$$

だから $S_0(\mathrm{P}_0) \in \Pi_1$ である．したがって $S_1(S_0(\mathrm{P}_0)) = \mathrm{Q}_0$．$S_1$ の定め方から $S_1(S_0(\mathrm{P}_1)) = \mathrm{Q}_1$ である．次は

$$(S_2 \circ S_1 \circ S_0)(\mathrm{P}_0) = \mathrm{Q}_0,$$
$$(S_2 \circ S_1 \circ S_0)(\mathrm{P}_1) = \mathrm{Q}_1,$$
$$(S_2 \circ S_1 \circ S_0)(\mathrm{P}_2) = \mathrm{Q}_2$$

をみたす $S_2 \in \mathrm{E}(n)$ をつくる．$S_1(S_0(\mathrm{P}_2)) = \mathrm{Q}_2$ なら $S_2 = I$ でよい．そうでないときは線分 $S_1(S_0(\mathrm{P}_2))\mathrm{Q}_2$ の垂直 2 等分面 Π_2 をとり $S_2 = S_{\Pi_2}$ とすればよい．以下この操作を繰り返して合同変換の列 $\{S_1, S_2, \cdots, S_k\}$ を得る．そこで $f = S_k \circ S_{k-1} \circ \cdots \circ S_1 \circ S_0$ とおけばよい．□

この証明をもう少しくわしく分析します．$f = S_k \circ S_{k-1} \circ \cdots \circ S_2 \circ S_1 \circ S_0$ と表されました．各 S_j は鏡映か恒等変換なので，f は高々$(k+1)$ 個の鏡映の合成です．

補題 2.61　$f, g \in \mathrm{E}(n)$ が

$$f(\mathbf{0}) = g(\mathbf{0}), \quad f(\boldsymbol{e}_i) = g(\boldsymbol{e}_i), \quad i = 1, 2, \cdots, n$$

をみたせば $f = g$.

(証明)　$h = g^{-1} \circ f$ とおくと $h(\boldsymbol{e}_i) = \boldsymbol{e}_i$, $h(\mathbf{0}) = \mathbf{0}$. したがって h は直交変換である．h の表現行列を $H \in \mathrm{O}(n)$ とすると $H\boldsymbol{e}_i = \boldsymbol{e}_i$ だから $H = E$. したがって $h = (E, \mathbf{0})$. つまり $f = g$. □

以上の準備の下，次の定理を証明できます．

定理 2.62 (カルタン[♮19]の定理[♮20])　$\mathbb{R}^n$ の合同変換は高々$(n+1)$ 個の鏡映の積で表される．

(証明)　$f \in \mathrm{E}(n)$ とし $f(\mathbf{0}) = \boldsymbol{p}_0$, $f(\boldsymbol{e}_i) = \boldsymbol{p}_i$ とおく．$f \in \mathrm{E}(n)$ より

$$\mathrm{d}(\boldsymbol{e}_i, \boldsymbol{e}_j) = \mathrm{d}(\boldsymbol{p}_i, \boldsymbol{p}_j), \quad 0 \leqq i, j \leqq n.$$

ただし $\boldsymbol{e}_0 = \mathbf{0}$. すると定理 2.60 の証明から $g(\boldsymbol{e}_j) = \boldsymbol{p}_j$ $(0 \leqq j \leqq n)$ をみたす $g \in \mathrm{E}(n)$ が存在して

$$g = S_n \circ S_{n-1} \circ \cdots \circ S_2 \circ S_1 \circ S_0, \quad \text{各 } S_j \text{ は恒等変換か鏡映}$$

という形をしている．補題 2.61 から $f = g$ のはず．□

$n \leqq 2$ の場合に，カルタンの定理を具体的に確かめてみます[♮21].

■ E(1) と E(2)

(1) $n = 1$ の場合：$f(0) = b$, $f(1) = c$, $c - b = a$ とおくと $f(x) = (a, b)x = ax + b$. $f \in \mathrm{E}(1)$ より $\mathrm{d}(f(x), f(y)) = \mathrm{d}(x, y) \iff a = \pm 1$. したがって

$$\mathrm{E}(1) = \{(\pm 1, b) \,|\, b \in \mathbb{R}\}, \quad \mathrm{O}(1) = \{-1, 1\}.$$

(a) $f = (1, b)$：これは平行移動.

♮19 Élie Joseph Cartan (1869–1951). 微分幾何学に大きな足跡を残した.

♮20 カルタン・デュウドネの定理ともよばれます．デュウドネ (デュドンネ/Jean Alexander Eugène Dieudonné, 1906–1992) はブルバキの主要メンバー.「カルタン・デュウドネの定理」とよばれるものはより一般の計量線型空間の直交変換群に関するものです ([5, p. 129, Theorem 3.20]). $\mathbb{R}^n$ の場合は，カルタン・デュウドネ以前から知られていたと思われますが，本書ではカルタンの定理とよぶことにしました.

♮21 このように一般次元で何か新しい事実を学んだときは $n = 2$ や $n = 3$ のときに具体的に確かめる習慣をつけておくことも大事です.

(b) $f=(-1,b)$: これは点 $b/2$ に関する鏡映 (点対称). E(1) の元は高々 2 個の点対称の合成で表される.

(2) $n=2$ の場合 : O(2) を調べればよい.

$$A=\begin{pmatrix} a & b \\ c & d \end{pmatrix}=(\boldsymbol{x},\boldsymbol{y})$$

とおくと

$${}^t\!AA=E \Longleftrightarrow |\boldsymbol{x}|=|\boldsymbol{y}|=1,\ \boldsymbol{x}\cdot\boldsymbol{y}=0.$$

そこで

$$\boldsymbol{x}={}^t(\cos\theta,\sin\theta),\quad \boldsymbol{y}={}^t(\cos\phi,\sin\phi)$$

とおく.

$$0=\boldsymbol{x}\cdot\boldsymbol{y}=\cos\theta\cos\phi+\sin\theta\sin\phi=\cos(\theta-\phi).$$

したがって $\phi=\theta\pm\pi/2$ の二つの場合に分けて調べればよい.

(1) $\phi=\theta+\pi/2$ のとき :

$$A=\begin{pmatrix} \cos\theta & -\sin\theta \\ \sin\theta & \cos\theta \end{pmatrix},\quad \det A=1.$$

1 次変換 $\boldsymbol{p}\longmapsto A\boldsymbol{p}$ は原点を中心とする回転角 θ の回転である. 実際

$$\begin{pmatrix} x_1' \\ x_2' \end{pmatrix}=A\begin{pmatrix} x_1 \\ x_2 \end{pmatrix}$$

とおき $(x_1,x_2)=r(\cos\psi,\sin\psi)$ と書くと

$$\begin{pmatrix} x_1' \\ x_2' \end{pmatrix}=\begin{pmatrix} r\cos(\psi+\theta) \\ r\sin(\psi+\theta) \end{pmatrix}$$

だから. 行列

$$R(\theta)=\begin{pmatrix} \cos\theta & -\sin\theta \\ \sin\theta & \cos\theta \end{pmatrix} \tag{2.3}$$

を原点を中心とする回転角 θ の**回転行列**とよぶ.

(2) $\phi=\theta-\pi/2$ のとき

$$A=\begin{pmatrix} \cos\theta & \sin\theta \\ \sin\theta & -\cos\theta \end{pmatrix},\quad \det A=-1.$$

1 次変換 $\boldsymbol{p}\longmapsto A\boldsymbol{p}$ の意味を考えよう.

$$A=\begin{pmatrix} \cos\theta & -\sin\theta \\ \sin\theta & \cos\theta \end{pmatrix}\begin{pmatrix} 1 & 0 \\ 0 & -1 \end{pmatrix}$$

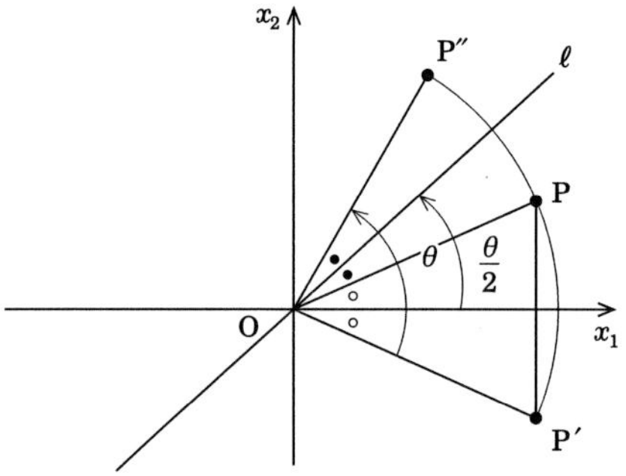

図 2.2　原点を通る直線に関する線対称.

と表せることに着目する．行列

$$\begin{pmatrix} 1 & 0 \\ 0 & -1 \end{pmatrix}$$

は x_1 軸に関する線対称を定めることに注意する．

$$\boldsymbol{p}' = \begin{pmatrix} 1 & 0 \\ 0 & -1 \end{pmatrix}\boldsymbol{p}, \quad \boldsymbol{p}'' = A\boldsymbol{p}$$

とおく．角 $\angle(\boldsymbol{p}, \boldsymbol{p}'')$ の 2 等分線 ℓ を P, P″ の間に引くと ℓ は直線 $x_2 = \tan(\theta/2)x_1$ である．A が定める 1 次変換は合同変換だから $|\boldsymbol{p}| = |\boldsymbol{p}''|$．したがって ℓ は線分 PP″ と直交する．PP″ と ℓ の交点を Q とすると PQ = QP″ だから P″ は P の ℓ に関する対称点である．すなわち A の定める 1 次変換は ℓ に関する線対称である (図 2.2)．ここまでの議論で「原点を中心とする角 θ の回転は $x_2 = \tan(\theta/2)x_1$ に関する線対称と x_1 軸に関する線対称の合成で表せる」ことも示されていることに注意しよう．□

E(2) の元 $f = (A, \boldsymbol{b})$ は，$\det A = -1$ ならば平行移動部分を二つの線対称の合成として表せるから確かに三つの線対称の合成です．一方 $\det A = 1$ の場合，A が定める直交変換は回転なので，二つの線対称の合成として表せます．平行移動部分とあわせると高々四つの線対称の合成で表せることになります．カルタンの定理の証明と見比べると一回分，無駄な線対称があることに気付きます．じつは，より強く，恒等変換ではない $f \in \mathrm{SE}(2)$ はちょうど 2 個の線対称の合成で表せることが知られていますが，本書ではこの事実の証明は割愛します．興味がある読者は [26, 5 章，pp. 68–70] を参照してください．

演習 2.63 ℓ_1, ℓ_2 を $\mathbb{R}^2$ 内の直線で交点 P をもつとする．これらに関する線対称を S_1, S_2 と書き $f = S_2 \circ S_1$ とおく．このとき f は P を中心とする回転であり，その回転角 θ は ℓ_1, ℓ_2 のなす角の 2 倍であることを実演により確かめよ．

演習 2.64 点 $\mathrm{P} = (p_1, p_2)$ を中心とする回転角 θ の回転を二つの線対称の合成で表せることを実演せよ．

2 次の特殊直交群は

$$\mathrm{SO}(2) = \left\{ R(\theta) = \begin{pmatrix} \cos\theta & -\sin\theta \\ \sin\theta & \cos\theta \end{pmatrix} \,\middle|\, 0 \leqq \theta \leqq 2\pi \right\}$$

と表せました．

$$R(\theta)R(\phi) = R(\theta + \phi) = R(\phi)R(\theta)$$

ですから SO(2) は**可換群**です．一方，行列式が -1 であるものの全体

$$\mathrm{O}^-(2) = \{A \in \mathrm{O}(2) \mid \det A = -1\}$$

は

$$\mathrm{O}^-(2) = \{S(\theta) \mid 0 \leqq \theta \leqq 2\pi\}, \quad S(\theta) = \begin{pmatrix} \cos\theta & \sin\theta \\ \sin\theta & -\cos\theta \end{pmatrix}$$

と表せます．$\mathrm{O}^-(2)$ は積について**閉じていません**[♯22]．

$n \geqq 3$ のとき SO(n) はもはや可換群ではありません．次節で SO(3) についてさらにくわしく調べます．

演習 2.65 次の問いに答えよ．

(1) 直線 $y = mx$ に関して各点をその対称点にうつす 1 次変換を f_m，その (表現) 行列を $A(m)$ と表す．

(a) $A(m)$ をもとめよ．

(b) $A(m)^{-1}$ をもとめよ．

(c) $F = \{f_m \mid m \in \mathbb{R}\}$ とする．$f_m, f_n \in F$ ならば $f_m \circ f_n \in F$ か．(法政大入試)

(2) 直線 $ax + by = 0$ に関する線対称を表す行列をもとめよ．

(3) 点 P(2, 1) を $2x - y = 0$ に関する線対称でうつした点を Q, Q を $x + y = 0$ に関する線対称でうつした点を R とする．点 R を直線 ℓ に関する線対称

♯22 n の如何に関わらず $\mathrm{O}^-(n)$ は積について閉じていないことを確かめてください．

でうつしたところ点 P に戻ったという．ℓ をもとめよ．(鳥取大入試)

演習 2.66 (1) $\mathrm{A} \in \mathbb{R}^2$ を中心とする角 θ の回転 $R_{\mathrm{A}}(\theta)$ は

$$R_{\mathrm{A}}(\theta)(\boldsymbol{p}) = R(\theta)\boldsymbol{p} + (E - R(\theta))\boldsymbol{a}, \ \boldsymbol{a} = \overrightarrow{\mathrm{OA}} \tag{2.4}$$

で与えられることを示せ.

(2) 同一の点 A を中心とする 2 つの回転 $f_i = R_{\mathrm{A}}(\theta_i)$ の回転角が θ_1, θ_2 は条件

$$\theta_1 + \theta_2 \notin 2\pi\mathbb{Z} = \{2\pi m \mid m \in \mathbb{Z}\}$$

をみたすとする．このとき $f_2 \circ f_1$ はどんな合同変換か.

演習 2.67 前問の記号を用いる．$\mathrm{A}_1, \mathrm{A}_2 \in \mathbb{R}^2$, $\theta_1, \theta_2 \in \mathbb{R}$ に対し

$$f_i = (R(\theta_i), (E - R(\theta_i))\boldsymbol{a}_i), \quad i = 1, 2$$

とおく．ただし θ_1, θ_2 は前問と同じ条件 $\theta_1 + \theta_2 \notin 2\pi\mathbb{Z}$ をみたすとする．$f_2 \circ f_1$ はどんな合同変換か．(ヒント：回転を線対称の積に分解する)

■教員志望者向けの課題 二つの回転の合成を素材とした (中学校での) 授業案を作成せよ．その授業を通じて，合同変換の基本性質や線対称の使いこなしが定着するように工夫すること (どうしても案が思い浮かばない人は [27] を参照するとよい).

演習 2.68 平面上に定点 $\mathrm{A}(a, 0)$ $(a > 0)$ と動点 $\mathrm{P}(x, y)$ $(y \geqq 0)$ がある．点 P を A を中心に定角 α だけ回転した点を Q, Q を原点 O を中心に定角 β だけ回転した点を R とする．$\alpha + \beta = \pi$ $(\alpha, \beta > 0)$ のとき 2 点 P, R はある定点に関して対称であることを示し，その定点の座標をもとめよ．(千葉大入試)

演習 2.69 3 点 $\mathrm{A, B, C} \in \mathbb{R}^2$ に対し次の事実を証明せよ.

$$R_{\mathrm{A}}(2\alpha) \circ R_{\mathrm{B}}(2\beta) \circ R_{\mathrm{C}}(2\gamma) = I \iff \alpha, \beta, \gamma \text{ は三角形 ABC の頂角.}$$

演習 2.70 (ナポレオンの問題[♯23]) $\triangle$ABC の各辺を一辺とする正三角形を[♯24]描く．これら正三角形の中心を P, Q, R とするとき $\triangle$PQR は正三角形であることを証明せよ (図 2.3).

♯23 こういう名称でよばれていますが，ナポレオン (Bonaparte Napoléon, 1769–1821) とは関係あるかどうかはよくわかりません．関係ないだろうと書いてある書物もあれば関係あると書いてあるもの [56] もあります.

♯24 $\triangle$ABC の外側に.

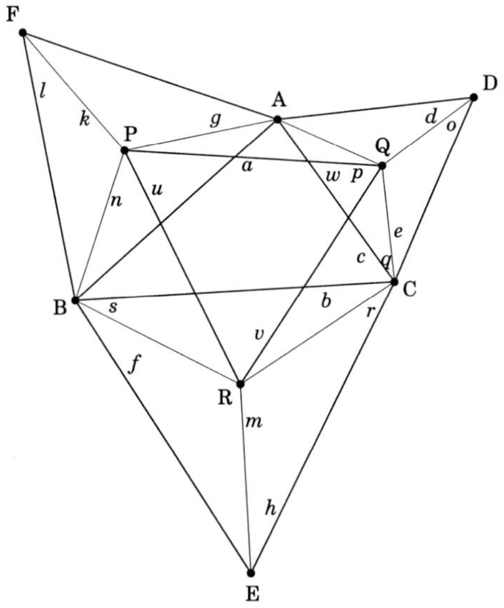

図 **2.3** ナポレオンの問題.

演習 2.71 ($\mathbb{R}^2$ における点対称[♯25])

(1) 4 点 A, B, C, D $\in \mathbb{R}^2$ に対し次の事実を確かめよ.

$$\text{四角形 ABCD は平行四辺形} \iff s_{\mathrm{A}} \circ s_{\mathrm{B}} \circ s_{\mathrm{C}} \circ s_{\mathrm{D}} = I.$$

(2) 四角形 ABCD の各辺を一辺にもつ正方形をつくりそれらの中心を P, Q, R, S とする. 四角形 PQRS が正方形になるための必要十分条件をもとめよ.

点対称の定義の仕方にとくに注意を払ってほしいと思います. $s_{\mathrm{A}} : \mathbb{R}^2 \longrightarrow \mathbb{R}^2$ と, A を中心とする回転角 π の回転 $R_{\mathrm{A}}(\pi)$ は同じ変換です. そのため $\mathbb{R}^2$ に限っては $s_{\mathrm{A}} = R_{\mathrm{A}}(\pi)$ を点対称の定義として採用できます. しかし "180° 回転 = 点対称" という性質が成り立つのは $\mathbb{R}^2$ だけです. たとえば $\mathbb{R}^3$ で点対称を 180°回転 として定義できないことは次節で説明します.

註 2.72 (用語上の注意) $\mathbb{R}^2$ の A を中心とする回転角 θ の回転は $f = (R(\theta), \boldsymbol{b})$, $\boldsymbol{b} = (E - R(\theta))\boldsymbol{a}$ で与えられた (演習 2.66). これは原点を中心とする回転 $R(\theta)$ と平行移動 $T_{\boldsymbol{b}}$ の合成である. また一般には二つの回転の合成はまた回転

[♯25] 演習 2.32 参照.

になる (演習 2.67).

一方，鏡映と平行移動の合成は (一般には) 鏡映ではない．たとえば x_2 軸に関する鏡映を S とし ${}^t(1,0)$ による平行移動を T とすると，$f = S \circ T = T \circ S$ は鏡映ではない．実際，鏡映ならば軸となる直線があるはずである．軸上の点は f で動かないのだから $f(x_1, x_2) = (x_1, x_2)$ をみたす．すなわち

$$x_1 = -x_1, \quad x_2 = x_2 + 1$$

の解 (x_1, x_2) をもとめればよいが，明らかにこの連立方程式は解を持たない．したがって f は軸をもたず鏡映ではない．f は鏡映でなく運動でもない．平行移動部分を二つの鏡映の積に分解できるから f は鏡映ではなく，鏡映の三つの積に分解される合同変換の例である．鏡映でも運動でもない $\mathbb{R}^2$ の合同変換は，この例のような鏡映とその軸に沿った平行移動の合成である．f のような合同変換を**映進**，**併進鏡映**とか**すべり鏡映**とよぶことがある．本によっては他の名称を用いるので注意 (たとえば “裏返し” [26]．鏡映と平行移動の合成を映進，点対称を裏返しとよぶ本もある [11])．

■さらに学ぶために■

$\mathbb{R}^2$ 上の線対称・回転・平行移動に関するさまざまな話題・演習問題が [29] にとり上げられているので，参照されることをすすめます．

2.5　3 次元の回転

この節では $\mathbb{R}^3$ における回転を調べます．$\mathbb{R}^2$ における原点を中心とする回転の全体 SO(2) は可換群でした．一方，$\mathbb{R}^3$ における原点を中心とする回転の全体も群をなすのですが，これは非可換です♯26．

この節では基底・行列の特性根を用いるので，本論に入る前に復習しておきます．この節で扱う内容自体，**行列式と固有値についての知識が幾何学に役立つ**という好例です．

♯26 回転群の非可換性は “立体図形認知の難しさ” を引き起こすものと考えられます ([10] 参照)．

■基底■

$\mathbb{R}^n$ 内の線型独立な n 本のベクトルの組 $\mathscr{A} = \{\boldsymbol{a}_1, \boldsymbol{a}_2 \cdots, \boldsymbol{a}_n\}$ を $\mathbb{R}^n$ の**基底** (basis) とよぶ．ただし順序のついた組として取り扱う．

基底 $\mathscr{A}$ が指定されているとする．このとき $\mathbb{R}^n$ の元は $\mathscr{A}$ を用いて

$$\boldsymbol{p} = x_1\boldsymbol{a}_1 + x_2\boldsymbol{a}_2 + \cdots + x_n\boldsymbol{a}_n$$

のように，$\boldsymbol{a}_1, \boldsymbol{a}_2 \cdots, \boldsymbol{a}_n$ の線型結合として一意的に表示される．典型例は標準基底 $\mathscr{E} = \{\boldsymbol{e}_1, \boldsymbol{e}_2 \cdots, \boldsymbol{e}_n\}$ である．

とくに次の条件をみたす基底を**正規直交基底**とよぶ．

$$\boldsymbol{a}_i \cdot \boldsymbol{a}_j = \delta_{ij}.$$

標準基底は正規直交である．

基底 $\mathscr{A}$ が与えられたとき，線型変換 $f : \mathbb{R}^n \longrightarrow \mathbb{R}^n$ に対し

$$f(\boldsymbol{a}_j) = \sum_{i=1}^{n} F_{ij}\boldsymbol{a}_i$$

で定まる行列 $F = (F_{ij})$ を f の $\mathscr{A}$ に関する**表現行列**とよぶ♯27．

■行列式■

$A, B \in \mathrm{M}_n\mathbb{R}$ に対し

$$\det(AB) = \det(A)\det(B), \quad \det(\lambda A) = \lambda^n \det(A) \tag{2.5}$$

が成立する．とくに $A \in \mathrm{M}_n\mathbb{R}$ に対し

$$A \in \mathrm{GL}_n\mathbb{R} \iff \det A \neq 0$$

である．

■固有値■

行列 $A \in \mathrm{M}_n\mathbb{R}$ に対し

$$A\boldsymbol{x} = \lambda\boldsymbol{x}$$

となる実数 λ と $\boldsymbol{x} \neq \boldsymbol{0}$ が存在するとき，λ を A の**固有値**，$\boldsymbol{x}$ を λ に対応する**固有ベクトル**とよぶ．

λ を A の固有値，$\boldsymbol{x} \neq \boldsymbol{0}$ を対応する固有ベクトルとする．$A\boldsymbol{x} = \lambda\boldsymbol{x}$ を書き直すと $(A - \lambda E)\boldsymbol{x} = \boldsymbol{0}$．ここでもし $A - \lambda E$ が正則であると $\boldsymbol{x} = \boldsymbol{0}$ となっ

♯27 $\mathscr{A}$ が標準基底の場合は補題 2.8 で説明しました．

てしまうので矛盾．したがって $A-\lambda E$ は正則ではない．すなわち $\det(A-\lambda E)=0$. 以上より A の固有値をもとめるには

$$\det(A-\lambda E)=0$$

という方程式の実数解をもとめればよい．この方程式を**固有方程式**，固有方程式の根を**特性根**とよぶ．特性根のうちで実数であるものが固有値である♯28．また多項式 $\varPhi_A(\lambda)=\det(\lambda E-A)$ を**固有多項式**とよぶ．固有値 λ に対し

$$V(\lambda)=\{\boldsymbol{x}\in\mathbb{R}^n\,|\,A\boldsymbol{x}=\lambda\boldsymbol{x}\}$$

とおき，これを λ に対応する**固有空間**とよぶ．固有空間にはゼロベクトルが含まれることを注意しておこう．

では本論に入ります．この節の考察対象は $\mathbb{R}^3$ の**原点を動かさない運動**です．

定義 2.73　原点を動かさない運動を**回転**とよぶ

原点を動かさない合同変換は直交変換 (直交行列による線型変換) ですから，回転は**向きを保つ直交変換**と言い換えられます．2.1 節で説明しましたように，回転全体は合同変換群の部分群をなします．回転全体のなす部分群を**回転群**とよびます♯29．回転群は次で与えられていたことを思い出しましょう (演習 2.13) :

$$\mathrm{SO}(n)=\{A\in\mathrm{O}(n)\,|\,\det A=1\}\,.$$

この節では 3 次回転群 SO(3) をくわしく調べます．まず次の事実を証明します (行列式の基本的な性質を使います).

命題 2.74　n が奇数のとき，$A\in\mathrm{SO}(n)$ に対し A により各点が動かない直線が存在する．その直線を A の**軸**とよぶ．

(証明)　題意から $A\boldsymbol{x}=\boldsymbol{x}$ であるベクトル $\boldsymbol{x}\neq 0$ が存在することを証明すればよい♯30．実際，そのような $\boldsymbol{x}$ が一つみつかれば

$$\ell:=\{t\boldsymbol{x}\,|\,t\in\mathbb{R}\}$$

がもとめる直線である．$A\boldsymbol{x}=\boldsymbol{x}$ である $\boldsymbol{x}\neq\boldsymbol{0}$ が存在する必要十分条件は

♯28 特性根と固有値を区別しない本も多いことを注意しておきます．その用法に従えば実特性根を実固有値，複素特性根を複素固有値とよぶことになります．本書は [67] の用法を採用しました．[67, p. 136 脚注] を参照.

♯29 演習 2.13 では特殊直交群とよんでいました.

♯30 $\boldsymbol{x}$ は A の固有値 1 に対応する固有ベクトルです.

$\det(A-E)=0$ である[♯31]．そこでこの行列式を計算してみよう：

$$\begin{aligned}\det(A-E) &= \det{}^t(A-E) = \det(A^{-1}-E)\\ &= \det(A^{-1}(E-A)) = \det(A^{-1})\det(E-A)\\ &= \det((-1)(A-E)).\end{aligned}$$

ここで (2.5) より $\det((-1)(A-E)) = (-1)^n\det(A-E)$ だから n が奇数のとき $\det(A-E)=0$ となる．□

註 2.75 この命題は次のように言い換えられる：“n が奇数のとき回転は固有値 1 をもつ”．

偶数次の回転は軸を持たないことを，2 次のときに確かめてみます：2 次の回転は

$$R(\theta) = \begin{pmatrix}\cos\theta & -\sin\theta\\ \sin\theta & \cos\theta\end{pmatrix}$$

と表されます．固有方程式：

$$\det(R(\theta)-tE)=0$$

を解くと $t=\cos\theta\pm i\sin\theta$ (i は虚数単位)．したがって $\theta=0,\pi$ 以外では固有値をもちません．とくに 1 を固有値にもつのは $\theta=0$ のときだけです．

命題 2.76 恒等変換でない 3 次の回転は唯一本の軸をもつ．

(証明) $A\in \mathrm{SO}(3), A\neq E$ が 2 本の軸：

$$\ell_1=\{t\boldsymbol{u}_1\,|\,t\in\mathbb{R}\},\quad \ell_2=\{t\boldsymbol{u}_2\,|\,t\in\mathbb{R}\}$$

を持つと仮定する．仮定より $\boldsymbol{u}_1$ と $\boldsymbol{u}_2$ は線型独立である．$\boldsymbol{u}_1$ と $\boldsymbol{u}_2$ の張る平面を Π とすると A は Π の各点を動かさない．Π の法線ベクトル $\boldsymbol{u}_3$ を一つとる．すると Π 内の勝手なベクトル $\boldsymbol{v}$ に対し

$$A\boldsymbol{u}_3\cdot\boldsymbol{v} = A\boldsymbol{u}_3\cdot A\boldsymbol{v} = \boldsymbol{u}_3\cdot\boldsymbol{v}=0$$

だから $A\boldsymbol{u}_3$ も Π に直交する．$|A\boldsymbol{u}_3|=|\boldsymbol{u}_3|$ だから $A\boldsymbol{u}_3=\pm\boldsymbol{u}_3$．$\det A=1$ より $A\boldsymbol{u}_3=\boldsymbol{u}_3$．$\mathscr{U}=\{\boldsymbol{u}_1,\boldsymbol{u}_2,\boldsymbol{u}_3\}$ は $\mathbb{R}^3$ の基底だから結局 $A=E$．これは矛盾．□

[♯31] 何故か？考えてください．

以上の命題から平面 (2 次元) と 3 次元空間との相違が明らかになってきたことでしょう.

$\mathbb{R}^2$ の場合，すべての回転は，その回転角のみで決まり

$$R(\theta) = \begin{pmatrix} \cos\theta & -\sin\theta \\ \sin\theta & \cos\theta \end{pmatrix}$$

と表示できました．では $\mathbb{R}^3$ の場合，SO(3) の各元はどのように表すことができるでしょうか．まず次の補題を用意します.

補題 2.77 $\boldsymbol{u} \in \mathbb{R}^3$ を単位ベクトルとし，$\boldsymbol{u}$ を含む正[♯32]の正規直交基底 $\mathscr{U} = \{\boldsymbol{u}_1, \boldsymbol{u}_2, \boldsymbol{u}_3\}$，$\boldsymbol{u}_1 = \boldsymbol{u}$ をとる．$\boldsymbol{u}$ を軸[♯33]とする回転の $\mathscr{U}$ に関する表現行列は

$$\begin{pmatrix} 1 & 0 & 0 \\ 0 & \cos\alpha & -\sin\alpha \\ 0 & \sin\alpha & \cos\alpha \end{pmatrix}$$

で与えられる．この α を A の軸 $\boldsymbol{u}$ に関する**回転角**とよぶ.

演習 2.78 補題 2.77 を証明せよ．さらに，$\boldsymbol{u}_2$, $\boldsymbol{u}_3$ を軸とする回転の $\mathscr{U}$ に関する表現行列がそれぞれ

$$\begin{pmatrix} \cos\beta & 0 & -\sin\beta \\ 0 & 1 & 0 \\ \sin\beta & 0 & \cos\beta \end{pmatrix}, \quad \begin{pmatrix} \cos\gamma & -\sin\gamma & 0 \\ \sin\gamma & \cos\gamma & 0 \\ 0 & 0 & 1 \end{pmatrix}$$

で与えられることも示せ.

補題 2.77 から，3 次の回転は軸の方向を表す単位ベクトル $\boldsymbol{u} = (u_1, u_2, u_3)$ と回転角 α で決まることがわかります．四つの要素がありますが $u_1^2 + u_2^2 + u_3^2 = 1$ なので独立なパラメータの数は 3 です[♯34].

■休憩 1「左向け左」と「逆立ち」を例にとって，SO(3) の非可換性を眺めよう[♯35]．まず大地に立ち，自分の上に向かい x_3 軸を引く．上方を正とする．次に自分の背中から腹に向かって x_1 軸を引き，腹の方に正の向きをつける．右か

♯32 右手系ということ．第 4 章の定義 4.34 と比較してください.

♯33 正確には「$\ell = \{t\boldsymbol{u} \mid t \in \mathbb{R}\}$ を軸とする」というべきですが，しばしばこのように省略した言い方をします.

♯34 正確な表現は “SO(3) は 3 次元リー群である”．この正確な表現を理解するためには多様体とリー群について学ぶ必要があります.

♯35 [94] より.

ら左へ向かう方向に x_2 軸が引かれる．左に向かって正の向きとする．このように座標系を引くと「左向け左」は x_3 軸を軸とする 90° の回転だから

$$A = \begin{pmatrix} \cos 90^\circ & -\sin 90^\circ & 0 \\ -\sin 90^\circ & \cos 90^\circ & 0 \\ 0 & 0 & 1 \end{pmatrix} = \begin{pmatrix} 0 & 1 & 0 \\ -1 & 0 & 0 \\ 0 & 0 & 1 \end{pmatrix}$$

で与えられる．一方,「逆立ち」は x_2 軸を軸とする 180° の回転だから

$$B = \begin{pmatrix} \cos 180^\circ & 0 & -\sin 180^\circ \\ 0 & 1 & 0 \\ \sin 180^\circ & 0 & \cos 180^\circ \end{pmatrix} = \begin{pmatrix} -1 & 0 & 0 \\ 0 & 1 & 0 \\ 0 & 0 & -1 \end{pmatrix}$$

で与えられる．行列の積を計算すると確かに $AB \neq BA$ である．AB, BA を行った結果がどういう状態なのか，図に描いてみよう (あるいは実際にやってみよう).

註 2.79 (点対称と回転) x_1 軸を軸とする 180° の回転と原点 O を基点とする点対称を比較してみよう．両者で $\mathrm{E}_1 = (1,0,0)$, $\mathrm{E}_2 = (0,1,0)$, $\mathrm{E}_3 = (0,0,1)$ を写してみるとこれら二つの変換が別ものであることに気付く．すなわち $\mathbb{R}^3$ では，点対称と 180° 回転は一般には異なる.

$\mathbb{R}^3$ の標準基底 $\mathscr{E} = \{\boldsymbol{e}_1, \boldsymbol{e}_2, \boldsymbol{e}_3\}$ に対し各 $\boldsymbol{e}_i$ を軸とする回転のなす $\mathrm{SO}(3)$ の部分群を H_i で表します．すると補題 2.77 と演習 2.78 より

$$H_2 = \left\{ l_\theta = \begin{pmatrix} \cos\theta & 0 & -\sin\theta \\ 0 & 1 & 0 \\ \sin\theta & 0 & \cos\theta \end{pmatrix} \middle| \ 0 \leqq \theta \leqq 2\pi \right\}, \tag{2.6}$$

$$H_3 = \left\{ A_\phi = \begin{pmatrix} \cos\phi & -\sin\phi & 0 \\ \sin\phi & \cos\phi & 0 \\ 0 & 0 & 1 \end{pmatrix} \middle| \ 0 \leqq \phi \leqq 2\pi \right\} \tag{2.7}$$

と表せます[♯36]．$A \in \mathrm{SO}(3)$ に対し $A\boldsymbol{e}_3$ は $\mathbb{R}^3$ 内の単位球面

$$S^2 = \{\boldsymbol{x} = (x_1, x_2, x_3) \in \mathbb{R}^3 \mid x_1^2 + x_2^2 + x_3^2 = 1\}$$

上の点です．$A\boldsymbol{e}_3$ の経度 (x_1 軸から測った角) を ϕ, 余緯度 (x_3 軸から測った角) を θ とします (図 2.4 を見てください).

$0 \leqq \phi \leqq 2\pi$, $0 \leqq \theta \leqq \pi$ に注意しましょう．θ と ϕ を使って

♯36 H_2, H_3 は固定群とよばれるものである．命題 3.57 と例 3.64 を参照.

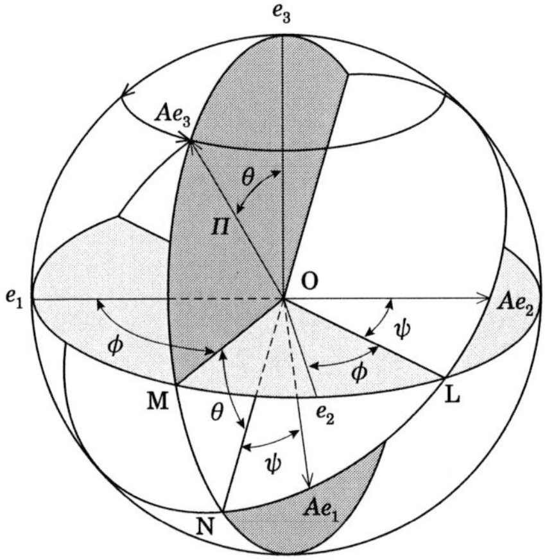

図 **2.4**　オイラーの角.

$$Ae_3 = \begin{pmatrix} \sin\theta\cos\phi \\ \sin\theta\sin\phi \\ \cos\theta \end{pmatrix} \tag{2.8}$$

と表示できます[♮37]．一方 Ae_3 は e_3 をまず e_2 を軸として θ だけ回転し，続けて e_3 を軸として ϕ だけ回転しても得られることに注意してください (図 2.4 で確認してください)．というわけで

$$Ae_3 = A_\phi l_\theta e_3$$

という等式を得ました．これは

$$(A_\phi l_\theta)^{-1} Ae_3 = e_3$$

と書き直せますから $(A_\phi l_\theta)^{-1}A$ は e_3 を軸とする回転です．すなわち $(A_\phi l_\theta)^{-1}A \in H_3$ なので，ある ψ を用いて $(A_\phi l_\theta)^{-1}A = A_\psi$ と表せます．

ここまでを整理して次の定理が得られます．

定理 2.80　任意の回転 $A \in \mathrm{SO}(3)$ に対して

$$0 \leqq \phi < 2\pi,\quad 0 \leqq \psi < 2\pi,\quad 0 \leqq \theta \leqq \pi$$

なる角 ϕ, ψ, θ が存在し

$$A = A_\phi \cdot l_\theta \cdot A_\psi,$$

♮37 例 3.64，式 (3.2) 参照.

$$A_\phi = \begin{pmatrix} \cos\phi & -\sin\phi & 0 \\ \sin\phi & \cos\phi & 0 \\ 0 & 0 & 1 \end{pmatrix}, \quad l_\theta = \begin{pmatrix} \cos\theta & 0 & \sin\theta \\ 0 & 1 & 0 \\ -\sin\theta & 0 & \cos\theta \end{pmatrix}$$

と分解される．A_ψ は A_ϕ で ϕ を ψ に置き換えたものである．角 (ϕ, θ, ψ) を**オイラーの角**とよぶ．

註 2.81 (**群論的注意**)　この定理から，SO(3) は二つの部分群 H_2 と H_3 で**生成される**[♯38]ことがいえる．

■休憩 2　航空用語では左右の回転をヨー (yaw), 上下回転をピッチ (pitch), 機体の軸まわりの回転をロール (rool) とよぶ (図 2.5)．機体の進行方向上に x_1 軸をとる (進行方向が正の向き)．x_2 軸は機体の左翼から右翼に向かう方向を正として引く．最後に x_3 軸は機体の上から下向きに引く (したがってこの座標系は右手系)．ヨー・ピッチ・ロール角とオイラーの角の関係をもとめてみよう．

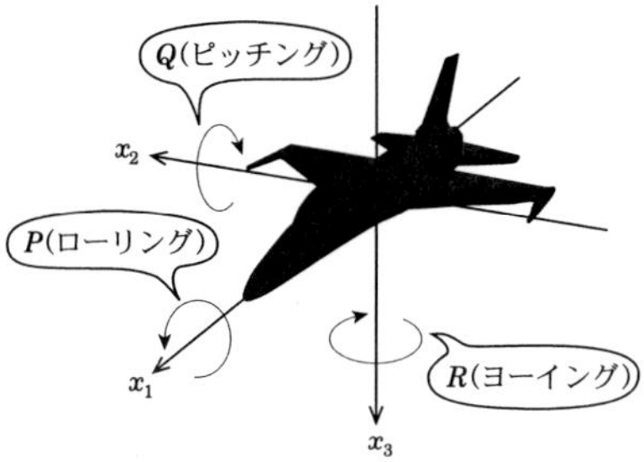

図 2.5　ピッチ，ロール，ヨー．

オイラーの角について

$$A_{-\phi} = A_\phi^{-1}, \quad l_{-\theta} = l_\theta^{-1}$$

であることにすぐ気付くでしょう．

命題 2.82 (**オイラーの角の不定性**)　$A = A(\phi, \theta, \psi)$ に対し次が成立する．

[♯38] 群 G とその部分集合 M が指定されているとする．G のどの元 g も M の元の有限個の積で表せるとき，すなわち

$$g = m_1 m_2 \cdots m_k \text{ と表す } m_1, m_2, \cdots, m_k \in M \text{ が存在するとき,}$$

G は M で生成されるという．

(1) $\theta \neq 0, \pi$ のとき

$$A(\phi,\theta,\psi) = A(\phi',\theta',\psi') \Longleftrightarrow (\phi,\theta,\psi) = (\phi',\theta',\psi'),$$

すなわち $\theta \neq 0, \pi$ のとき ϕ と ψ は A に対し一意的に決まる.

(2) 任意の $\alpha \in \mathbb{R}$ に対し $A(\phi,0,\psi) = A(\phi+\alpha,0,\psi-\alpha)$,

(3) 任意の $\alpha \in \mathbb{R}$ に対し $A(\phi,\pi,\psi) = A(\phi+\alpha,\pi,\psi+\alpha)$.

(証明) (1) $\phi - \phi' = \alpha$, $\psi - \psi' = \beta$ とおく. すると

$$A(\phi,\theta,\psi) = A(\phi',\theta',\psi') \Longleftrightarrow A_\alpha\, l_\theta\, A_\beta = l_{\theta'}$$

である. これを $\boldsymbol{e}_2$ に作用させると

$$l_\theta A_\beta \boldsymbol{e}_2 = A_{-\alpha}\, l_{\theta'} \boldsymbol{e}_2 = A_{-\alpha} \boldsymbol{e}_2$$

を得る. 両辺の計算を実行すると

$$-\cos\theta\sin\beta\boldsymbol{e}_1 + \sin\theta\sin\beta\boldsymbol{e}_3 + \cos\beta\boldsymbol{e}_2 = \sin\alpha\boldsymbol{e}_1 + \cos\alpha\boldsymbol{e}_2.$$

したがって $\sin\beta\sin\theta = 0$, $-\sin\beta\cos\theta = \sin\alpha$. $\theta \neq 0, \pi$ だから $\sin\beta = \sin\alpha = 0$. すなわち $\alpha = \beta = 0$.

(2) $\theta = 0$ のとき：$A = A_\phi A_\psi = A_{\phi+\psi}$ だから $A_{\phi+\alpha}A_{\psi-\alpha} = A$ ($^\forall\alpha \in \mathbb{R}$).

(3) $\theta = \pi$ のとき：これは (2) と同様.

$A \in \mathrm{SO}(3)$ に対し, そのオイラーの角 (ϕ,θ,ψ) のうち ϕ と θ はそれぞれ $A\boldsymbol{e}_3$ の経度 (東経), 余緯度 ($= \pi/2 -$ 北緯 または $\pi/2 +$ 南緯) という幾何学的な意味があります. 残りの角 ψ の幾何学的な意味を考えてみましょう. 積 $A_\phi l_\theta A_\psi$ を計算してみると

$$\begin{pmatrix} \cos\theta\cos\phi\cos\psi - \sin\phi\sin\psi & -\cos\theta\cos\phi\sin\psi - \sin\phi\cos\psi & \sin\theta\cos\phi \\ \cos\theta\sin\phi\cos\psi + \cos\phi\sin\psi & -\cos\theta\sin\phi\sin\psi + \cos\phi\cos\psi & \sin\theta\sin\phi \\ -\sin\theta\cos\psi & \sin\theta\sin\psi & \cos\theta \end{pmatrix}$$

です. とくに

$$A\boldsymbol{e}_1 \cdot \boldsymbol{e}_3 = -\sin\theta\cos\psi \tag{2.9}$$

です. $\boldsymbol{e}_3$ と $A\boldsymbol{e}_3$ を含む平面を Π として Π と「$A\boldsymbol{e}_1$ と $A\boldsymbol{e}_2$ を含む大円」の交線を ON とすると, (2.9) より ψ は $A\boldsymbol{e}_1$ と ON のなす角です.

演習 2.83　この事実を確かめよ.

演習 2.84　$A = A(\phi,\theta,\psi) \in \mathrm{SO}(3)$ の逆行列は $A(\pi-\psi,\theta,\pi-\phi)$ で与えられることを示せ.

オイラーの角と軸・回転角の関係を調べておきます[♯39]．$A \in \mathrm{SO}(3)$ に対しオイラーの角 (ϕ, θ, ψ) は $\theta \neq 0, \pi$ のとき一意的に決まります．そこで以下では $\theta \neq 0,\ \pi$ の場合のみを考えることにします．

$A = A(\phi, \theta, \psi)$ の軸をもとめるためには，A の固有値 1 に対する固有空間をもとめる必要があります (補題 2.77 を思い出すこと !)．

演習 2.85　(1) $A = A(\phi, \theta, \psi)$ の特性根は 1 および絶対値 1 の互いに共軛(きょうやく)な複素数であることを確かめよ．したがって A の特性根は $1,\ \cos\alpha \pm i \sin\alpha$ と表せる．

(2) $\phi \neq \psi$ のとき，$A\boldsymbol{u} = \boldsymbol{u}$ の解の一つとして

$$\boldsymbol{u} = \begin{pmatrix} (1-\cos\theta)\{1-\cos(\phi-\psi)\} \\ -(1-\cos\theta)\sin(\phi-\psi) \\ \sin\theta(\cos\phi - \cos\psi) \end{pmatrix}$$

がとれることを確かめよ．

(3) α が A の回転角であることを確かめよ[♯40]．

補題 2.77 における正規直交基底 $\mathscr{U} = \{\boldsymbol{u}_1, \boldsymbol{u}_2, \boldsymbol{u}_3\}$ を並べてできる直交行列を U とすれば

$$U^{-1}A(\phi, \theta, \psi)U = \begin{pmatrix} 1 & 0 & 0 \\ 0 & \cos\alpha & -\sin\alpha \\ 0 & \sin\alpha & \cos\alpha \end{pmatrix} \tag{2.10}$$

です．両辺の固有和を計算してみます．その前に，念のため，行列の固有和を復習します．正方行列 $A = (a_{ij})$ に対しその対角成分の和 $a_{11} + a_{22} + \cdots + a_{nn}$ を A の**固有和** (trace) とよび $\mathrm{tr}(A)$ と表します[♯41]．

演習 2.86　$A \in \mathrm{M}_n\mathbb{R},\ P \in \mathrm{GL}_n\mathbb{R}$ とすると $\mathrm{tr}(P^{-1}AP) = \mathrm{tr}(A)$ が成立することを確かめよ．

(2.10) の両辺の固有和を計算して

$$\cos\alpha = \frac{1}{2}(1+\cos\theta)\{\cos(\phi+\psi)+1\} - 1$$

♯39 以下の内容については「基底の変換行列」と「行列の固有和」について既習であると理解しやすい．

♯40 基底の変換．

♯41 固有和を跡とよぶ流儀もあります．書物によって固有和を表す記法は異なるので注意してください．

を得るのですが，$\cos\alpha \neq \pm 1$ の場合，この方程式をみたす α は二つあります．ここでは次のように選ぶことにします．“軸 ℓ と x_3 軸のなす角が $\pi/2$ を越えない”．これは次のように言い換えられます：“$\cos\phi \geqq \cos\psi$ なら ℓ を $\boldsymbol{u}$ の方向に，$\cos\phi < \cos\psi$ なら ℓ を $-\boldsymbol{u}$ の方向にとる”．ℓ の方向の正の単位ベクトルを $\boldsymbol{e}_3'$ と書いておきます．すると $0 < \alpha < \pi \iff \det(\boldsymbol{e}_3, A\boldsymbol{e}_3, \boldsymbol{e}_3') > 0$ です．式で書けば $0 < (\cos\phi - \cos\psi)\cdot\det(\boldsymbol{e}_3, A\boldsymbol{e}_3, \boldsymbol{e}_3')$．この右辺を計算すれば

$$-\sin\theta(1-\cos\theta)(\cos\phi - \cos\psi)(\sin\phi - \sin\psi)$$

なので結局

$$0 < \alpha < \pi \iff (\cos\phi - \cos\psi)(\sin\phi - \sin\psi) < 0.$$

したがって，この条件で α が唯一定まります．

演習 2.87　$\cos\alpha = \pm 1$ のときはどうなるか調べよ．

演習 2.88　次の行列で表される回転の軸とそのまわりの回転角をもとめよ．

$$\begin{pmatrix} \frac{1}{2\sqrt{2}} & -\frac{\sqrt{3}}{2} & \frac{1}{2\sqrt{2}} \\ \frac{\sqrt{3}}{2\sqrt{2}} & \frac{1}{2} & \frac{\sqrt{3}}{2\sqrt{2}} \\ -\frac{1}{\sqrt{2}} & 0 & \frac{1}{\sqrt{2}} \end{pmatrix}, \quad \begin{pmatrix} -\frac{1}{4} & -\frac{3}{4} & \frac{\sqrt{3}}{2\sqrt{2}} \\ \frac{3}{4} & \frac{1}{4} & \frac{\sqrt{3}}{2\sqrt{2}} \\ -\frac{\sqrt{3}}{2\sqrt{2}} & \frac{\sqrt{3}}{2\sqrt{2}} & \frac{1}{2} \end{pmatrix}.$$

演習 2.89　x_1 軸のまわりの角 α の回転のオイラーの角をもとめよ．

註 2.90　$\theta = 0, \pi$ のときの $A(\phi, \theta, \psi)$ は次のような回転である♯42．

(1) $\theta = 0$ のとき x_3 軸のまわりの回転角 α の回転．すなわち $A = A_\alpha$．
(2) $\theta = \pi$ のとき軸は x_1x_2 平面内にあり回転角は π．

註 2.91*(四元数)　単位ベクトル $\boldsymbol{u}$ を軸とする回転角 α の回転 A は，四元数を用いて

$$A\boldsymbol{p} = \boldsymbol{a}\boldsymbol{p}\bar{\boldsymbol{a}}, \quad \boldsymbol{a} = \cos\frac{\alpha}{2} + \sin\frac{\alpha}{2}\boldsymbol{u}$$

と表すことができる♯43．

♯42 くわしくは [67, pp. 169–170] を参照してください．

♯43 ていねいな解説が [52, pp. 98–101] にあります．この公式はケーリー (1845) とハミルトンの両者

演習 2.92　四つの元からなる集合 $G=\{e,u,v,w\}$ に

$$ue=eu=u,\quad ve=ev=v,\quad we=ew=w,$$

$$uu=vv=ww=e,$$

$$uv=vu=w,\quad vw=wv=u,\quad wu=uw=v$$

で積を定めて得られる群をクラインの**四元群**とよぶ．$E\in \mathrm{SO}(3)$ を単位行列，U を x_1 軸のまわりの π 回転，V を x_2 軸のまわりの π 回転 ($V=l_\pi$), W を x_3 軸のまわりの π 回転 ($V=A_\pi$) とする．$G'=\{E,U,V,W\}$ とおくと G' は SO(3) の部分群であり四元群と同型であることを確かめよ．

■さらにくわしく学ぶために■

一般の次数の直交行列の標準形は次で与えられます．

定理 2.93　$A\in \mathrm{SO}(n)$ に対しある直交行列 Q が存在して

$$Q^{-1}AQ=\begin{pmatrix} R(\theta_1) & & & \\ & \ddots & & \\ & & R(\theta_m) & \\ & & & E_k \end{pmatrix},\quad 2m+k=n,$$

$$R(\theta_j)=\begin{pmatrix} \cos\theta_j & -\sin\theta_j \\ \sin\theta_j & \cos\theta_j \end{pmatrix},\quad j=1,\cdots,k$$

という形にできる．

くわしくは [67, §5.6] を参照してください．

第 2 章までお読みくださったあなたへ

SO(3) についてもっとくわしく知りたい人は，3.1 節を読み終えたあとで [98] を読み「SO(3) の既約ユニタリー表現」を学ぶとよいでしょう．

第 2 章を書くにあたって 2.1 節から 2.4 節については [26] を，2.5 節については [98] を参考にしました．

が独立に得ていたようです．クラインとゾンマーフェルトのコマ (剛体運動) に関する本 F. Klein and A. Sommerfeld, *Theorie des Kreisels*, IV, Leipzig, 1910 でも四元数による回転の表示が使われています．この四元数表示から特殊ユニタリー群 $\mathrm{SU}(2)=\{A\in \mathrm{U}(2)\mid \det A=1\}$ が SO(3) の 2 重被覆群であることが導けます ([106, 3 章] 参照)．U(2) の定義は命題 3.48 のあとにあります．

第3章

群で図形を観る

第 2 章では図形の合同をユークリッド群 $\mathrm{E}(n)$ を用いて定義しました．もういちど振り返ってみると，

- まず $\mathbb{R}^n$ の合同変換 (等距離変換) を定義する
- 合同変換をすべて集めてできる集合 $\mathrm{E}(n)$ を考える
- 二つの図形 $\mathscr{A}, \mathscr{B} \subset \mathbb{R}^n$ において $\mathscr{A}$ を $\mathscr{B}$ に移す合同変換 $f \in \mathrm{E}(n)$ が存在するとき，すなわち $f(\mathscr{A}) = \mathscr{B}$ のとき $\mathscr{A}$ は $\mathscr{B}$ に合同であると定める．
- $\mathrm{E}(n)$ は合成に関し群をなす

という段階をふんできました．とくに $\mathrm{E}(n)$ が群の構造をもつことに注目しましょう．

「図形 $\mathscr{A}$ を移動して $\mathscr{B}$ にぴったりと重ねあわせることができるとき $\mathscr{A}$ と $\mathscr{B}$ は合同である」という中学校数学で学んだ合同を，ユークリッド群を用いて厳密に定義したのです．

合同のほかにも相似や等積といった図形の間の関係を小学校から高等学校にかけて学んできました．この章では，合同・相似・等積の三つの関係を統一的に考察します．そのためには「図形を比べる」という行動を数学的にきちんと定義しなければなりません．図形を比べるという行動を「群が数空間上に働く」と言い換えます．

この章で学ぶ群作用は，位相幾何学や微分幾何学を学ぶ上で大切な考え方です．たとえば位相幾何学のテキストでは [33, 3.2 節], [43, 5 章] につながります．

3.1 群が空間に働く

第 2 章で考察した 1 次変換や合同変換をヒントに，次の定義をします．

定義 3.1 X を空でない集合，G を群とする．写像 $\rho : G \times X \longrightarrow X$ が与えられ

$$\rho(g_1 g_2, x) = \rho(g_1, \rho(g_2, x)), \quad \rho(e, x) = x$$

がすべての g_1, $g_2 \in G$, $x \in X$ について成立するとき，群 G は集合 X に**左から作用する**という．ρ を G の X 上の**左作用**とよぶ．

同様に右作用を定義できます．

定義 3.2 X を空でない集合，G を群とする．写像 $\nu : X \times G \longrightarrow X$ が与えられ

$$\nu(x, g_1 g_2) = \nu(\nu(x, g_1), g_2), \quad \nu(x, e) = x$$

がすべての g_1, $g_2 \in G$, $x \in X$ について成立するとき，群 G は集合 X に**右から作用する**という．ν を G の X 上の**右作用**とよぶ．

本書では左作用のみ扱うので以下ではしばしば「左」を省きます．

例 3.3 (**平行移動**) $G = X$ とする．このとき

$$\rho(g, x) = gx$$

と定めれば，ρ は G の G 上の左作用である．これを G の**左移動** (left translation) とよぶ．とくに $G = X = (\mathbb{R}^n, +)$ の場合は左移動とは**平行移動**に他ならない．

例 3.4 (**1 次変換**) $G = \mathrm{GL}_n\mathbb{R}$, $X = \mathbb{R}^n$ とする．$\rho : G \times X \longrightarrow X$ を

$$\rho(A, \boldsymbol{x}) = A\boldsymbol{x}.$$

つまり行列 A による 1 次変換で ρ を定める．このとき ρ は G の $\mathbb{R}^n$ 上の左作用である (確かめよ)．

例 3.5 (**直交変換**) G を一般線型群 $\mathrm{GL}_n\mathbb{R}$ の部分群とすると，例 3.4 と同じ ρ により G の左作用が定まる．とくに**特殊線型群**[♯1]

$$\mathrm{SL}_n\mathbb{R} = \{A \in \mathrm{GL}_n\mathbb{R} \mid \det A = 1\}$$

[♯1] special linear group.

や直交群 $\mathrm{O}(n)$, 回転群 $\mathrm{SO}(n)$ の左作用が大事である．$\mathrm{O}(n)$, $\mathrm{SO}(n)$ の作用は第2章で学んだ直交変換に他ならない．

演習 3.6　G を一般線型群 $\mathrm{GL}_n\mathbb{R}$ の部分群とする．いま積集合 $G \times \mathbb{R}^n$ に次の演算を定める：

$$(A_1, \boldsymbol{b}_1) \cdot (A_2, \boldsymbol{b}_2) := (A_1 A_2, \boldsymbol{b}_1 + A_1 \boldsymbol{b}_2).$$

(1) $G \times \mathbb{R}^n$ はこの演算について群であることを示せ．

(2) $\rho : (G \times \mathbb{R}^n) \times \mathbb{R}^n \longrightarrow \mathbb{R}^n$ を

$$\rho((A, \boldsymbol{b}), \boldsymbol{x}) = A\boldsymbol{x} + \boldsymbol{b}$$

で定めると $G \times \mathbb{R}^n$ の $\mathbb{R}^n$ 上の左作用であることを確かめよ．

(3) $G = \mathrm{O}(n)$ と選べば，この作用は $\mathbb{R}^n$ の合同変換と一致することを確かめよ (特に部分群 $(\mathbb{R}^n, +)$ は平行移動として作用する).

この演習問題で定めた演算を与えた $G \times \mathbb{R}^n$ を，$G \ltimes \mathbb{R}^n$ と書きます．とくに $\mathrm{E}(n) = \mathrm{O}(n) \ltimes \mathbb{R}^n$ であることに注意してください．このような記法を使う理由の説明は演習 3.15 で行います．**正規部分群**についてすでに学んだ読者は次の演習問題を解いてみましょう (演習 3.15 も参照).

演習 3.7　加法群 $(\mathbb{R}^n, +)$ は $G \ltimes \mathbb{R}^n$ の正規部分群であることを確かめよ．

これから，いろいろな幾何学を説明していきます．

定義 3.8　$\mathrm{A}(n) = \mathrm{GL}_n\mathbb{R} \ltimes \mathbb{R}^n$ の元を**アフィン変換**とよぶ[♯2]．$\mathrm{A}(n)$ を**アフィン変換群**とよぶ．

アフィン変換は最初は affinity とよばれていたようです[♯3]．メビウス[♯4]はアフィン変換についてくわしく研究しています．メビウスはアフィン変換を**相称変換**とよんでいました．メビウスの著書は次節で述べるアフィン幾何の礎になったといわれています．

ここで演習 1.55 を復習しておきます．

[♯2] アフィンはドイツ語・アファインは英語読みです．

[♯3] オイラー (Leonhard Euler, 1707–1783) がこの用語を使っています

[♯4] メビウス (Möbius) 著, *Der baryzentrische Kalkül*, 1827.

命題 3.9 $\mathbb{R}^2$ 内の線型独立な 2 本のベクトル $\boldsymbol{a}, \boldsymbol{b}$ が張る平行四辺形の符号付面積は $\det(\boldsymbol{a}, \boldsymbol{b})$ で与えられる．

行列式の性質から，$A \in \mathrm{M}_2\mathbb{R}$ に対し $\det(A\boldsymbol{a}, A\boldsymbol{b}) = \det A \cdot \det(\boldsymbol{a}, \boldsymbol{b})$．したがって $\det A = 1$ ならば平行四辺形の**符号付面積を変えません**．この事実に着目して次の定義をします．

定義 3.10 $\mathrm{SA}^{\pm}(n) = \{(A, \boldsymbol{b}) \in \mathrm{A}(n) \mid \det A = \pm 1\}$ の元を**等積変換**とよび，群 $\mathrm{SA}^{\pm}(n)$ を**等積変換群**とよぶ．$\mathrm{SA}^{\pm}(n)$ の部分群 $\mathrm{SA}(n) = \mathrm{SL}_n\mathbb{R} \ltimes \mathbb{R}^n$ の元を正の[♯5]等積変換とよぶ．群 $\mathrm{SA}(n)$ を正の等積変換群とよぶ．

いまは平行四辺形のみを考察しましたが，$\mathbb{R}^n$ の体積をもつ任意の図形 $\mathscr{A}$ に対し $f \in \mathrm{SA}(n)$ による像 $f(\mathscr{A})$ はもとの図形と同じ符号付体積を持つことが証明できます．このことについては第 4 章で説明します (定理 4.51)．

定義 3.11 変換 $f : \mathbb{R}^n \longrightarrow \mathbb{R}^n$ に対して零でない実数 α が存在して

$$\mathrm{d}(f(\boldsymbol{p}), f(\boldsymbol{p})) = \alpha \mathrm{d}(\boldsymbol{p}, \boldsymbol{q}), \quad \boldsymbol{p}, \boldsymbol{q} \in \mathbb{R}^n$$

をみたすとき，f を $\mathbb{R}^n$ の**相似変換**とよぶ．

演習 3.12 定理 2.14 の証明にならい次の事実を証明せよ．$f : \mathbb{R}^n \longrightarrow \mathbb{R}^n$ が相似変換ならば

$$f(\boldsymbol{p}) = A\boldsymbol{p} + \boldsymbol{b}, \quad A \in \mathrm{CO}(n),\ \boldsymbol{b} \in \mathbb{R}^n$$

と一意的に表せる．逆に，この形の変換は相似変換である．ここで $\mathrm{CO}(n)$ は

$$\mathrm{CO}(n) = \{A \in \mathrm{M}_n\mathbb{R} \mid {}^t\!AA = cE\ (c \in \mathbb{R},\ c \neq 0)\}$$

で定義される．したがって相似変換の全体 $\mathrm{Sim}(n)$ は $\mathrm{Sim}(n) = \mathrm{CO}(n) \ltimes \mathbb{R}^n$ と表示でき，アフィン変換群 $\mathrm{A}(n)$ の部分群である．$\mathrm{Sim}(n)$ を**相似変換群**とよぶ．

補題 2.9 の証明のときに定義したグラム行列を思い出しましょう．${}^t\!AA = cE$ の両辺を見比べれば $c > 0$ となることに気付きます．$f = (A, \boldsymbol{b}) \in \mathrm{CO}(n) \ltimes \mathbb{R}^n$ を定める行列 A が ${}^t\!AA = cE$ をみたすとき，次のように用語を定めます．

- $c = 1$ なら合同変換，

[♯5] または「向きを保つ」．

- $c > 1$ のとき**拡大**,
- $0 < c < 1$ のとき**縮小**.

演習 3.13 ($\mathrm{GL}_n\mathbb{R} \ltimes \mathbb{R}^n$ の別表示) 数空間 $\mathbb{R}^n$ を

$$\left\{ \begin{pmatrix} 1 \\ \boldsymbol{p} \end{pmatrix} \middle| \, \boldsymbol{p} \in \mathbb{R}^n \right\}$$

と思い直すと, $\mathrm{GL}_n\mathbb{R} \ltimes \mathbb{R}^n$ は

$$\left\{ \begin{pmatrix} 1 & O \\ \boldsymbol{b} & A \end{pmatrix} \middle| \, A \in \mathrm{GL}_n\mathbb{R}, \, \boldsymbol{b} \in \mathbb{R}^n \right\}$$

と表されることを確かめよ.

■補充問題■

群作用という概念に馴染んでもらうために, 補充問題をあげておきます.

演習 3.14 (表現) G を群とする. 写像 $\rho : G \longrightarrow \mathrm{GL}_n\mathbb{R}$ が次の条件をみたすとき, G の $\mathbb{R}^n$ 上の**行列表現**とよぶ.

$$\rho(a)\rho(b) = \rho(a \cdot b), \quad \rho(e) = E, \quad a, b \in G.$$

ここで e は G の単位元である. $\mathbb{R}^n$ は (G, ρ) の**表現空間**とよばれる. 次を確かめよ : 写像 $\rho : G \longrightarrow \mathrm{GL}_n\mathbb{R}$ が表現であるための必要十分条件は, 次で定める写像 μ が G の $\mathbb{R}^n$ 上の左作用を定めることである.

$$\mu : G \times \mathbb{R}^n \longrightarrow \mathbb{R}^n; \quad \mu(a, \boldsymbol{p}) = \rho(a)\boldsymbol{p}.$$

とくに $\rho : G \longrightarrow \mathrm{O}(n)$ であるとき**直交表現** (または実ユニタリ表現) とよばれる.

演習 3.15 (半直積) 二つの群 G, H を考える. G が H 上に左から作用しているとする :

$$\rho : G \times H \longrightarrow H.$$

このとき積集合 $G \times H$ に次のようにして積を定めることができる :

$$(g_1, h_1) *_\rho (g_2, h_2) = (g_1 g_2, h_1 \rho(g_1, h_2)), \quad g_1, g_2 \in G, h_1, h_2 \in H$$

(1) $(G \times H, *_\rho)$ は群をなすことを確かめよ. この群を $G \ltimes H$ と表記し G と H の**半直積群**とよぶ. 作用 ρ に基づくことを強調したいときは $G \ltimes_\rho H$ とか $G \times_\rho H$ と書く.

(2) G, H の単位元を e_G, e_H と書く.

$$G \times \{e_H\} = \{(g, e_H) \mid g \in G\},$$
$$\{e_G\} \times H = \{(e_G, h) \mid h \in H\}$$

は $G \ltimes H$ の部分群であることを確かめよ.

(3) 二つの写像

$$G \ni g \longmapsto (g, e_H) \in G \times \{e_H\},$$
$$H \ni h \longmapsto (e_G, h) \in \{e_G\} \times H$$

は群同型写像であることを確かめよ. 以後, この同型を通じて G, H を $G \ltimes H$ の部分群とみなす.

(4) H は $G \ltimes H$ の正規部分群であることを示せ[♯6].

■さらに学ぶために■

この節では群が空間に作用するということを考察しました. 歴史的にはむしろ, 群は**変換群**として数学の世界に登場しました. 変換群の**作用**を捨象し, その合成則のみを抽象化したものとして群の概念が形成されていきました. 抽象的に与えられた群に対し**どのようにどんな空間に作用するか**を考えることは, いわば「群の本来の姿を探ること」とも言えます. このような観点で群の構造を調べる研究分野に**群の表現論**があります.

この節の内容に関心をもった人は, 群の表現についての本を読むとよいでしょう. たとえば, 前節の最後で簡単にふれたように SO(3) の表現 (既約ユニタリー表現) について勉強するとよいと思います. 回転群だけでなく, この節であげた群についても関心がある人 (本格的に勉強したい人) には [79], [41], [80] を紹介しておきます. また三松氏の本 [50] も本書と比較しながら読むとよいでしょう.

♯6 演習 3.7 参照.

3.2 クライン幾何学

3.1 節で準備した群作用を用いて，ユークリッド幾何・アフィン幾何といった古典幾何学を統一的に定式化します．ここで説明する枠組みはクライン♯7がエルランゲン大学教授就任論文 [34] で述べたことに因み，**クライン幾何学**とよばれています．

3.2.1 推移的作用

定義 3.16 群作用 $\rho : G \times X \longrightarrow X$ が次をみたすとき，**推移的作用**とよぶ．

X の任意の 2 点 x, y に対し $\rho(g, x) = y$ となる $g \in G$ が存在する

集合 X 上に推移的群作用 (G, ρ) があるとき，X は**等質**または**均質**である♯8という．

例 3.17 (ユークリッド空間) 1.2.2 節で説明したことを思い出そう．そこでは「ユークリッド空間 $\mathbb{E}^n$ は等質である」と述べた．$\mathbb{E}^n$ の等質性を定義 3.16 に即して厳密に議論しておこう．$\mathbb{E}^n$ には加法群 $(\mathbb{R}^n, +)$ が作用する (例 3.3)．この作用が推移的であることは命題 2.3 の (3) で証明してある．したがって $\mathbb{E}^n$ は等質である．また回転群 $\mathrm{SO}(n)$ の作用を考えれば (この作用は推移的ではないが) どの方向も回転で互いに移りあうことがわかる♯9．これが 1.2.2 節で述べた $\mathbb{E}^n$ の等方性である．

定義 3.18 組 (G, X, ρ) は集合 X, 群 G と推移的群作用 ρ からなるものとする．G の作用 ρ で不変な性質を調べる研究を「G を**変換群**とし X を表現空間とする**クライン幾何学**」とよぶ．

♯7 Felix Christian Klein (1849–1925). エルランゲンプログラム，クライン群などで知られる．数学教育の分野ではペリー，ムーアとともに数学教育改良運動の中心人物として知られている．クライン自身によるクライン幾何の説明は [34] と [35](原著 2 巻第 3 編第 2 章，邦訳版では 4 巻にある)．

♯8 ようするにどの点も平等であるということ．いいかえると絶対的な原点は存在しないという意味です．

♯9 もう少しくわしく説明しておきます．同じ長さをもつ任意のベクトル $\boldsymbol{v}$, $\boldsymbol{w} \neq \boldsymbol{0}$ に対し $\boldsymbol{w} = A\boldsymbol{v}$ となる $A \in \mathrm{SO}(n)$ が存在する．

註 3.19 (同型なクライン幾何) 二つのクライン幾何 (G, X, ρ), (G', X', ρ') に対し同型の概念を次のように定める．

全単射 $\varphi : X \longrightarrow X'$ と群同型写像 $f : G \longrightarrow G'$ で

$$\rho'(f(a), \varphi(x)) = \varphi(\rho(a, x))$$

を，すべての $a \in G$ とすべての $x \in X$ に対してみたすものが存在するとき，(G, X, ρ) と (G', X', ρ') は同型であるとか，**同一のクライン幾何を定める**という．同型なクライン幾何の例は 6.2.3 節でとりあげる．

クライン幾何の観点で古典幾何とよばれているものを定式化していきます．

例 3.20 (ユークリッド幾何) $X = \mathbb{R}^n$, $G = \mathrm{E}(n)$ とする．合同変換としての作用を考えると，この作用は推移的である．$(\mathrm{E}(n), \mathbb{R}^n, \rho)$ で不変な性質を研究する幾何を**ユークリッド幾何**とよぶ．つまりユークリッド幾何とは**合同変換で変わらない性質の追求**である[♯10]．たとえば点・直線・距離・角・面積・体積など．

例 3.21 (相似幾何) $X = \mathbb{R}^n$ とするが，群を相似変換群 $G = \mathrm{Sim}(n)$ とする．この組で定まる幾何を**相似幾何**とよぶ．相似幾何で点・直線・角は不変だが距離や体積は不変ではない．

例 3.22 (等積幾何) $X = \mathbb{R}^n$ とし，G として等積変換群 $\mathrm{SA}^{\pm}(n)$ (または $\mathrm{SA}(n)$) を選ぶ．この組で定まる幾何を**等積幾何**とよぶ．相似幾何で角は不変だが図形の体積は不変でなかった．一方，等積幾何では**図形の体積が不変**であるが角は不変ではない．

例 3.23 (アフィン幾何) $X = \mathbb{R}^n$ とし，群としてアフィン変換群 $\mathrm{A}(n)$ を選ぶ．距離函数は指定しておかなくてもよい．この組で定まる幾何を**アフィン幾何**とよぶ．アフィン幾何では点・直線・角は不変だが距離・体積・角は不変ではない．

例 3.24 (アフィン幾何学的定理の例) ユークリッド平面を考える．「三角形の内心は角の二等分線の交点である」．この定理はユークリッド幾何では意味をもつ

[♯10] ユークリッド原論では相似不変な概念も扱われているので，相似幾何とここでいうユークリッド幾何を合わせたものをユークリッド幾何とよぶ流儀もあります．その流儀では，$(\mathrm{E}(n), \mathbb{R}^n, \rho)$ の定める幾何を**合同幾何**とよんでいます ([32] を参照)．

がアフィン幾何では意味をもたない．このような定理は**ユークリッド的**であるといわれる．一方,「三角形の重心は中線の交点である」はアフィン変換で不変である．この定理は**アフィン的**であるといわれる．

演習 3.25　メネラウス♯11の定理・チェヴァ♯12の定理はアフィン的であることを確かめよ．

例 3.26 (円について)

“すべての円 (あるいは球) は相似である”

この事実をクライン幾何学の観点から検討してみよう．相似幾何学の範疇で言い換えれば「すべての円は合同である」と表現できる．一方「半径 r の円」というものを考えてみよう．相似変換では半径が変わってしまうから「半径 r の円」は意味をもたない概念である．つまり「円」とか「球」は相似幾何学的概念だが，半径を指定した瞬間に「ユークリッド幾何学的概念」になる．

第 1 章で目標に掲げた「図形の分類」は，クライン幾何という概念に出会うことで精密に取り扱えるようになります♯13.

定義 3.27　(G, X, ρ) で定まるクライン幾何を考える．X の部分集合全体からなる集合を $\mathscr{X}$ とする．$\mathscr{A}, \mathscr{B} \in \mathscr{X}$ に対し

$$\mathscr{A} \cong_G \mathscr{B} \iff \rho(g, \mathscr{A}) = \mathscr{B} \text{ となる } g \in G \text{ が存在する}$$

と定める．ここで

$$\rho(g, \mathscr{A}) = \{\rho(g, a) \mid a \in \mathscr{A}\}$$

とおいた．このとき $\cong_G$ は $\mathscr{X}$ 上の同値関係である．$\mathscr{A} \cong_G \mathscr{B}$ のとき $\mathscr{A}$ と $\mathscr{B}$ は G-**合同**とよぶ．前後の文脈から G が明らかなときや，G を固定していると

♯11 Menelaus (of Alexandria, 70?–130?). メネラウスの定理は差分可積分系 (discrete KP, Schwarzian KP 方程式) と関連します．

♯12 Giovanni Čeva (1647–1734). メネラウス・チェヴァの定理はともに射影幾何学的定理です．アフィン的であることについては [32] を見てください．

♯13 クライン [35] は次のように述べています．“変換群の理論の立場からは，一般に初等幾何学にかぞえられているものは，各種の幾何学の部分の雑多な混合である．そこには基本の群のほかに，たとえばアフィン変換群，射影変換群，また反転の群，膨張変換群が現れている．(中略) エルランゲン・プログラムの一つの主張は，このような初等幾何学の成分を互いに分離し，それら自身を発展させることである．”

きは単に $\cong$ と略記することも多い.

相似という言葉の起こりに即して考えれば次のように定義することは自然な発想だといえます.

定義 3.28 二つの図形が相似同値であるとき，それらは**同じ形をしている**と言い表す.

この用法に従えば，**形**とは図形の相似同値類につけられた名称であるといえます. 二つの図形が (ユークリッド幾何の意味で) **合同**であるというのは，**同じ形でありかつ同じ大きさであること**と言い換えられます.

註 3.29 (相似と合同) こんにち合同と相似にはそれぞれ $\equiv$, $\propto$ という記号が使われている. 註 2.55 でふれたように，合同の古い記法 $\cong$ は相似 ($\sim$) かつ等積 ($=$) の二つを重ね合わせたものであった. この古い記法は「合同 $=$ 相似 $+$ 同じ大きさ」と整合的である.

註 3.30 (図形の変形) ユークリッド幾何と他の幾何の比較の際には**変形**という考えが有効である. 図形 $\mathscr{A}$ に変換 $F = \rho(g, \cdot)$ $(g \in G)$ を施した結果，得られる図形 $\mathscr{B} = F(\mathscr{A})$ を $\mathscr{A}$ の (F による) **変形**とよぶ.

たとえば等積幾何学において図形に等積変換を施してみる. この場合，もとの図形と新しい図形は等積幾何学では "合同" である. しかしユークリッド幾何ではもちろん，一般には異なる図形どうしである. ユークリッド幾何学的合同と区別するために，新しい図形を元の図形の**等積変形**とよぶ.

小学校算数ではもっと粗い意味の「等積変形」が有効な道具である. 与えられた平面図形に鋏をいれて得られた部品 (piece) を並べ替える操作を行い，種々の図形の面積を求積する. その操作を**裁ちあわせ**とよぶ. 裁ちあわせの教具としてよく使われるものが中国生まれといわれる**タングラム**である (図 3.1).

算数における裁ちあわせの活用については [72] がくわしい. 裁ちあわせは「図形の分割合同性」として精密に議論できる. 図形の分割合同性[♯14]については [7], [78], [84] を参照されたい.

[♯14] ボヤイ・ゲルヴィンの定理とデーンの補題について [7], [78], [84] で一度はくわしく学ばれることをすすめます.

図 3.1　タングラム.

3.2.2　アフィン変換による平面幾何

アフィン変換・アフィン合同で平面幾何を見直す演習問題をあげておきます.

演習 3.31　アフィン幾何学においては，すべての三角形は合同であることを証明せよ.

演習 3.32　三角形 △ABC の中線が一点で交わることのアフィン変換を利用した証明を考察せよ.

演習 3.33　台形・平行四辺形・菱形・長方形・正方形のうちアフィン変換で不変なものはどれか答えよ.

演習 3.34　非退化[♮15]平面 2 次曲線の分類をユークリッド幾何とアフィン幾何で比較せよ.

演習 3.35　「楕円の平行な弦の中点の軌跡は，その中心を通る弦である」. この定理をアフィン変換を利用して証明せよ.

3.2.3　相似不変量

円・正多角形は相似幾何で不変です. このことを**不変量**という観点で検討してみましょう. 半径 r の円の円周の長さ ℓ と直径 $2r$ の比は，半径 r に関係なく一定の値です. この一定値を円周率とよび π と表記します. 円の半径や円周は相似不変ではありませんが円周率は相似変換で変わらない量です. このような量を**相似不変量**とよびます. ユークリッド原論には「円周と直径の比」が円の

[♮15] 直線，2 本の直線，1 点，空集合でないもの.

大きさ (半径の長さ) に依存しない定数であることが述べられていますが，その値はもとめられていませんでした．円周率はここで述べたように，最初から**円の相似不変量**として認識されたものなのです．“円周率” はまさにこの由来に合致した命名です．歴史的なことに興味が湧いた人には [40] をすすめておきます．

演習 3.36 正方形の相似不変量は次で与えられる．正方形の全周を ℓ とすると「ℓ/対角線の長さ」は相似不変量である．この相似不変量の値をもとめよ．同様に正 n 角形の相似不変量を作れ♯16.

演習 3.37 相似幾何における三角形の合同定理は次にあげる定理 3.38 である．ユークリッド幾何における三角形の合同定理の証明 (2.3 節) を参考にして定理を証明せよ．

定理 3.38 (三角形の相似定理) $\mathbb{R}^n$ 内の二つの三角形 $\triangle \mathrm{ABC}$ と $\triangle \mathrm{A'B'C'}$ について次の四つは互いに同値である．

(1) $\triangle \mathrm{ABC} \propto \triangle \mathrm{A'B'C'}$, すなわち $f(\triangle \mathrm{ABC}) = \triangle \mathrm{A'B'C'}$ となる $f \in \mathrm{Sim}(n)$ が存在する．

(2) 三辺の比が等しい．

(3) 二つの角が互いに相等しい．

(4) 二辺の比と間の角が等しい．

演習 3.39 演習 2.57 で考察した三角形のモデュライ空間を相似幾何で考察せよ．すなわち $\triangle_2$ を同値関係 $\propto$ で類別して得られる商集合 $\triangle_2/\propto$ がどういう集合であるか，具体的な記述方法を考察せよ．

演習 3.40 (数学教育的課題) 平面上にさまざまな形の三角形を用意し，それらの分類を考える．“群を変えることで分類が変わる”．この観点から中学校における「三角形の分類」の授業案を作成せよ．中学生に直接クライン幾何学を講義するわけにはいかないから，いかに導入すればよいか？生徒の関心を惹きつけ,「分類の楽しさ」を感じさせるにはどう工夫すればよいか？「観点が変われば分類も変わる」を指導目標とするには適切な学年・授業時期はいつか？以上について深く考えた上で，授業案を構成すること．

♯16 ここであげた相似不変量は (数学教育協議会により) **形状比**とよばれています．たとえば [76, p. 120] を参照.

3.2.4* $\mathbb{R}^n$ 上のさまざまな幾何学

ユークリッド幾何・相似幾何・等積幾何のほかにはどのようなクライン幾何があるのでしょうか．この節ではいくつかの例を紹介します．

例 3.41 (ガリレイ幾何)

$$X = \mathbb{R}^4 = \{(t, \boldsymbol{q}) \,|\, t \in \mathbb{R},\ \boldsymbol{q} \in \mathbb{R}^3\}, \quad G = \mathrm{O}(3) \times \mathbb{R}^3$$

とし G の X 上の作用を

$$\rho((A, \boldsymbol{v}), (t, \boldsymbol{q})) = (t, A\boldsymbol{q} + t\boldsymbol{v})$$

と定めると，(G, X, ρ) はクライン幾何を定める．この幾何を**ガリレイ幾何**とよぶ♯17．群 G を**ガリレイ変換群**♯18とよび，X を**ニュートン時空**とよぶ．この幾何では**時間**と**空間**が不変概念である (ニュートンの絶対時間・絶対空間)．また 3 次元空間における合同変換を含んでいるので，$\mathbb{R}^3$ におけるユークリッド不変量もガリレイ幾何で意味をもつ．さらにニュートンの運動方程式もガリレイ変換で不変である．

ガリレイ幾何についてくわしく知りたい読者は [4, 1.2 節] を読むとよいでしょう．

演習 3.42 (1) 時間と空間が不変であることの正確な説明を与えよ．

(2) 運動方程式がガリレイ不変であることを確かめよ．また，その不変性の物理学的解釈を与えよ．

例 3.43 (ミンコフスキー幾何) $X = \mathbb{R}^4$ とし群

$$G = \mathrm{O}_1(4) \ltimes \mathbb{R}^4, \quad \mathrm{O}_1(4) = \{A \in \mathrm{GL}_4\mathbb{R} \,|\, {}^t\!A\epsilon A = \epsilon\}$$

を考える．ただし

$$\epsilon = \begin{pmatrix} -1 & 0 & 0 & 0 \\ 0 & 1 & 0 & 0 \\ 0 & 0 & 1 & 0 \\ 0 & 0 & 0 & 1 \end{pmatrix}.$$

この群を**ポアンカレ群**とよび，$\mathrm{O}_1(4)$ を**ローレンツ群**とよぶ♯19．(G, X, ρ) で

♯17 註 4.39 も参照してください．

♯18 Galileo Galilei (1564–1642).『二大世界系対話』(『天文対話』) は岩波文庫から邦訳が出ています．

♯19 Hendrik Lorentz (1853–1928). 1902 年にノーベル物理学賞を受賞．

定まる幾何を**ミンコフスキー幾何**とよぶ♯20．この幾何ではアフィン幾何における不変概念は意味をもつが，角や距離は意味をもたない．そのかわり次の量が意味を持つ：$\mathbb{R}^4$ の座標を (x_0, x_1, x_2, x_3) として

$$-(x_0 - y_0)^2 + (x_1 - y_1)^2 + (x_2 - y_2)^2 + (x_3 - y_3)^2.$$

そこで通常の距離の代りに，この 2 次式を $\mathbb{R}^4$ に指定したものを X と考えるのが自然である．この空間 X を**ミンコフスキー時空**とよぶ．物理学的には (x_1, x_2, x_3) が 3 次元空間の点を表し，0 番目の座標は時刻を表す．ただし光速度定数 $c = 1$ となる単位系で計る．

さらにポアンカレ変換♯21でマックスウェルの方程式♯22が不変である．アインシュタイン♯23の**特殊相対性理論** (1905) の発表後にミンコフスキー♯24は「空間と時間」という講演♯25で特殊相対性理論をクライン幾何として定式化した．それがミンコフスキー幾何である．

特殊相対性理論においては，物理現象をミンコフスキー時空内の図形と認識する．たとえば**事象**は時空の点とみなされる．質点の運動は時空内の曲線♯26と理解され**世界線**とよばれる．ポアンカレ群の作用では**空間・時間は不変でない**ことに注意されたい．これが相対性の所以である．

演習 3.44　$\mathbb{R}^4$ において次の写像 $\langle \cdot, \cdot \rangle : \mathbb{R}^4 \times \mathbb{R}^4 \longrightarrow \mathbb{R}$ を考える．

$$\langle \boldsymbol{x}, \boldsymbol{y} \rangle := -x_0 y_0 + x_1 y_1 + x_2 y_2 + x_3 y_3,$$

$$\boldsymbol{x} = (x_0, x_1, x_2, x_3),\ \boldsymbol{y} = (y_0, y_1, y_2, y_3) \in \mathbb{R}^4.$$

(1) $\langle \boldsymbol{x}, \boldsymbol{y} \rangle$ は $\boldsymbol{x}$, $\boldsymbol{y}$ 双方について線型♯27であることを確かめよ．

♯20 ミンコフスキー幾何とよばれる別の幾何学が他にもあるのでここでとり上げた幾何を**ローレンツ・ミンコフスキー幾何**とよぶこともあります．

♯21 Henri Poincaré (1854–1912). 位相幾何学・解析学をはじめ現代数学に大きな影響を与えました．『科学と仮説』などの著作でも知られています．3 次元ポアンカレ予想の解決については [77] を参照．

♯22 James Clerk Maxwell (1831–1879). 電磁気学やベクトル解析の教科書を見てください．

♯23 Albert Einstein (1879–1955). [100], [29] を読むことをすすめます．

♯24 Herman Minkowski (1864–1909). 幾何学・数論に大きな研究成果を残しました．

♯25 “これからは空間そのものとか時間そのものという考えは単なる影の中に消え失せざるをえず，その二つのある種の結合だけが独立した真実性を持ち続けることになるでしょう (1908 年 9 月 21 日)”.

♯26 正確には時間的曲線とよばれるものです．速度ベクトルが負の大きさをもちます．

♯27 演習 1.40 の脚注で述べた双線型性のこと．

(2) $A \in \mathrm{M}_4\mathbb{R}$ が $\langle\cdot,\cdot\rangle$ を保つ，すなわちすべての $\boldsymbol{x},\boldsymbol{y} \in \mathbb{R}^4$ に対し

$$\langle A\boldsymbol{x}, A\boldsymbol{y}\rangle = \langle \boldsymbol{x},\boldsymbol{y}\rangle$$

であるための必要十分条件は $A \in \mathrm{O}_1(4)$ であることを確かめよ.

ミンコフスキー時空・特殊相対性理論については [44] などを参照してください.

■**コラム**　時空は “spacetime” の訳語である.「宇宙」の語源は “宇 = 3 次元空間” + “宙 = 過去・現在・未来にわたる時間” であるという．つまり古来,「宇宙」とは時空の意味であった.

例 3.45 (**シンプレクティック幾何**)　偶数次元数空間 $\mathbb{R}^{2n}$ の座標系を $(x_1, x_2, \cdots, x_n; x_{n+1}, x_{n+2}, \cdots, x_{2n})$ と書く．$\Omega : \mathbb{R}^{2n} \times \mathbb{R}^{2n} \longrightarrow \mathbb{R}$ を

$$\Omega(\boldsymbol{x},\boldsymbol{y}) = -\sum_{i=1}^{n}(x_i y_{n+i} - x_{n+i} y_i)$$

で定める．Ω は双線型であり，**交代的**，すなわち $\Omega(\boldsymbol{x},\boldsymbol{y}) = -\Omega(\boldsymbol{y},\boldsymbol{x})$ をみたす．Ω を**標準的シンプレクティック形式**とよぶ♯28．Ω を保つ線型変換全体は $\mathrm{GL}_{2n}\mathbb{R}$ の部分群をなす．その群を**線型シンプレクティック群**とよび $\mathrm{Sp}(n;\mathbb{R})$ で表す．$X = (\mathbb{R}^{2n}, \Omega)$, $G = \mathrm{Sp}(n;\mathbb{R}) \ltimes \mathbb{R}^{2n}$ とすると，この組はクライン幾何を定める．この幾何を (線型) **シンプレクティック幾何学**とよぶ♯29．シンプレクティック幾何学は，**解析力学** (ハミルトン系) をクライン幾何として定式化したものである.

線型シンプレクティック幾何学については，アーノルドの本 [4, 41 節]♯30が参考書としてあげられます.

演習 3.46　$A \in \mathrm{M}_{2n}\mathbb{R}$ が線型シンプレクティック変換であるための必要十分条件をもとめよ．(ヒント：行列を使って

$$\Omega(\boldsymbol{x},\boldsymbol{y}) = {}^t\boldsymbol{x}J\boldsymbol{y},\ J = \begin{pmatrix} O_n & -E_n \\ E_n & O_n \end{pmatrix}$$

と表せ)

♯28 解析力学では正準 2 形式とよばれています.

♯29 うるさいことをいうと，“symplectic geometry” は研究者の間ではシンプレクティック多様体の幾何を指します.

♯30 英文でもよければ [1] もよい.

演習 3.47 線型シンプレクティック群について以下のことを示せ．

(1) $A \in \mathrm{Sp}(n;\mathbb{R})$ ならば $\det A = 1$.

(2) $\lambda \in \mathbb{R}$ が $A \in \mathrm{Sp}(n;\mathbb{R})$ の固有値ならば $1/\lambda$ もそう．（ヒント：$J^2 = -E_{2n}$ を用いて $\Phi_\lambda(A) = \lambda^{2n}\Phi_{\lambda^{-1}}(A)$ を示せばよい）

3.2.5* 複素数空間の幾何

数空間 $\mathbb{R}^n$ をまねて**複素数空間** $\mathbb{C}^n$ を考えます．

$$\mathbb{C}^n = \{\boldsymbol{z} = (z_1, z_2, \cdots, z_n) \mid z_1, z_2, \cdots, z_n \in \mathbb{C}\}.$$

$\mathbb{C}^n$ の**内積**[♯31]を

$$\langle \boldsymbol{z} | \boldsymbol{w} \rangle = z_1\overline{w}_1 + z_2\overline{w}_2 + \cdots + z_n\overline{w}_n$$

で定義します[♯32]．$\langle \boldsymbol{z} | \boldsymbol{z} \rangle = |z_1|^2 + |z_2|^2 + \cdots + |z_n|^2 \geqq 0$ であることに注意し

$$|\boldsymbol{z}| = \sqrt{\langle \boldsymbol{z} | \boldsymbol{z} \rangle}$$

と定め，$|\boldsymbol{z}|$ を $\boldsymbol{z}$ の長さとよびます．n 行 n 列の複素行列全体を $\mathrm{M}_n\mathbb{C}$ で表します．このとき第 2 章の補題 2.9 と同様にして次の命題を証明できます．

命題 3.48 $A \in \mathrm{M}_n\mathbb{C}$ に対し次は同値：

(1) A は内積を保つ，すなわち任意の $\boldsymbol{z}, \boldsymbol{w} \in \mathbb{C}^n$ に対し

$$\langle A\boldsymbol{z} | A\boldsymbol{w} \rangle = \langle \boldsymbol{z} | \boldsymbol{w} \rangle.$$

(2) 任意の $\boldsymbol{z} \in \mathbb{C}^n$ に対し $|A\boldsymbol{z}| = |\boldsymbol{z}|$ をみたす．

(3) $\overline{{}^t\!A}A = A\overline{{}^t\!A} = E_n$.

(4) $A = (\boldsymbol{a}_1 \boldsymbol{a}_2 \cdots \boldsymbol{a}_n)$ と列ベクトルを並べたもので表示したとき $\langle \boldsymbol{a}_i | \boldsymbol{a}_j \rangle = \delta_{ij}$.

この命題に基づき

$$\mathrm{U}(n) = \{A \in \mathrm{M}_n\mathbb{C} \mid \overline{{}^t\!A}A = E_n\}$$

とおくと，$\mathrm{U}(n)$ は行列の積に関し群をなします．この群を n 次**ユニタリ群**とよびます．また $A \in \mathrm{U}(n)$ を**ユニタリ行列**とよびます．

♯31 エルミート内積ともよばれます．

♯32 量子力学の教科書では $\langle \boldsymbol{z} | \boldsymbol{w} \rangle = \overline{z}_1 w_1 + \overline{z}_2 w_2 + \cdots + \overline{z}_n w_n$ と定義してあるものが多いので，読み比べるときは注意してください．

例 3.49 (複素ユークリッド幾何)　ユークリッド群 $\mathrm{O}(n) \ltimes \mathbb{R}^n$ をまねて $\mathrm{U}(n) \ltimes \mathbb{C}^n$ をつくる．このとき $(\mathrm{U}(n) \ltimes \mathbb{C}^n, \mathbb{C}^n)$ はクライン幾何を定める．この幾何を**複素ユークリッド幾何**とよぶ．

$\mathbb{C}^n$ において $\boldsymbol{z} = (z_1, z_2, \cdots, z_n)$ を

$$\boldsymbol{z} = \boldsymbol{x} + i\boldsymbol{y},$$
$$\boldsymbol{x} = (x_1, x_2, \cdots, x_n), \quad \boldsymbol{y} = (y_1, y_2, \cdots, y_n),$$
$$z_k = x_k + iy_k$$

と分解する．$\boldsymbol{x}, \boldsymbol{y}$ をそれぞれ $\boldsymbol{z}$ の**実部**，**虚部**とよぶ．$\boldsymbol{z} = \boldsymbol{x} + i\boldsymbol{y}$, $\boldsymbol{w} = \boldsymbol{u} + i\boldsymbol{v} \in \mathbb{C}^n$ に対し，$\vec{z} = (\boldsymbol{x}; \boldsymbol{y})$, $\vec{w} = (\boldsymbol{u}; \boldsymbol{v}) \in \mathbb{R}^{2n}$ とおくと $\mathbb{R}^{2n}$ の内積 "$\cdot$" と標準シンプレクティック形式 Ω を使って次の公式が得られる．

$$\langle \boldsymbol{z} | \boldsymbol{w} \rangle = \vec{z} \cdot \vec{w} + i\Omega(\vec{z}, \vec{w}).$$

この等式から

$$\mathrm{U}(n) = \mathrm{O}(2n) \cap \mathrm{Sp}(n; \mathbb{R})$$

という三つの群の関係が示される．$\mathbb{R}^{2n}$ においては，ユークリッド幾何と線型シンプレクティック幾何の共通部分が複素ユークリッド幾何であると言い表せる．

3.2.6* 非ユークリッド幾何

これまであげた例では，空間は数空間 (実・複素) でした．ここで，$\mathbb{R}^n$, $\mathbb{C}^n$ ではない空間のクライン幾何の例をいくつかあげておきます．ただしこれらのクライン幾何を正確に理解することは本書の範囲を越えるので，大まかな説明にとどめます．未説明語が出てくることがありますが，いちいち定義・説明はしないでおきます．

例 3.50 (射影幾何)　数空間 $\mathbb{R}^{n+1}$ 内の原点を通る直線をすべて集めて得られる集合を P^n と書こう．P^n の各元 ℓ は，ℓ に属する位置ベクトル $\boldsymbol{\ell}$ を一つとれば

$$\ell = \{t\boldsymbol{\ell} \mid t \in \mathbb{R}\}$$

と表示できる．この表示は一意的ではないから，ℓ を上手に表示する方法を考えなければならない．それには次のようにすればよい：

二つのベクトルが同じ「原点を通る直線」を定めるとき，それらは "同値" であると決める．正確には $\mathbb{R}^{n+1} \setminus \{\boldsymbol{0}\}$ 上の同値関係 $\sim$ を

$$\boldsymbol{x} \sim \boldsymbol{y} \Longleftrightarrow \boldsymbol{y} = \lambda \boldsymbol{x} \text{ となる} \lambda \in \mathbb{R}^{\times} \text{が存在する}$$

で定める．この同値関係による商集合 $(\mathbb{R}^{n+1} \setminus \{\mathbf{0}\})/\sim$ を P^n と書く．商集合 P^n を n 次元**射影空間**とよぶ．$\boldsymbol{x}$ の定める直線 (同値類) を $x = [\boldsymbol{x}]$ と表記しよう．

群作用を考察する．$\tilde{X} = \mathbb{R}^{n+1} \setminus \{\mathbf{0}\}$, $X = P^n$ と書こう．まず $\tilde{X}$ 上に $\tilde{G} = \mathrm{GL}_{n+1}\mathbb{R}$ が線型変換として作用する：

$$\tilde{\rho} : \tilde{G} \times \tilde{X} \longrightarrow \tilde{X}; (A, \boldsymbol{x}) = A\boldsymbol{x}.$$

別のベクトル $x = [\boldsymbol{x}] \ni \boldsymbol{y}$ と作用の結果を比較してみる．$\boldsymbol{y} = \lambda\boldsymbol{x}$ と表示できるから $A\boldsymbol{y} = \lambda A\boldsymbol{x}$ である．したがって

$$[A\boldsymbol{y}] = [A\boldsymbol{x}]$$

がわかる．ゆえに $\tilde{G}$ の作用 $\tilde{\rho}$ は $\tilde{G}$ の X 上の作用 $\rho : \tilde{G} \times P^n \longrightarrow P^n$ を誘導する．この作用 ρ をさらにくわしく調べると，A, $B \in \tilde{G}$ に対し

$$\text{任意の } x \in X \text{ に対し } Ax = Bx \Longleftrightarrow B = \lambda A \ (\lambda \in \mathbb{R}, \lambda \neq 0)$$

がわかる．そこで $G := \tilde{G}/\{\lambda E \,|\, \lambda \in \mathbb{R}, \lambda \neq 0\}$ とおけば無駄がないことに気付く．新たに得られた群 G を**射影変換群**とよび $\mathrm{PGL}_{n+1}\mathbb{R}$ と表記する．$(\tilde{G}, \tilde{\rho})$ は G の X 上の作用 ρ を誘導する．この誘導された作用は推移的であり，(G, X, ρ) はクライン幾何である．この幾何を**射影幾何**とよぶ♯33．

例 3.51 (球面幾何) X として $\mathbb{R}^{n+1}$ 内の**単位球面**：

$$S^n = \{\boldsymbol{x} = (x_1, \cdots, x_{n+1}) \in \mathbb{E}^{n+1} \,|\, x_1^2 + \cdots + x_{n+1}^2 = 1\}$$

を選ぶ．S^n 上の直交群 $\mathrm{O}(n+1)$ の作用を

$$\rho : \mathrm{O}(n+1) \times S^n \longrightarrow S^n$$

を $\rho(A, \boldsymbol{p}) = A\boldsymbol{p}$ で定めることができる．この作用は推移的である．実際 $\boldsymbol{p}$, $\boldsymbol{q} \in S^n$ に対し，これらを最後のベクトルにもつ $\mathbb{R}^{n+1}$ の 2 組の正規直交基底

$$\{\boldsymbol{u}_1, \boldsymbol{u}_2, \cdots, \boldsymbol{u}_{n+1} = \boldsymbol{p}\},$$

$$\{\boldsymbol{v}_1, \boldsymbol{v}_2, \cdots, \boldsymbol{v}_{n+1} = \boldsymbol{q}\}$$

をとり $A = (\boldsymbol{v}_1, \boldsymbol{v}_2, \cdots, \boldsymbol{v}_{n+1})(\boldsymbol{u}_1, \boldsymbol{u}_2, \cdots, \boldsymbol{u}_{n+1})^{-1}$ とおけば，$A\boldsymbol{p} = \boldsymbol{q}$ である．同様に回転群 $G = \mathrm{SO}(n+1)$ も S^n 上に推移的に作用する．球面に球面距離とよばれる距離函数を与える♯34．するとこの群作用は距離函数を保つ．す

♯33 複素射影幾何との区別を強調するときは実射影幾何とよびます．

♯34 6.2.2 節で定義します．

なわち回転は等距離変換として作用する．この組が定める幾何を**球面幾何**とよぶ．球面幾何については ($n=2$ のときのみ) 第 6 章で再び取り上げる．

例 3.52 (**双曲幾何**) ミンコフスキー時空を一般次元でも考えることができる．演習 3.44 を参考にして $\langle\cdot,\cdot\rangle : \mathbb{R}^{n+1}\times\mathbb{R}^{n+1}\longrightarrow\mathbb{R}$ を

$$\langle \boldsymbol{x},\boldsymbol{y}\rangle = -x_0y_0+\sum_{i=1}^{n} x_iy_i \tag{3.1}$$

で定める．数空間 $\mathbb{R}^{n+1}$ に $\langle\cdot,\cdot\rangle$ を与えたものを $\mathbb{L}^{n+1}$ と書き，$n+1$ 次元**ローレンツ空間**とよぶ[♯35]．ここで定めた 2 変数函数は**ローレンツ・スカラー積**とよばれる．ただし，この 2 変数函数は「内積」ではない[♯36]．ローレンツ群 $\mathrm{O}_1(n+1)$ を例 3.43 と同様に定義する．ローレンツ・スカラー積を用いて (ユークリッド距離函数を真似て)

$$\mathrm{d}^{\mathbb{L}}(\boldsymbol{x},\boldsymbol{y}) = -(x_0-y_0)^2+\sum_{i=1}^{n}(x_i-y_i)^2$$

と定めてみる[♯37]．$\mathrm{d}^{\mathbb{L}}$ は負の値をとり得るのでローレンツ空間上の距離函数を定めないし，形式的に $\mathrm{d}(\boldsymbol{x},\boldsymbol{y})=\sqrt{|\mathrm{d}^{\mathbb{L}}(\boldsymbol{x},\boldsymbol{y})|}$ と定めても距離函数の公理をみたさない．この $\mathrm{d}^{\mathbb{L}}$ を用いて 2 次超曲面

$$H^n = \left\{ \boldsymbol{x}=(x_0,\cdots,x_n)\in\mathbb{L}^{n+1} \;\middle|\; \begin{array}{l} -x_0^2+x_1^2+\cdots+x_n^2=-1, \\ x_0>0 \end{array} \right\}$$

に双曲距離函数とよばれる距離函数 d を定めることができる．ここで得られた距離空間 (H^n,d) を n 次元**双曲空間**とよぶ．ローレンツ群の単位行列を含む連結成分[♯38]を $G=\mathrm{SO}_1^+(n+1)$ と書く．この群は双曲空間の等距離変換群として推移的に作用する．(G,H^n) の定める幾何を**双曲幾何**という．

2 次元の双曲幾何については歴史的な経緯も含めて [38] から学ぶことをすすめる (6.2.3 も参照されたい)．

♯35 ミンコフスキー空間とよんでいる本もあります．

♯36 正値性「$\langle\boldsymbol{x},\boldsymbol{x}\rangle \geqq 0$ かつ等号成立は $\boldsymbol{x}=\boldsymbol{0}$ のときのみ」をみたさないので (本書では) 内積とはよばないことにします．第 4 章，定義 4.29 参照．第 4 章ではスカラー積の概念も導入します．

♯37 $\mathbb{L}^4$ の場合，函数 $\mathrm{d}^{\mathbb{L}}$ は相対性理論・ローレンツ幾何学において**時間分離函数**とよばれています．

♯38 この説明をするには位相空間論の知識が必要です．

3.2.7* ユークリッド幾何とアフィン幾何のあいだ

一般線型群 $\mathrm{GL}_2\mathbb{R}$ の部分群 H で条件 "O(2) は H の部分群" をみたすものとしては，何があるでしょうか．そのような H としてすでに

$$\mathrm{SL}_2^{\pm}\mathbb{R} = \{A \in \mathrm{GL}_2\mathbb{R} \mid \det A = \pm 1\}$$

と CO(2) を知っています．ここから次の問題が浮かび上がってきます．

> ユークリッド幾何とアフィン幾何のあいだには，どのようなクライン幾何があるのだろうか．

リー♯39は，クライン幾何学 (G, X, ρ) が豊かな数学を展開できるためには，変換群 G は解析学 (微分方程式論) を用いて精密に調べることが可能なものでなければならないという考えをもっていました．リーの考察した条件をみたす群は，こんにち**リー群**とよばれています．この節でとりあげたクライン幾何すべてにおいて変換群 G はリー群です．そこで次のように問題を修正してみましょう．

$\mathrm{GL}_2\mathbb{R}$ のリー部分群 H で
O(2) を自身のリー部分群にもつ H には何があるか．

このような条件をみたす H は，じつは CO(2) と $\mathrm{SL}_2^{\pm}\mathbb{R}$ のみです♯40．したがってリーの要請した条件のもとでは，平面上のクライン幾何でアフィン幾何とユークリッド幾何のあいだに位置するものは相似幾何と等積幾何のみといえます．

■さらに学ぶために■

リー群 (または連続群) が書名に含まれている本を見てください (たとえば [41], [98])．

♯39 Marius Sopus Lie (1842–1899). Lie 群・接触変換を始め現代数学で基本的な概念を研究しました．

♯40 証明については [32, 第 3 章演習問題] などをみてください．

3.3* はじめに群ありき

クライン幾何学の定義において要請されていた，群作用の推移性について補足しておきます．

定義 3.53　$\rho : G \times X \longrightarrow X$ を群作用とする．$x_0 \in X$ に対し

$$G \cdot x_0 := \{\rho(g, x_0) \mid g \in G\}$$

と定め，点 $x_0 \in X$ の (作用 ρ による) **軌道**とよぶ．

例 3.54　$X = \mathbb{R}^2$, $G = \mathrm{SO}(2)$ とし ρ を直交変換 (例 3.5) とする．$x_0 = (0, 0)$ なら軌道は原点 $(0, 0)$ のみからなる．$x_0 \neq (0, 0)$ ならば軌道は原点を中心とする半径 $|x_0|$ の円周である．

例 3.55　$G = X$, ρ を左移動 (例 3.3) とする．$x, y \in G$ に対し $g = yx^{-1}$ と選べば $\rho(g, x) = (yx^{-1})x = y(xx^{-1}) = y$ だから，G は等質である．とくに $G = X = (\mathbb{R}^n, +)$ とすれば，例 3.17 で述べた $\mathbb{R}^n$ の等質性の再録が得られる．

群作用が与えられているとき，X 上の同値関係 $\sim_\rho$ を

$$x \sim_\rho y \Longleftrightarrow y \in G \cdot x$$

で定めることができます．

演習 3.56　$\sim_\rho$ が同値関係であることを確かめよ．

商集合 $X/\sim_\rho$ は軌道をすべて集めて得られる集合です．これを**軌道空間**とよびます．ρ が明らかなときは軌道空間を X/G とも表記します♯41．

群作用 $\rho : G \times X \longrightarrow X$ が推移的ならば，各点 x に対し $G \cdot x = X$ となることに注意しましょう．このとき軌道空間はただ一つの元からなる集合 $\{X\}$ です．

一点 $x_0 \in X$ をとり

$$H_{x_0} = \{g \in G \mid \rho(g, x_0) = x_0\}$$

とおきましょう．これは x_0 を**動かさない** $g \in G$ をすべて集めてできる集合です．

命題 3.57　H_{x_0} は G の部分群．

♯41 左作用を強調して $G \backslash X$ と書くこともあります．

(証明) $g, h \in H_{x_0} \Longrightarrow gh, g^{-1} \in H_{x_0}$ を確かめればよい.

$$\rho(gh)x_0 = \rho(g)(\rho(h, x_0)) = \rho(g, x_0) = x_0,$$

$$\rho(g^{-1}, x_0) = \rho(g^{-1}, \rho(g, x_0)) = \rho(g^{-1}g, x_0) = g(e, x_0) = x_0.$$

ゆえに H_{x_0} は G の部分群. □

定義 3.58 H_{x_0} を x_0 における G の**固定群**[♯42]とよぶ.

2 点 x_0, y_0 での固定群を比べてみます. ρ は推移的だから $y_0 = \rho(g, x_0)$ と表せる $g \in G$ が存在します. 各 $h \in H_{y_0}$ に対し $\rho(h, y_0) = y_0$ より

$$\rho(h, \rho(g, x_0)) = \rho(g, x_0) \Longleftrightarrow \rho(g^{-1}hg, x_0) = x_0.$$

したがって $g^{-1}hg \in H_{x_0}$. これより $H_{y_0} = gH_{x_0}g^{-1}$ がわかります.

命題 3.59 固定群は互いに共軛である[♯43].

等質空間の構造は群 G により記述されることを, これから説明します.

定理 3.60 推移的群作用 $\rho : G \times X \longrightarrow X$ において, X と左剰余類 G/H_{x_0} との間には**自然な全単射対応**がある.

自然な全単射対応の意味は証明のなかで説明します. 証明に入る前に剰余類を復習しておきます (附録 A.2 も見てください).

補題 3.61 G を群, H をその部分群とする. G 上の同値関係 $\sim_H$ を

$$g_1 \sim_H g_2 \Longleftrightarrow g_1^{-1}g_2 \in H$$

で定めることができる. 商集合 $G/\sim_H$ を G/H と書き左剰余類とよぶ.

(**定理 3.60 の証明**) $\tilde{\phi} : G \longrightarrow X$ を $\tilde{\phi}(g) = \rho(g, x_0)$ と定めてみよう. 作用が推移的だからこの写像は全射である. 単射かどうか調べる.

$$\begin{aligned} \tilde{\phi}(g) = \tilde{\phi}(h) &\Longleftrightarrow \rho(g, x_0) = \rho(h, x_0) \\ &\Longleftrightarrow \rho(g^{-1}h, x_0) = x_0 \\ &\Longleftrightarrow g^{-1}h \in H_{x_0} \end{aligned}$$

[♯42] 等方部分群ともよばれます. 理論物理学の文献で little subgroup という名称を使っているものもあります.

[♯43] 附録 A.2.5 参照.

だから $\tilde{\phi}$ が単射 $\Longleftrightarrow H_{x_0} = \{e\}$ $({}^\forall x_0 \in X)$. このとき $G/H_{x_0} = G$ であり G と X が $\tilde{\phi}$ を介して同一視される. もちろん一般には $g^{-1}h = e$ とは限らないから $\tilde{\phi}$ は単射ではない. $g^{-1}h \in H_{x_0}$ を書き換えると

$$h \in gH_{x_0} := \{gk \mid k \in H_{x_0}\}$$

だから

$$\tilde{\phi}(g) = \tilde{\phi}(gk), \quad {}^\forall k \in H_{x_0}$$

が成立している. 言い換えると gH_{x_0} 上では $\tilde{\phi}$ は同じ値をとる. すなわち $\tilde{\phi}$ は G/H_{x_0} から X への写像を誘導することに気付く. つまり $\phi : G/H_{x_0} \longrightarrow X$ を $\phi(gH_{x_0}) = \tilde{\phi}(g) = \rho(g, x_0)$ で定義できる (well-defined) ということである.

$\tilde{\phi}$ は固定群 H_{x_0} の分だけ「単射になれない不定性」があるのだから, この不定性を消し去ったものが $\phi : G/H_{x_0} \longrightarrow X$ であると言える. この ϕ が**自然な全単射**とよばれたものである (この全単射を通じて $G/H_{x_0} = X$ と同一視する). □

逆に群 G とその部分群 H が先に与えられているとします. $X = G/H$ とおくと G は X に自然に作用します. 実際, $\rho : G \times X \longrightarrow X$ を $\rho(g, [a]) = [ga]$ で定義できます[♯44]. この作用が定める写像 $\tau_g : X \longrightarrow X; \tau_g([a]) := \rho(g, [a])$ を g による**移動**とよびます.

註 3.62 (**ユークリッド空間における移動**) $G/H = \mathrm{E}(n)/\mathrm{O}(n)$ と選べば, 移動とは $\mathbb{E}^n$ の合同変換に他ならない. 第 1 章, 註 1.9 を参照.

作用 $\rho : G \times G/H \longrightarrow G/H$ は推移的です. 実際, $[a], [b] \in G/H$ に対し $g = ba^{-1}$ とおけば $\rho(g, [a]) = [b]$ です. したがって $X = G/H$ は G の等質空間であることが示されました.

以上のことから「群の等質空間」と「群の剰余類 G/H」とは**同じ対象**であることがわかったのです.

定理 3.60 は何を主張しているのでしょうか？ 群作用を考えるときはまず集合 X が与えられ, そこに作用する群が与えられていました. しかしこの定理は

♯44 well-defined ということ.

始めに群ありきという主張をしています．まず群があり，結局，舞台となる集合 X は剰余類 G/H として再現されるのです．つまり X **のすべての情報は群** G **に含まれている**というのです！

例 3.63 (ユークリッド空間の等質空間表示) $G=\mathrm{E}(n)$ に対し $x_0=\mathbf{0}\in\mathbb{R}^n$ における固定群をもとめてみる．$(A,\boldsymbol{b})\mathbf{0}=\mathbf{0}$ より $\boldsymbol{b}=\mathbf{0}$ なので，固定群は $\{(A,\mathbf{0})\,|\,A\in\mathrm{O}(n)\}=\mathrm{O}(n)$ である．したがって $\mathrm{E}(n)/\mathrm{O}(n)=\mathbb{R}^n$．自然な全単射 $\phi:\mathrm{E}(n)/\mathrm{O}(n)\longrightarrow\mathbb{R}^n$ は $\phi((A,\boldsymbol{b})\mathrm{O}(n))=\boldsymbol{b}$ で与えられる．

例 3.64* (球面 S^n の等質空間表示) 例 3.51 でとりあげた S^n 上の $\mathrm{O}(n+1)$ の推移的作用を調べる．単位球面 $S^n\subset\mathbb{R}^{n+1}$ の点 $x_0=(0,0,\cdots,1)$ における固定群をもとめよう．$A=(a_{ij})$ に対し $Ax_0=x_0$ を書き下すと

$$\begin{pmatrix} a_{11} & a_{12} & \cdots & a_{1\,n+1} \\ a_{21} & a_{22} & \cdots & a_{2\,n+1} \\ \vdots & \vdots & \ddots & \vdots \\ a_{n1} & a_{n2} & \cdots & a_{n\,n+1} \\ a_{n+1\,1} & a_{n+1\,2} & \cdots & a_{n+1\,n+1} \end{pmatrix}\begin{pmatrix} 0 \\ 0 \\ \vdots \\ 0 \\ 1 \end{pmatrix}=\begin{pmatrix} 0 \\ 0 \\ \vdots \\ 0 \\ 1 \end{pmatrix}$$

より

$$\begin{pmatrix} a_{1\,n+1} \\ a_{2\,n+1} \\ \vdots \\ a_{n\,n+1} \\ a_{n+1\,n+1} \end{pmatrix}=\begin{pmatrix} 0 \\ 0 \\ \vdots \\ 0 \\ 1 \end{pmatrix}.$$

したがって

$$A=\begin{pmatrix} a_{11} & a_{12} & \cdots & 0 \\ a_{21} & a_{22} & \cdots & 0 \\ \vdots & \vdots & \ddots & \vdots \\ a_{n1} & a_{n2} & \cdots & 0 \\ a_{n+1\,1} & a_{n+1\,2} & \cdots & 1 \end{pmatrix}$$

を得る．A を $A=(\boldsymbol{a}_1,\boldsymbol{a}_2,\cdots,\boldsymbol{a}_n,\boldsymbol{a}_{n+1})$ と列ベクトル表示すると $A\in\mathrm{O}(n+1)$ より $\boldsymbol{a}_i\cdot\boldsymbol{a}_{n+1}=0$ $(i=1,\cdots,n)$ だから $a_{n+1\,1}=a_{n+1\,2}=\cdots=a_{n+1\,n}=0$.

$$A = \begin{pmatrix} a_{11} & a_{12} & \cdots & a_{1n} & 0 \\ a_{21} & a_{22} & \cdots & a_{2n} & 0 \\ \vdots & \vdots & \ddots & \vdots & \vdots \\ a_{n1} & a_{n2} & \cdots & a_{nn} & 0 \\ 0 & 0 & \cdots & 0 & 1 \end{pmatrix}$$

a_{ij} $(1 \leqq i,\, j \leqq n)$ を集めてできる n 次行列を $\mathring{A}$ とすれば $\mathring{A} \in \mathrm{O}(n)$ である．したがって x_0 における固定群は

$$\left\{ \begin{pmatrix} \mathring{A} & \mathbf{0} \\ {}^t\mathbf{0} & 1 \end{pmatrix} \middle| \, \mathring{A} \in \mathrm{O}(n) \right\}$$

である．対応 $\mathrm{O}(n) \ni \mathring{A} \longmapsto \begin{pmatrix} \mathring{A} & \mathbf{0} \\ {}^t\mathbf{0} & 1 \end{pmatrix} \in \mathrm{O}(n+1)$ は群準同型写像であり，これを介して H_{x_0} と $\mathrm{O}(n)$ を同一視できる．以上より n 次元単位球面は $S^n = \mathrm{O}(n+1)/\mathrm{O}(n)$ と等質空間表示される．回転群 $\mathrm{SO}(n+1)$ も S^n に推移的に作用し x_0 における $\mathrm{SO}(n+1)$ の固定群は $\mathrm{SO}(n)$ と同一視される．したがって，もう一つの等質空間表示 $S^n = \mathrm{SO}(n+1)/\mathrm{SO}(n)$ を得る．

$$\phi((\boldsymbol{a}_1\, \boldsymbol{a}_2\, \cdots\, \boldsymbol{a}_{n+1})\mathrm{SO}(n)) = \boldsymbol{a}_{n+1} \tag{3.2}$$

において $n = 2$ とすれば 2.5 節でもとめた (2.8) が得られることに注意されたい．また $\mathrm{SO}(3)$ の x_0 における固定群は，(2.7) で定めた $\mathrm{SO}(3)$ の部分群 H_3 に他ならない．

例 3.65* **(射影空間 P^n の等質空間表示)**　例 3.50 でとり上げた $\tilde{G} = \mathrm{GL}_{n+1}\mathbb{R}$ の作用を考える．P^n の点 $x_0 = [\boldsymbol{e}_1]$ における固定群をもとめよう．$A = (a_{ij}) \in \mathrm{GL}_{n+1}\mathbb{R}$ に対し $\tilde{\rho}(A, x_0) = x_0$ を書き下すと

$$A = \begin{pmatrix} a_{11} & a_{12} & \cdots & a_{1n} & a_{1\,n+1} \\ 0 & a_{22} & \cdots & a_{2n} & a_{2\,n+1} \\ \vdots & \vdots & \ddots & \vdots & \vdots \\ 0 & a_{n2} & \cdots & a_{nn} & a_{n\,n+1} \\ 0 & a_{n+1\,2} & \cdots & a_{n+1\,n} & a_{n+1\,n+1} \end{pmatrix}.$$

a_{ij} $(2 \leqq i,\, j \leqq n+1)$ を集めてできる n 次行列を $\breve{A}$ とすれば $\breve{A} \in \mathrm{GL}_n\mathbb{R}$ である．したがって，x_0 における固定群は

$$\left\{ \begin{pmatrix} a & {}^t\boldsymbol{a} \\ \boldsymbol{0} & \overset{\circ}{A} \end{pmatrix} \middle| \ \overset{\circ}{A} \in \mathrm{GL}_n\mathbb{R},\ \boldsymbol{a} \in \mathbb{R}^n,\ a \in \mathbb{R},\ a \neq 0 \right\}$$

で与えられる.

回転群 $\mathrm{SO}(n+1)$ も P^n に推移的に作用する. 回転群の x_0 における固定群は

$$\left\{ \begin{pmatrix} a & {}^t\boldsymbol{0} \\ \boldsymbol{0} & \overset{\circ}{A} \end{pmatrix} \middle| \ \overset{\circ}{A} \in \mathrm{O}(n),\ a \det A = 1 \right\}$$

で与えられる. ここで $\mathrm{O}(1) \times \mathrm{O}(n)$ を次の要領で $\mathrm{O}(n+1)$ の部分群とみなすことにしよう：

$$\mathrm{O}(1) \times \mathrm{O}(n) \ni (a, A^\circ) \longmapsto \begin{pmatrix} a & {}^t\boldsymbol{0} \\ \boldsymbol{0} & \overset{\circ}{A} \end{pmatrix} \in \mathrm{O}(n+1).$$

すると $\mathrm{SO}(n+1)$ の x_0 における固定群は $(\mathrm{O}(1) \times \mathrm{O}(n)) \cap \mathrm{SO}(n+1)$ である. そこでこの群を $\mathrm{S}(\mathrm{O}(1) \times \mathrm{O}(n))$ と表記する. この記法により $P^n = \mathrm{SO}(n+1)/\mathrm{S}(\mathrm{O}(1) \times \mathrm{O}(n))$ と等質空間表示される.

註 3.66 (**将来微分幾何を学ぼうという読者向けの注意**) (M, g) をリーマン多様体とし, その等長変換群 (等長的微分同相変換群) を $I(M)$ で表す.

(1) $I(M)$ が M に推移的に作用するとき (M, g) を**等質リーマン多様体**とよぶ[♯45].

(2) 点 $p \in M$ において次の性質をみたすとき (M, g) は p において**等方的である**という[♯46]：同じ長さをもつ任意のベクトル $v, w \in T_pM$ に対し $w = (\mathrm{d}f)_p v$ となる $f \in I(M)$ が存在する. すべての点で等方的なとき (M, g) は等方的であると言い表す.

(3) 任意の 2 点 p, q において次の性質をもつような $f \in I(M)$ が存在するとき, (M, g) は**自由運動公理**をみたすという[♯47]. 接空間 T_pM における任意の正規直交基底 $\{u_1, u_2, \cdots, u_n\}$ と T_qM における任意に選んだ正規直交基底 $\{v_1, v_2, \cdots, v_n\}$ に対し $(\mathrm{d}f)_p u_i = v_i$ $(1 \leqq i \leqq n = \dim M)$.

(4) (M, g) が連結で各点 $p \in M$ における点対称変換が M 上の等長変換に

♯45 均質リーマン多様体, 等質リーマン空間・斉次空間などともよばれる.

♯46 例 3.17 と比較してください.

♯47 (M, g) は**標構均質** (frame-homogeneous) であるともいいます.

拡張できるとき，**リーマン対称空間**とよぶ．

等質性・等方性・自由運動公理の間には次のような関係がある ([64, p. 260], [69, p. 179] 参照).

定理 3.67 (1) (M, g) が等方的ならば完備である．とくに M が連結のときは等質リーマン多様体である．

(2) (M, g) が自由運動公理をみたせば等方的なリーマン対称空間である．

(3) 自由運動公理をみたす n 次元連結リーマン多様体は $\mathbb{R}^n$, n 次元球面 S^n, 射影空間 P^n, 双曲空間 H^n のいずれかと相似である．

等方性から自由運動公理は導かれない．円柱面 $S^1 \times \mathbb{R}$ はリーマン対称空間であるが等方的ではない．また複素射影空間は等方的リーマン対称空間であるが自由運動公理をみたさない．

ユークリッド幾何は自由運動公理に強く依存しているのである．

第3章までお読みくださったあなたへ

クライン幾何学は当時知られていた種々の幾何学に統一的見解を与えるものでしたが，今日の幾何学の知見からすればかなり狭い対象しか扱えません．実際，リーマン幾何学を考えた場合，リーマン多様体の等長変換群は自明なこと(恒等変換しかない) が多く，これでは群作用を考察する意義がありません．

等長変換群が推移的に作用するものを考えると等質リーマン多様体に研究対象が限定されることになり，リーマン幾何学を狭めてしまいます♯48．注意しておかなければいけませんが，等質リーマン多様体の幾何学自体も重要な数学の分野です．ただしリーマン幾何学全体から見れば等質空間は特殊な空間だとい

♯48 この事実をクラインが予見していたかどうか不明ですが [35] で次のように述べています．“いままでに述べたように事柄を整理すれば，たしかにそれは美的感覚を満足する．またさらに，このような体系的考察のみが幾何学の深い洞察を考えるのだから，すべての数学者，すべての教職志願者が，この体系について知らなければならないことは確かである．$(\cdots)$ もちろんこの体系のみをドグマとして信奉し，この立場だけから幾何学をみることは，まったく誤っていよう．そんなことをすれば，幾何学はすぐさま退屈なものになり，すべての刺激は失われ，とくにあらゆる体系と無関係に進む，新しい発見力のある思考は妨げられてしまうだろう”．

うことです.

カルタンはこの点を深く考察し，“クライン幾何が空間 (多様体) の各点に接着された幾何学” を提唱しました．カルタンの提唱した幾何学は**接続の幾何学**とよばれています．接続の幾何は理論物理におけるゲージ理論と密接に関わり，4次元の位相幾何学に大きな進展をもたらしました．この本の読者の中にもゲージ理論やサイバーグ・ヴィッテン理論あるいはミラー対称性を将来学びたいと考えている方がいることと思います.

接続の幾何学に関心をもった読者には，まず多様体の概念を習得し♯49，リーマン幾何の初歩を学んでおくことをすすめます．その上で [37] を読むとよいでしょう．同じ著者による [36] ではユークリッド幾何を接着した幾何としてのリーマン幾何，相似幾何を接着した幾何としての**共形幾何**，射影幾何を接着した幾何としての**射影微分幾何**という概念とそれらの**接続** (connection) を学ぶことができます.

♯49 日本語で書かれた優れた教科書がいくつかあります．ここではその中から著者が読んだことがあるものだけをあげておきます．[46], [49], [53]．これらの教科書を読む前に多様体とはどういう概念なのかを知っておきたいという読者には [78] 所収の『志賀浩二，多様体が生まれる物語』をすすめておきます.

第二部

クライン幾何学の先にある世界

第4章

もうちょっとアフィン幾何

この章では，線型空間の基礎事項を予備知識として仮定します．また線型空間は**実係数かつ有限次元**とします．この章を読むにあたって必要な知識は，附録 A.3 にまとめてありますので，線型空間について未習の読者は附録 A.3 を参照しながら読み進めてください．線型空間 $\mathbb{V}$ の元 (ベクトル) には $\vec{x}$ のように上に矢印をつけた記法を用いることにします．

4.1　原点も座標もない空間 — あらためて空間を問う

第 1 章では素朴な直観に基づき“平面・空間”を捉え，ユークリッド平面・ユークリッド空間と名づけていました．この章では直観を排して公理的に平面・空間を扱います．いわば 1.2 節の**公理的再構成**です．

1.2 節において，原点 O を決め直交座標系 (x_1, x_2, x_3) を引き，空間を数空間 $\mathbb{R}^3$ とみなしていました．少々物理学的な言い方をすれば，

空間は観測を行なって初めて $\mathbb{R}^3$ となる．

観測以前は空間には原点 O だとか線型空間の構造といったものはないわけで，人の意思により線型空間の構造が定まるのだと考えられます．

“空間” を数学的・公理的に捉えるためには，$\mathbb{R}^3$ から絶対的な原点を除いた概念を用意する必要に迫られるのです．

定義 4.1　空でない集合 $\mathscr{S}$ と n 次元実線型空間 $\mathbb{V}$ の組 $(\mathscr{S}, \mathbb{V})$ が次の公理をみたすとき，$\mathscr{S}$ を $\mathbb{V}$ に同伴した n 次元**アフィン空間**とよぶ．

(1) $\mathscr{S}$ の任意の 2 元 P, Q に対し $\mathbb{V}$ の一つの元 $\vec{a}$ が対応する．この $\vec{a}$ を $\overrightarrow{\mathrm{PQ}}$ と書く．

(2) $\mathscr{S}$ の任意の元 P と $\mathbb{V}$ の任意の元 $\vec{a}$ に対し，$\overrightarrow{\mathrm{PQ}} = \vec{a}$ となる $\mathrm{Q} \in \mathscr{S}$ が唯一存在する．

(3) $\vec{a} = \overrightarrow{\mathrm{PQ}}$, $\vec{b} = \overrightarrow{\mathrm{QR}}$ ならば $\vec{a} + \vec{b} = \overrightarrow{\mathrm{PR}}$.

ここであげた三つの条件を**アフィン空間の公理**とよぶ．この公理はワイル♯1によって導入された．アフィン空間 $(\mathscr{S}, \mathbb{V})$ に対し線型空間 $\mathbb{V}$ を $\mathscr{S}$ の**同伴線型空間**とよぶ．集合 $\mathscr{S}$ は**基底集合**とよばれる．

註 4.2 同伴線型空間の元を**ベクトル**とよぶのに対し，アフィン空間の元は**点**とよばれる．

以下，誤解が生じない限り，アフィン空間 $(\mathscr{S}, \mathbb{V})$ を $\mathscr{S} = (\mathscr{S}, \mathbb{V})$ と表記したり単に $\mathscr{S}$ と表記します．

演習 4.3 アフィン空間の公理から次を導け

(1) $\overrightarrow{\mathrm{PP}} = \vec{0}$,

(2) $\overrightarrow{\mathrm{PQ}} = -\overrightarrow{\mathrm{QP}}$,

(3) 任意の点 $\mathrm{Q} \in \mathscr{S}$, 任意のベクトル $\vec{a} \in \mathbb{V}$ に対し $\overrightarrow{\mathrm{PQ}} = \vec{a}$ をみたす点 $\mathrm{P} \in \mathscr{S}$ が唯一つ存在する．

演習 4.4 1.4 節で説明した変位ベクトルとアフィン空間の公理を比較せよ．

アフィン空間 $\mathscr{S} = (\mathscr{S}, \mathbb{V})$ の**次元** $\dim \mathscr{S}$ を $\dim \mathscr{S} = \dim \mathbb{V}$ で定める．1 次元アフィン空間を**アフィン直線**，2 次元アフィン空間を**アフィン平面**ともよぶ．

定理 4.5 (**アフィン空間の存在定理**) 任意の自然数 n に対し n 次元アフィン空間が存在する．

♯1 Hermann Klaus Hugo Weyl (1885–1933). 数学の各方面に大きな成果を残しました．彼の名を冠したものにはワイル群，ワイルの標準基底 (単純リー環)，ワイル代数，ワイル多様体 (共形幾何)，ワイル多様体 (変形量子化) など数多くのものがあります．数学科教員を目指す学生，数学教育の研究者を目指す教諭に [96] を熟読することをすすめます．

(証明) 勝手に n 次元線型空間 $\mathbb{V}$, たとえば $\mathbb{V}=\mathbb{R}^n$ をとり $\mathscr{S}=\mathbb{V}$ とし, $\mathrm{P},\mathrm{Q}\in\mathscr{S}$ に対し $\overrightarrow{\mathrm{PQ}}=\mathrm{Q}-\mathrm{P}$ とおけばよい. □

数空間 $\mathbb{R}^n$ を上の方法で自分自身に同伴したアフィン空間と思ったものを $\mathbb{A}^n$ と書き, **標準的アフィン空間**とよびます.

4.1.1 アフィン空間の同型

二つのアフィン空間 $\mathscr{S}_1=(\mathscr{S}_1,\mathbb{V}_1)$, $\mathscr{S}_2=(\mathscr{S}_2,\mathbb{V}_2)$ に対し次の条件をみたす写像の組 (f,φ) を**アフィン同型写像**とよぶ.

(1) $\varphi:\mathscr{S}_1\longrightarrow\mathscr{S}_2$ は全単射,

(2) $f:\mathbb{V}_1\longrightarrow\mathbb{V}_2$ は線型同型写像,

(3) 任意の 2 点 $\mathrm{P},\mathrm{Q}\in\mathscr{S}_1$ に対し $\overrightarrow{f(\mathrm{P})f(\mathrm{Q})}=\varphi(\overrightarrow{\mathrm{PQ}})$.

二つのアフィン空間 $\mathscr{S}_1=(\mathscr{S}_1,\mathbb{V}_1)$, $\mathscr{S}_2=(\mathscr{S}_2,\mathbb{V}_2)$ の間にアフィン同型写像が存在するとき, それらは互いに**同型**であると定めます.

φ が線型同型なので, アフィン同型なら次元は等しくなります. また n 次元アフィン空間をすべて集めて得られる集合上で "アフィン同型" は同値関係を定めています.

この定義のもと次が証明されます.

定理 4.6 n 次元アフィン空間は互いに同型である. したがって n 次元アフィン空間の同値類はただ一つ ($\mathbb{A}^n$ の同値類) である.

(証明) $\mathscr{S}_1=(\mathscr{S}_1,\mathbb{V}_1)$, $\mathscr{S}_2=(\mathscr{S}_2,\mathbb{V}_2)$ を n 次元アフィン空間とする. 同伴線型空間の次元が等しいから線型同型 $\varphi:\mathbb{V}_1\longrightarrow\mathbb{V}_2$ が存在する. $f:\mathscr{S}_1\longrightarrow\mathscr{S}_2$ を次のように定めればよい. どこでもいいからそれぞれの基底集合から一点づつとって固定しておく. それらを $\mathrm{P}_0\in\mathscr{S}_1$, $\mathrm{P}'_0\in\mathscr{S}_2$ としよう. 各点 $\mathrm{P}\in\mathscr{S}_1$ に対し $\varphi(\overrightarrow{\mathrm{P}_0\mathrm{P}})=\mathrm{P}'_0\mathrm{P}'$ をみたす点 $\mathrm{P}'\in\mathscr{S}_2$ が唯一存在する. そこで $\mathrm{P}'=f(\mathrm{P})$ とおく. □

n 次元実線型空間はすべて数空間 $\mathbb{R}^n$ に同型なので, n 次元アフィン空間の同伴線型空間は最初から $\mathbb{R}^n$ であるとしても差し支えないことがわかります.

定義 4.7 アフィン空間 $\mathscr{S}=(\mathscr{S},\mathbb{V})$ から自分自身へのアフィン同型写像のことを**アフィン変換**とよぶ.

演習 4.8　この定義と 3.1 節で与えた定義 3.8 が整合的であることを，定理 4.6 の証明から導け．

4.1.2　群作用による定義

$\mathscr{S} = (\mathscr{S}, \mathbb{V})$ をアフィン空間とします．アフィン空間の公理を群作用を用いて書き換えることができます．最初の公理 (1) は写像

$$\mu : \mathscr{S} \times \mathscr{S} \longrightarrow \mathbb{V};\ \mu(\mathrm{P}, \mathrm{Q}) = \overrightarrow{\mathrm{PQ}} \in \mathbb{V}$$

が一つ定まるということです．

次の公理 (2) は，写像 $\rho : \mathscr{S} \times \mathbb{V} \longrightarrow \mathscr{S}$ が存在して公理 (1) とは

$$\rho(\mathrm{P}, \vec{a}) = \mathrm{Q}, \quad \mu(\mathrm{P}, \mathrm{Q}) = \vec{a}$$

という関係で結びつくということです．(1) と (2) をひとまとめにすると "写像

$$\mu : \mathscr{S} \times \mathscr{S} \longrightarrow \mathbb{V},\ \rho : \mathscr{S} \times \mathbb{V} \longrightarrow \mathscr{S}$$

で条件

$$\rho(\mathrm{P}, \mu(\mathrm{P}, \mathrm{Q})) = \mathrm{Q}$$

をみたすものが与えられている" となります．

最後の公理 (3) は

$$\mu(\mathrm{P}, \mathrm{Q}) + \mu(\mathrm{Q}, \mathrm{R}) = \mu(\mathrm{P}, \mathrm{R})$$

です．ここで $\rho(P, \vec{a} + \vec{b}) = R$ とおくと $\mu(\mathrm{P}, \mathrm{R}) = \vec{a} + \vec{b}$ なので

$$\rho(\rho(P, \vec{a}), \vec{b}) = \rho(Q, \vec{b}) = \mathrm{R}.$$

すなわち

$$\rho(\rho(\mathrm{P}, \vec{a}), \vec{b}) = \rho(\mathrm{P}, \vec{a} + \vec{b})$$

を得ます．$\mathbb{V}$ は加法群であることに注意すれば，(3) は ρ が加法群 $(\mathbb{V}, +)$ の $\mathscr{S}$ 上の**右作用**であることに他なりません．(1) と (2) はこの右作用が推移的であることを主張しています．$\mu(\mathrm{P}, \mathrm{P}) = \vec{0}$ より

$$\rho(\mathrm{P}, \vec{a}) = \mathrm{P} \Longleftrightarrow \vec{a} = \vec{0}$$

が導かれます．この条件は右作用の**自由性**とよばれています．

以上を整理して，アフィン空間の別の定義を与えることができます．

定義 4.9　$\mathscr{S}$ を空でない集合，$\mathbb{V}$ を実線型空間とする．加法群 $(\mathbb{V}, +)$ の $\mathscr{S}$ 上の自由かつ推移的な右作用 ρ が与えられているとき，$(\mathbb{V}, \mathscr{S}, \rho)$ を $\mathbb{V}$ に同伴したアフィン空間とよぶ．

アフィン空間 $(\mathbb{V}, \mathscr{S}, \rho)$ の定めるクライン幾何は**アフィン幾何**であることに注意しましょう.

4.1.3　部分空間と平行性

線型部分空間に倣ってアフィン部分空間を定義します.

定義 4.10　アフィン空間 $\mathscr{S}$ の空でない部分集合 $\mathscr{A}$ が次の条件をみたすとき r 次元**アフィン部分空間**とよぶ.

(1) $\mathbb{V}$ の r 次元線型部分空間 $\mathbb{W}$ が存在して

(2) $\mathrm{P}, \mathrm{Q} \in \mathscr{A} \Longrightarrow \overrightarrow{\mathrm{PQ}} \in \mathbb{W}$,

(3) $P \in \mathscr{A}$, $\mathrm{Q} \in \mathscr{S}$, $\overrightarrow{\mathrm{PQ}} \in \mathbb{W} \Longrightarrow \mathrm{Q} \in \mathscr{A}$.

演習 4.11　上の定義において $\mathbb{W}$ は一意的であることを確かめよ．この $\mathbb{W}$ を $\mathscr{A}$ の**同伴線型部分空間**とよぶ.

アフィン部分空間は**平坦部分空間**ともよばれています.

命題 4.12　$\mathscr{S}$ の一点 P_0 と $\mathbb{V}$ の線型部分空間 $\mathbb{W}$ を指定すると，P_0 を含み $(\mathscr{A}, \mathbb{W})$ がアフィン部分空間になるような部分集合 $\mathscr{A}$ が唯一存在する.

(証明)　$\mathscr{A} = \{\mathrm{P} \in \mathscr{S} \mid \overrightarrow{\mathrm{P_0P}} \in \mathbb{W}\}$ とおけばよい．□

低次元アフィン部分空間については特別な名称を用います.

- 0 次元アフィン部分空間は 1 点である.
- 1 次元アフィン部分空間を**直線**とよぶ.
- 2 次元アフィン部分空間を**平面**とよぶ.

平面を一般化した用語として超平面を定義します．n 次元アフィン空間の $(n-1)$ 次元アフィン部分空間を**超平面**とよびます.

命題 4.13　$\mathscr{S}$ をアフィン空間とする.

(1) 相異なる 2 点 $\mathrm{P}, \mathrm{Q} \in \mathscr{S}$ に対し P と Q を含む直線がただ一本だけ存在する．この直線を直線 PQ と表記する.

(2) $n \geqq 3$ とする．同一直線上にない 3 点 P, Q, R に対し，この 3 点を含む平面が唯一存在する.

(証明)　(1) 線分 PQ は $\{\mathrm{R} \in \mathscr{S} \mid \overrightarrow{\mathrm{PR}} = t\overrightarrow{\mathrm{PQ}}\ (t \in \mathbb{R})\}$ で与えられる.

(2) $\{S \in \mathscr{S} \mid \overrightarrow{\mathrm{PS}} = s\overrightarrow{\mathrm{PQ}} + t\overrightarrow{\mathrm{PR}}\ (s, t \in \mathbb{R})\}$ がもとめる平面である. □

2 点を結ぶ線分を次のように定める[♯2].

定義 4.14　P, Q $\in (\mathscr{S}, \mathbb{V})$ に対し

$$\{\mathrm{R} \in \mathscr{S} \mid \overrightarrow{\mathrm{PR}} = t\overrightarrow{\mathrm{PQ}}\ (0 \leqq t \leqq 1)\}$$

とおき**線分** PQ とよぶ.

4.1.4　部分空間のベクトル表示・平行性

アフィン部分空間 $\mathscr{A}$ の同伴線型部分空間を $\mathbb{W}$ とし, $\mathbb{W}$ の基底 $\mathscr{W} = \{\vec{w}_1, \vec{w}_2, \cdots, \vec{w}_r\}$ をとります. 一点 $\mathrm{P}_0 \in \mathscr{A}$ を固定し P_0 の O を原点とする位置ベクトルを $\vec{x}_0 = \overrightarrow{\mathrm{OP}_0}$ とします. すると $\mathscr{A}$ の点 P の O を原点とする位置ベクトルは

$$\overrightarrow{\mathrm{OP}} = \vec{x}_0 + t_1\vec{w}_1 + t_2\vec{w}_2 + \cdots + t_r\vec{w}_r$$

と表せます. これを $\mathscr{A}$ の**ベクトル表示**とか**径数表示**とよびます.

次に平行性を定義しましょう.

定義 4.15　アフィン空間 $(\mathscr{S}, \mathbb{V})$ に対し

● 2 本の直線 ℓ_1, ℓ_2 の 1 次元同伴線型部分空間を $\mathbb{L}_1, \mathbb{L}_2$ とする. $\mathbb{L}_1 = \mathbb{L}_2$ のとき ℓ_1 と ℓ_2 は平行であるといい, $\ell_1 \mathbin{/\!/} \ell_2$ と記す.

● 2 枚の平面 Π_1, Π_2 の 2 次元同伴線型部分空間を $\mathbb{P}_1, \mathbb{P}_2$ とする. $\mathbb{P}_1 = \mathbb{P}_2$ のとき Π_1 と Π_2 は平行であるといい, $\Pi_1 \mathbin{/\!/} \Pi_2$ と記す.

より一般に次の定義をしておきます.

定義 4.16　アフィン空間 $(\mathscr{S}, \mathbb{V})$ 内の二つのアフィン部分空間 W_1, W_2 の同伴線型部分空間をそれぞれ $\mathbb{W}_1, \mathbb{W}_2$ とする. $\mathbb{W}_1$ が $\mathbb{W}_2$ に含まれるとき W_1 と W_2 は**平行である**という.

命題 4.17　二つのアフィン部分空間 W_1, W_2 が平行ならば, 一方が他方の部分集合でない限り, W_1, W_2 は共有する点をもたない.

[♯2] 第 1 章の定義 1.31 とそれを利用した直線の定義と比較してください.

(証明) $\mathbb{W}_1 \subset \mathbb{W}_2$ とし，W_1, W_2 が共有点を持つと仮定する．

$\mathrm{P} \in W_1 \cap W_2$, $\mathrm{Q} \in W_1$ に対し $\overrightarrow{\mathrm{PQ}} \in \mathbb{W}_1 \subset \mathbb{W}_2$ だから $\mathrm{Q} \in W_2$．したがって $W_1 \subset W_2$．□

註 4.18 (平行と一致) 上で述べた直線の定義から，2 直線が一致すること ($\ell_1 = \ell_2$) は平行の特別な場合である．

演習 4.19 アフィン空間 $\mathscr{S}$ 内の空でない部分集合 W がアフィン部分空間であるための必要十分条件は，W 内の任意の 2 点を結ぶ直線が W 内に収まることである．これを証明せよ．

註 4.20 (微分幾何学への拡張) アフィン微分幾何学では，この性質に着目して全測地的部分多様体という概念を導入する．アフィン多様体 (アフィン接続を備えた多様体) 内の部分多様体 W において W 内の任意の 2 点を結ぶ測地線が W 内に収まるとき，**全測地的**であるという．全測地的部分多様体はアフィン多様体としては一般に平坦ではない．平坦な全測地的多様体のことを “flat” とよぶことがある．

4.1.5 平行体と単体

第 3 章で，平行四辺形・三角形はアフィン幾何学において意味をもつ概念であることを学びました．ここでは平行四辺形・三角形 (およびそれらの高次元化) を**アフィン空間の公理に従って定義**します．

$r+1$ 個の点 $\mathrm{P}_0, \mathrm{P}_1, \cdots, \mathrm{P}_r \in \mathscr{S}$ が同一の $r-1$ 次元アフィン部分空間に含まれないとき**互いに独立**であるという．このとき r 本のベクトル

$$\{\vec{a}_1 = \overrightarrow{\mathrm{P}_0\mathrm{P}_1}, \vec{a}_2 = \overrightarrow{\mathrm{P}_0\mathrm{P}_2}, \cdots, \vec{a}_r = \overrightarrow{\mathrm{P}_0\mathrm{P}_r}\} \tag{4.1}$$

は線型独立である．逆に $r+1$ 個の点 $\mathrm{P}_0, \mathrm{P}_1, \cdots, \mathrm{P}_r \in \mathscr{S}$ から定まる r 本のベクトル (4.1) が線型独立であれば，$\mathrm{P}_0, \mathrm{P}_1, \cdots, \mathrm{P}_r \in \mathscr{S}$ は独立である．

定義 4.21 独立な点 $\mathrm{P}_0, \mathrm{P}_1, \cdots, \mathrm{P}_r$ に対し

$$\left\{\mathrm{P} \in \mathscr{S} \;\middle|\; \overrightarrow{\mathrm{P}_0\mathrm{P}} = \sum_{i=1}^{r} t_i \overrightarrow{\mathrm{P}_0\mathrm{P}_i} \ \ (0 \leqq t_i \leqq 1)\right\}$$

を $\mathrm{P}_0\mathrm{P}_1, \mathrm{P}_0\mathrm{P}_2, \cdots, \mathrm{P}_0\mathrm{P}_r$ を辺とする r 次元**平行体**とよぶ．1 次元平行体は線分に他ならない．2 次元平行体を**平行四辺形**，3 次元平行体を**平行六面体**とよ

ぶ♯3.

演習 4.22 直方体を定義せよ♯4.

定義 4.23 独立な点 $\mathrm{P}_0, \mathrm{P}_1, \cdots, \mathrm{P}_r$ に対し

$$\left\{ \mathrm{P} \in \mathscr{S} \,\middle|\, \overrightarrow{\mathrm{P}_0\mathrm{P}} = \sum_{i=1}^{r} t_i \overrightarrow{\mathrm{P}_0\mathrm{P}_i} \;\; \left(t_i \geqq 0, \; \sum_{i=1}^{r} t_i = 1 \right) \right\}$$

を $\mathrm{P}_0, \mathrm{P}_1, \mathrm{P}_2, \cdots, \mathrm{P}_r$ を**頂点**とする r 次元**単体**とよぶ (r-単体と略記することが多い). 0-単体は 1 点, 1-単体は線分である. 2-単体を**三角形**♯5, 3-単体を**四面体**とよぶ (図 4.1).

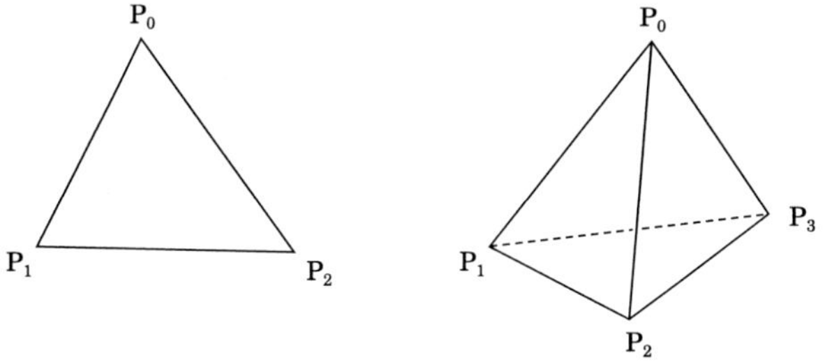

図 4.1 2-単体 (左) と 3-単体 (右).

r-単体の各頂点 $\mathrm{P}_0, \mathrm{P}_1, \cdots, \mathrm{P}_r$ を指定することとベクトルの組 (4.1) を指定することは同義ですから, $\mathrm{P}_0, \mathrm{P}_1, \cdots, \mathrm{P}_r$ を頂点にもつ r-単体をベクトルを用いて $|\vec{a}_1 \vec{a}_2 \cdots \vec{a}_r|$ と表記することがあります (位相幾何学の教科書でよく使われる記法).

例 4.24 (標準的単体) $\mathscr{S}$ として標準的アフィン空間 $\mathbb{A}^{n+1} = (\mathbb{R}^{n+1}, \mathbb{R}^{n+1})$ を選ぶ. 標準基底 $\{\boldsymbol{e}_1, \boldsymbol{e}_2, \cdots, \boldsymbol{e}_{n+1}\}$ を用いて n-単体

$$\triangle_n = |\boldsymbol{e}_1 \boldsymbol{e}_2 \cdots \boldsymbol{e}_{n+1}|$$

を作ることができる. これを**標準 n-単体**とよぶ.

♯3 1.4 節 (1.45), 1.5 節 (1.11) と比較しましょう.

♯4 立方体は定義できません.

♯5 定義 2.44 と比較すること.

単体は位相幾何学におけるホモロジー論で用いられます．本書ではホモロジー論の詳細には立ち入らず，特異単体の定義だけをあげておくだけにしておきます．

定義 4.25　X を位相空間とする．標準 r-単体 $\triangle_r$ から X への連続写像を X の**特異 r-単体**とよぶ．

大まかな説明をしておくと：X 内の特異 r-単体の形式和の集合を考え，単体的複体とよばれるものを作ります．単体的複体からホモロジー群とよばれる群が作られます．このホモロジー群をくわしく研究することがホモロジー論の目的の一つです．

演習 4.26　アフィン空間内の平行体の体積を定義することは可能か？ 可能ならば定義してみよ．不可能ならどのような構造を同伴線型空間に付加すればよいか？

4.1.6　座標系

アフィン空間 $\mathscr{S}$ の一点 O と $\mathbb{V}$ の一つの基底 $\mathscr{U} = \{\vec{u}_1, \vec{u}_2, \cdots, \vec{u}_n\}$ との組 $(\mathrm{O};\mathscr{U})$ を考えます．$\mathscr{S}$ の各点 P に対し，$\overrightarrow{\mathrm{OP}}$ を P の O を原点とする**位置ベクトル**とよびます．$\vec{p} = \overrightarrow{\mathrm{OP}}$ を基底 $\mathscr{U}$ を用いて

$$\vec{p} = p_1\vec{u}_1 + p_2\vec{u}_2 + \cdots + p_n\vec{u}_n$$

と表しましょう．実数の組 $(p_1, p_2, \cdots, p_n)$ を点 P の $(\mathrm{O};\mathscr{U})$ に関する**座標**とよびます．組 $(\mathrm{O};\mathscr{U})$ が与えられると $\mathscr{S}$ から標準的アフィン空間 $\mathbb{A}^n$ へのアフィン同型写像が定まることに注意してください．実際，$\boldsymbol{x} : \mathscr{S} \longrightarrow \mathbb{R}^n$ を

$$\boldsymbol{x}(\mathrm{P}) = \begin{pmatrix} x_1(\mathrm{P}) \\ x_2(\mathrm{P}) \\ \vdots \\ x_n(\mathrm{P}) \end{pmatrix},$$

$$\overrightarrow{\mathrm{OP}} = x_1(\mathrm{P})\vec{u}_1 + x_2(\mathrm{P})\vec{u}_2 + \cdots + x_n(\mathrm{P})\vec{u}_n$$

で定めれば $(f, \varphi) = (\boldsymbol{x}, \boldsymbol{x})$ がアフィン同型写像です．組 $(\mathrm{O};\mathscr{U})$ が定めるアフィン同型写像 $(f, \varphi) = (\boldsymbol{x}, \boldsymbol{x})$ を，O を原点とする**アフィン座標系**[♯6]とよびます．また $\boldsymbol{x}(\mathrm{P})$ を点 P の $(\mathrm{O};\mathscr{U})$ に関する**アフィン座標ベクトル**とよびます．

[♯6] 斜交座標系ともよばれます．

演習 4.27　アフィン座標系は $\mathscr{S}$ と $\mathbb{A}^n$ のアフィン同型を与えることを確かめよ．また逆に，$\mathscr{S}$ から $\mathbb{A}^n$ へのアフィン同型はアフィン座標系を定めることを示せ．

二組のアフィン座標系

$$(\mathrm{O}; \mathscr{U}; x_1, x_2, \cdots, x_n),$$
$$(\mathrm{O}'; \mathscr{V}; y_1, y_2, \cdots, y_n)$$

が与えられているときに，これらの間の関係式をもとめてみましょう．これらのアフィン座標ベクトルから定まる $\mathbb{R}^n$ に値をもつ写像をそれぞれ $\boldsymbol{x} : \mathscr{S} \longrightarrow \mathbb{R}^n$, $\boldsymbol{y} : \mathscr{S} \longrightarrow \mathbb{R}^n$ と書いておきます．

まず二つの基底 $\mathscr{U} = \{\vec{u}_1, \vec{u}_2, \cdots, \vec{u}_n\}$ と $\mathscr{V} = \{\vec{v}_1, \vec{v}_2, \cdots, \vec{v}_n\}$ が与えられていますから，ある行列 $H = (h_{ij}) \in \mathrm{GL}_n\mathbb{R}$ により

$$\vec{v}_j = \sum_{i=1}^{n} h_{ij} \vec{u}_i, \quad j = 1, 2, \cdots, n \tag{4.2}$$

と表せます．この正則行列 H は線型代数学で**基底の取替え** $\mathscr{U} \longrightarrow \mathscr{V}$ **の行列**とよばれるものです ([67, p. 106])．

次に O' の $(\mathrm{O}; \mathscr{U})$ に関するアフィン座標を $\boldsymbol{c} = {}^t(c_1, c_2, \cdots, c_n)$ と表記します．すなわち $\overrightarrow{\mathrm{OO}'} = c_1\vec{u}_1 + c_2\vec{u}_2 + \cdots c_n\vec{u}_n$. 点 P の $(\mathrm{O}'; \mathscr{V})$ に関する座標 $\boldsymbol{y}(\mathrm{P}) = {}^t(y_1(\mathrm{P}), y_2(\mathrm{P}), \cdots, y_n(\mathrm{P}))$ は

$$\overrightarrow{\mathrm{O'P}} = y_1(\mathrm{P})\vec{v}_1 + y_2(\mathrm{P})\vec{v}_2 + \cdots + y_n(\mathrm{P})\vec{v}_n$$

で与えられていましたから，関係式[♯7] $\overrightarrow{\mathrm{OP}} = \overrightarrow{\mathrm{OO}'} + \overrightarrow{\mathrm{O'P}}$ を用いると

$$\sum_{i=1}^{n} x_i(\mathrm{P})\vec{u}_i = \sum_{i=1} c_i\vec{u}_i + \sum_{j=1}^{n} y_j(\mathrm{P})\vec{v}_j.$$

ここに (4.2) を代入すると

$$\begin{pmatrix} x_1(\mathrm{P}) \\ x_2(\mathrm{P}) \\ \vdots \\ x_n(\mathrm{P}) \end{pmatrix} = \begin{pmatrix} h_{11} & h_{12} & \cdots & h_{1n} \\ h_{21} & h_{22} & \cdots & h_{2n} \\ \vdots & \vdots & \ddots & \vdots \\ h_{n1} & h_{n2} & \cdots & h_{nn} \end{pmatrix} \begin{pmatrix} y_1(\mathrm{P}) \\ y_2(\mathrm{P}) \\ \vdots \\ y_n(\mathrm{P}) \end{pmatrix} + \begin{pmatrix} c_1 \\ c_2 \\ \vdots \\ c_n \end{pmatrix}$$

となります．これを $\boldsymbol{x}(P) = H\boldsymbol{y}(P) + \boldsymbol{c}$ と略記しましょう．対応 $\boldsymbol{y} \longmapsto \boldsymbol{x}$ は定義 3.1 節で説明した $(H, \boldsymbol{c}) \in \mathrm{GL}_n\mathbb{R} \ltimes \mathbb{R}^n$ による変換です．言い方を変える

[♯7] アフィン空間の公理から導けます．

と，**アフィン座標系の変換規則は「定義 3.8 の意味でのアフィン変換」で与えられる**のです．

次にアフィン変換を考えます．アフィン座標系 $(\mathrm{O};\mathscr{U})$ と $\mathrm{O}'=f(\mathrm{O})$ を原点とするアフィン座標系 $(\mathrm{O}';\mathscr{V})$ を用いて，アフィン変換 $(f,\varphi):\mathscr{S}\longrightarrow\mathscr{S}$ を調べます．ただし $\mathscr{V}=\{\vec{v}_1,\vec{v}_2,\cdots,\vec{v}_n\}$ は $\vec{v}_i:=\varphi(\vec{u}_i)$ と選んでおきます．それぞれの座標系が定める $\mathbb{R}^n$ 値函数を $\boldsymbol{x}$, $\boldsymbol{y}$ とすると，$\boldsymbol{y}(f(\mathrm{P}))=\boldsymbol{x}(\mathrm{P})$ です．先ほどのアフィン座標系の変換規則 $\boldsymbol{x}=H\boldsymbol{y}+\boldsymbol{c}$ を $\mathrm{O}'=f(\mathrm{O}),\vec{v}_j=\varphi(\vec{u}_j)$ に適用すると

$$\boldsymbol{x}(f(\mathrm{P}))=H\boldsymbol{x}(\mathrm{P})+\boldsymbol{c}$$

が得られます．これは単独のアフィン座標系 $(\mathrm{O};\mathscr{U})$ で P とその像 $f(\mathrm{P})$ の座標を書いたときの関係式です．つまりアフィン同型写像 (f,φ) をアフィン座標系で表示すると定義 3.8 の意味でのアフィン変換だということがわかりました．

4.1.7 アフィン幾何学の基本定理

アフィン変換の定義では同伴線型空間の間の線型同型写像を用いていました．同伴線型空間を用いずにアフィン変換を特徴づけます．

定理 4.28 (アフィン幾何の基本定理) $\mathscr{S}$ を次元が 2 以上のアフィン空間とする．全単射 $f:\mathscr{S}\longrightarrow\mathscr{S}$ がアフィン変換であるための必要十分条件は，f が任意の直線を直線にうつすことである．

この定理の証明は長いので本書では割愛します．[6, §2.6] か [32] を見てください．節末の [さらに学ぶために] でも述べますが，アフィン空間の公理は $\mathbb{R}$ 以外の体でも意味をもちます．$\mathbb{R}$ 以外の体を用いてアフィン空間を構成した場合，定理 4.28 は修正が必要になります．どのように修正されるかは附録 A.6 節を参照してください．

4.1.8 空間の向き

$\mathscr{S}$ 上のアフィン座標系全体のなす集合を $\mathscr{A}(\mathscr{S})$ と表記します．二つのアフィン座標系 $(\mathrm{O};\mathscr{U})$, $(\mathrm{O}';\mathscr{U}')$ に対し基底の取替え $\mathscr{U}\longrightarrow\mathscr{U}'$ の行列を A とします．A の行列式 $\det A$ が正のときこれらのアフィン座標系は**同じ向き**であるといい，$\det A<0$ のとき**反対の向き**であるといいます．“向きが同じ” は $\mathscr{A}(\mathscr{S})$

上の同値関係であり，その商集合は二つの元をもちます．これら二つの元を $\mathscr{S}$ の**向き**とよびます．$\mathscr{S}$ に向きを一つ指定したとき $\mathscr{S}$ を**向き付けられたアフィン空間**とよびます．指定された向きに属するアフィン座標系を**正のアフィン座標系**，もう一つの向きに属するアフィン座標系を**負のアフィン座標系**とよびます．

4.1.9 ユークリッド空間

この章が始まってからどこにも長さとか角という言葉が出てこなかったことに気付いているでしょうか．アフィン幾何学とはアフィン空間上の幾何学であり，**長さとか角の概念を捨象した世界**を考察しているのです．例 3.23 ではアフィン幾何を $(\mathrm{GL}_n\mathbb{R}, \mathbb{R}^n)$ というクライン幾何として定義しましたが，本来は n 次元アフィン空間とそのアフィン変換群のなす組を指します．つまりアフィン幾何では「長さや角が意味を持たない」のではなく，そのような概念が**最初からないのです**．

ユークリッド空間には長さや角の概念があります．ここまで学んできたことに即して考えれば，1.2 節で考えていた素朴な意味でのユークリッド空間は "長さの概念をもつアフィン空間として定義される" という結論に到達することと思います．

まず最初に計量線型空間の概念を復習しておきます (詳細は [67, 4.6 節] などを参照).

定義 4.29 実線型空間 $\mathbb{V}$ の積集合 $\mathbb{V}\times\mathbb{V}$ 上で定義された函数 f が次の条件をみたすとき $\mathbb{V}$ 上の**内積**とよぶ：

(1) $f(a\vec{x}+b\vec{y}, \vec{z}) = af(\vec{x}, \vec{z}) + bf(\vec{y}, \vec{z})$,
(2) (対称性) $f(\vec{x}, \vec{y}) = f(\vec{y}, \vec{x})$,
(3) (正値性) $f(\vec{x}, \vec{x}) \geqq 0$，とくに $f(\vec{x}, \vec{x}) = 0 \iff \vec{x} = \vec{0}$.

対称性があることから内積は

$$f(\vec{x}, a\vec{y}+b\vec{z}) = af(\vec{x}, \vec{y}) + bf(\vec{x}, \vec{z})$$

という性質もみたします．これは第 1 章，演習 1.40 で双線型性とよんでいた性質です[♯8].

♯8 双線型性については [47, p. 319] を参照してください．

内積 f が一つ与えられたとき，組 $(\mathbb{V}, f)$ のことを (実) **計量線型空間**とよびます[♯9]．内積の記号には $\langle \vec{x}, \vec{y} \rangle$, $(\vec{x}, \vec{y})$ や $(\vec{x}|\vec{y})$ などが使われます．たとえば $(\vec{x}|\vec{y})$ を用いる場合には計量線型空間 $\mathbb{V}$ を $\mathbb{V} = (\mathbb{V}, (\cdot|\cdot))$ と表記します．

例 4.30 (**数空間**) 数空間 $\mathbb{R}^n$ において

$$f(\boldsymbol{x}, \boldsymbol{y}) = x_1 y_1 + x_2 y_2 + \cdots + x_n y_n,$$

$$\boldsymbol{x} = \begin{pmatrix} x_1 \\ x_2 \\ \vdots \\ x_n \end{pmatrix}, \quad \boldsymbol{y} = \begin{pmatrix} y_1 \\ y_2 \\ \vdots \\ y_n \end{pmatrix}$$

と定めると，$\mathbb{R}^n$ の内積である．f を $\mathbb{R}^n$ の**自然な内積**という．

演習 4.31 f が実線型空間 $\mathbb{V}$ 上の内積ならば次が成立することを示せ．

$$\text{すべてのベクトル } \vec{y} \in \mathbb{V} \text{ に対し } f(\vec{x}, \vec{y}) = 0 \text{ ならば } \vec{x} = 0. \tag{4.3}$$

ここで示した性質を**非退化性**とよぶ．

演習 4.32 計量線型空間 $(\mathbb{V}, (\cdot|\cdot))$ において $|\vec{x}| := \sqrt{(\vec{x} \mid \vec{x})}$ と定義する．対応 $\vec{x} \longmapsto |\vec{x}|$ で定まる函数 $|\cdot| : \mathbb{V} \longrightarrow \mathbb{R}$ は $\mathbb{V}$ 上のノルム (第 1 章，註 1.44) を与えることを確かめよ．今後 $|\vec{x}|$ をベクトル $\vec{x}$ の**長さ**とよぶ (ノルムともよぶ)．

この問いからすぐにわかるように，計量線型空間において $\mathrm{d}(\vec{x}, \vec{y}) = |\vec{x} - \vec{y}|$ と定めれば d は $\mathbb{V}$ 上の距離函数です．この距離函数を $(\mathbb{V}, (\cdot|\cdot))$ の**自然な距離函数**とよびます．計量線型空間は自然な距離函数に関する距離空間として取り扱います．

以上の復習の下に次の定義をしましょう．

定義 4.33 (**ユークリッド空間の公理的定義**) n 次元計量線型空間 $(\mathbb{V}, (\cdot|\cdot))$ に同伴するアフィン空間を n 次元**ユークリッド空間**とよび，$\mathbb{E}^n$ で表す．

ユークリッド空間 $\mathbb{E}^n$ においては “アフィン座標系に対する正規直交性” を定義できます ($n = 3$ の場合について補題 2.77 と見比べてください)．

[♯9] 内積空間 (inner product space) ともよばれています．

定義 4.34　ユークリッド空間 $\mathbb{E}^n$ のアフィン座標系 $(\mathrm{O};\mathscr{U})$ において $\mathscr{U}$ が正規直交基底であるとき，この座標系を**直交座標系**とよぶ．

ユークリッド空間 $\mathbb{E}^n$ 内の 2 点 P, Q に対しベクトル $\overrightarrow{\mathrm{PQ}}$ の長さを測ることができます．函数 $\mathrm{d}:\mathbb{E}^n\times\mathbb{E}^n\longrightarrow\mathbb{R}$ を

$$\mathrm{d}(\mathrm{P},\mathrm{Q})=|\overrightarrow{\mathrm{PQ}}|=\sqrt{(\overrightarrow{\mathrm{PQ}}\,|\overrightarrow{\mathrm{PQ}}\,)}$$

で定めると d は $\mathbb{E}^n$ の距離函数です．これを**ユークリッド距離函数**とよびます．距離函数 d を保つアフィン同型写像のことを**合同変換**，とくに直交座標系の向きを保つ合同変換を**運動**とよびます．

演習 4.35　(f,φ) をユークリッド空間 $\mathbb{E}^n=(\mathscr{S},\mathbb{V})$ のアフィン変換とする．直交座標系 $(\mathrm{O};\mathscr{U})$ に対し $f(\mathrm{O})$ の位置ベクトルを $\vec{a}=a_1u_1+a_2u_2+\cdots+a_nu_n$ とする．基底 $\mathscr{U}$ に関する φ の表現行列を H とするとき次の二つが同値であることを確かめよ．

(1) (f,φ) は合同変換 (d を保つアフィン変換).

(2) 点 P の座標を $\boldsymbol{x}={}^t(x_1,x_2,\cdots,x_n)$, P の f による像 $f(\mathrm{P})$ の座標を $\boldsymbol{x}'={}^t(x_1',x_2',\cdots,x_n')$ とすれば

$$\boldsymbol{x}'=H\boldsymbol{x}+\boldsymbol{a},\quad \boldsymbol{a}={}^t(a_1,a_2,\cdots,a_n)$$

で $H\in\mathrm{O}(n)$.

とくに (f,φ) が運動であることと $H\in\mathrm{SO}(n)$ が対応する．

第 2 章で学んだことはすべて，直ちに (この章で定義した) “ユークリッド空間の合同変換” に焼きなおせます．

演習 4.36　定義 4.33 に従って第 1 章の諸概念を読み返せ．とくに $\mathbb{R}^n$, $\mathbb{E}^n$, $\mathbb{V}^n$ の相互関係を説明しなおせ．

演習 4.37　1.4 節で定めたベクトルの内積と例 4.30 の関係を説明せよ．

演習 4.38　高等学校で習った定義「向きと大きさをもつ量をベクトルという」をユークリッド空間の公理から説明せよ．

ユークリッド空間では平行体の体積を次のように定義できます．

$\mathrm{P}_0\mathrm{P}_1,\mathrm{P}_0\mathrm{P}_2,\cdots,\mathrm{P}_0\mathrm{P}_r$ を辺とする r 次元平行体において，各辺が定めるベ

クトル

$$\vec{a}_1 = \overrightarrow{\mathrm{P}_0\mathrm{P}_1}, \vec{a}_2 = \overrightarrow{\mathrm{P}_0\mathrm{P}_2}, \cdots, \vec{a}_r = \overrightarrow{\mathrm{P}_0\mathrm{P}_r},$$

は線型独立です．この組のグラム行列式，すなわちグラム行列 $((\vec{a}_i|\vec{a}_j))$ の行列式 $\det((\vec{a}_i|\vec{a}_j))$ は正の値をとります．$\sqrt{\det((\vec{a}_i|\vec{a}_j))}$ をこの平行体の**体積**と定めます．

4.1.10　いくつかの注意

註 4.39 (ニュートン時空)　ニュートン力学におけるニュートン時空 (例 3.41) には，本来は絶対的な原点も座標系もなく，観測を行なって初めて線型空間 $\mathbb{R} \times \mathbb{R}^3$ の構造が入る．すなわち正確にはニュートン時空は $\mathbb{R} \times \mathbb{R}^3$ に同伴したアフィン空間と定義されるのである♯10．ニュートン時空の点を**事象**とよぶ．

註 4.40 (スカラー積)　実線型空間 $\mathbb{V}$ 上の内積は非退化性 (4.3) をもつ．内積の定義において正値性を非退化性 (4.3) に弱めたものを，**スカラー積**とよぶ．もちろん内積はスカラー積である．内積ではないスカラー積のことを**不定値スカラー積**とよぶ．第 3 章，例 3.52 で取り上げたローレンツ・スカラー積 (3.1) は不定値スカラー積の例である．スカラー積を備えた実線型空間を**スカラー積空間**とよぶ．不定値スカラー積空間は不定値計量線型空間ともよばれる．$\mathbb{R}^3$ の外積をベクトル積とよび，内積のことを "スカラー積" とよぶ流儀もある．それは $\mathbb{R}^3$ の外積がベクトル値であることを強調してベクトル積とよぶことに起因する．

本書では [64] の用法に従いスカラー積と内積を区別した．

内積の条件である正値性を負に置き換えた条件

$$f(\vec{v}, \vec{v}) \leqq 0,\ とくに\ f(\vec{v}, \vec{v}) = 0 \Longleftrightarrow \vec{v} = \vec{0}$$

をみたすスカラー積を，**負定値**スカラー積といいます♯11．この用語に対応して正値性を**正定値性**ともいいます．

♯10 ニュートン時空から絶対時間を捨象したアフィン空間としてガリレイ時空が定義され，ガリレイ時空とガリレイ変換群によりガリレイ幾何が定義されます．ガリレイ時空・ガリレイ幾何の正確な定義については [4, 1.2 節], [88] を見てください．

♯11 不定値と負定値は読みは同じだが意味はまったく異なります．

定理 4.41 スカラー積空間 $(\mathbb{V}, f)$ においてスカラー積 f を線型部分空間 W 上に制限したものを $f|_W$ と記す．$f|_W$ が負定値であるような W の次元の最大値を f の**指数**とよび，$\mathrm{ind}\,\mathbb{V}$ と書く．

定義より $0 \leqq \mathrm{ind}\,\mathbb{V} \leqq n = \dim \mathbb{V}$．とくに f が内積であることと指数が 0 であることが同値です．整数の組 $(p, q) = (n-q, q)$ をスカラー積 f の**符号**とか**慣性指数**とよびます．

計量線型空間における正規直交基底の存在定理はスカラー積の場合は次のように修正されます．

命題 4.42 n 次元スカラー積空間 $(\mathbb{V}, f)$ には，次の条件をみたす基底 $\mathscr{U} = \{\vec{u}_1, \vec{u}_2, \cdots, \vec{u}_n\}$ が存在する．

$$f(\vec{u}_i, \vec{u}_j) = \delta_{ij}\epsilon_j, \quad \epsilon_j = f(\vec{u}_j, \vec{u}_j) = \pm 1.$$

この基底を**正規直交基底**♮12とよぶ．正規直交基底のうち ϵ_j が -1 であるものの個数は $\mathrm{ind}\,\mathbb{V}$．

系 4.43 (**シルベスターの慣性法則**♮13) f を $\mathbb{R}^n$ のスカラー積とすると

$$f(\boldsymbol{x}, \boldsymbol{y}) = -\sum_{i=1}^{q} \xi_i\eta_i + \sum_{i=q+1}^{n} \xi_i\eta_i$$

と表せる基底 $\mathscr{U} = \{\boldsymbol{u}_1, \boldsymbol{u}_2, \cdots, \boldsymbol{u}_n\}$ が存在する．ここで $\{\xi_i\}$, $\{\eta_i\}$ は $\boldsymbol{x}$, $\boldsymbol{y} \in \mathbb{R}^n$ の $\mathscr{U}$ に関する成分を表す．整数 q はこのような基底の選び方に依らない一定値 (f の指数) である．

ローレンツ空間 $\mathbb{L}^n$ は指数 1 の不定値スカラー積空間です．シルベスターの慣性法則より，指数 1 の n 次元スカラー積空間は $\mathbb{L}^n$ とスカラー積空間として同型♮14であることが言えます．

ニュートン時空と同様に例 3.43 におけるミンコフスキー時空も，本来は，

♮12 擬正規直交基底と書いている本もあります．

♮13 James Joseph Sylvester (1814–1897). ハミルトン・ケーリー・シルベスターは同時代に活躍し線型代数学の基礎概念を導入したことで知られています．そしてまた 3 人ともグラフ理論の基礎的な研究を行なっていたことでも共通している点は著者には大変興味深いことに感じます．グラフ理論でいう "グラフ" をこの名称でよび始めたのはシルベスターであるといいます (1878). 慣性法則の証明については線型代数学の教科書を見てください．たとえば [67, p. 155], [47, p. 334].

♮14 計量線型空間と同様に定義します．

ローレンツ空間 $\mathbb{L}^4$ に同伴したアフィン空間として定義されます ([63, 6 章] 参照).

註 4.44 (右手系とは ?)　この節で考察したように，公理的にユークリッド空間を捉える立場では右手系という概念は定義しようがない．第 1 章から第 3 章までの内容を公理的立場から読み返す場合は,「右手系」の語は「ユークリッド空間を向き付けたときに，その向きに関し正の座標系や正の枠のこと」に差し替えることになる．しかし現実の 3 次元空間には確かに右手系の概念がある．これはどういうことであろうか．人間の素朴な直観に基づく 3 次元空間は**最初から向き付けられている**と理解するしかないのである．ベクトルの外積を定義する際には 3 次元ユークリッド空間の向きを利用していたことにも注意されたい．左右についての数学的な考察に興味があれば [15] を見るとよい♯15.

■さらに学ぶために■

アフィン幾何についてさらに学びたい読者は [32] を見るとよいでしょう．英文でもよいという読者には [6] をあげておきます．この節は [67, 附録 II] を基に [4], [44], [28], [63] を参考にして補足を加えて構成しました.

アフィン空間の公理は $\mathbb{R}$ を任意の体に置き換えても意味をもちます．有限体上のアフィン幾何は幾何学的にも重要なだけでなく情報数理への応用もあり，今日では有用さが増しています．幾何学的な方面に興味がある読者には [24], [21], 情報数理への応用に関心がある人には [51] を紹介しておきます.

4.2　面積と体積

平面内の一辺の長さが 1 の正方形を**単位正方形**とよびます．平面内の部分集合 (閉領域) に対し「単位正方形何個分に相当する広さを持つか」を定量化したものが面積でした．同様に空間内の閉領域に対し,「単位立方体何個分のひろがりを持つか」が体積でした．小中学校においては多角形や錐体の面積・体積を

♯15 算数教育の観点からは，児童にとって上下と左右との間には隔たりがあることを学んでおくとよいでしょう．[76], [73] などに目を通すことをすすめます.

学びます．また円・球については面積・表面積・体積の値を学びます．より一般の図形については積分が必要であることを高等学校で学んだ人もいるでしょう．高等学校で積分を学ばなかった人も，大学入学後に微分積分学でリーマン積分を学んだと思います．この節では次節で考察する等積アフィン幾何学の準備のため，微分積分学で学んだ「有界部分集合の面積・体積の基本事項」をまとめておきます．

詳細については微分積分学の教科書を見てもらうことにして，細部にわたる説明は行ないません．

まず有界部分集合の定義を復習しましょう．$\mathbb{R}^n$ の部分集合 A が次の条件をみたすとき**有界**であるといいます[♯16]．

ある実数 $M>0$ が存在して $\mathrm{d}(\mathrm{O},\mathrm{P})<M$ がどの点

$\mathrm{P}\in A$ についても成立する．

長方形・直方体の一般化として次の定義をします．

定義 4.45 $\mathbb{R}^n$ の部分集合

$$I=\{\boldsymbol{x}=(x_1,x_2,\cdots,x_n)\,|\,a_i\leqq x_i\leqq b_i\ (1\leqq i\leqq n)\}$$

を n 次元**有界閉区間**とよぶ．また $\mathrm{vol}(I)=(b_1-a_1)(b_2-a_2)\cdots(b_n-a_n)$ を I の n 次元**体積**とよぶ．

$$\delta(I)=\sup\{|\boldsymbol{x}-\boldsymbol{y}|;\boldsymbol{x},\,\boldsymbol{y}\in I\}$$

を I の**直径**とよぶ．

ここでは有界閉区間の直径を定義しました．一般の部分集合に対する直径の概念は (この定義と整合的になるよう) 第 6 章 (6.2.4 節) で導入します．第 6 章で導入する概念では円・球の直径は本来のものと一致します．また部分集合の有界性も直径を用いて定義しなおすことができます．

$n=1,2$ のときは，$\mathrm{vol}(I)$ はそれぞれ**長さ** (length)，**面積** (area) とよびます．また I に対し n 個の 1 次元閉区間 $I_k=[a_k,b_k]$ が定まりますが，それらを I の**辺** (edge) とよびます．

♯16 論理式に慣れていれば $(\exists M>0)(\forall \mathrm{P}\in A)(\mathrm{d}(\mathrm{O},\mathrm{P})<M)$.

演習 4.46 有界閉区間 $I \subset \mathbb{R}^n$ の直径は $|\boldsymbol{b}-\boldsymbol{a}|$, ただし $\boldsymbol{a} = (a_1, a_2, \cdots, a_n)$, $\boldsymbol{b} = (b_1, b_2, \cdots, b_n)$ で与えられることを確かめよ．とくに $n = 2, 3$ のとき $\delta(I)$ の幾何学的意味を説明せよ．

1 次元閉区間 $I = [a, b]$ に対し有限個の点 $x_0, x_1, \cdots, x_\ell$ を選んで固定します．ただし $a = x_0 < x_1 < \cdots < x_\ell = b$ とします．このとき $J_k = [x_{k-1}, x_k]$ $(1 \leqq k \leqq \ell)$ とおくと $I = J_1 \cup J_2 \cup \cdots \cup J_\ell$ で，それぞれの小区間は端点以外を互いに共有しません．このように I を端点以外を共有しない小区間の合併として表すことを I の**分割**とよびます．分割は端点を与えることで定まりますから，$\Delta = \{a = x_0 < x_2 < \cdots < x_\ell = b\}$ という表示をして分割を表すことにしましょう．I の分割全体のなす集合を $\mathcal{D}(I)$ で表記します．

$n \geqq 2$ のときは分割を次のように定めます．各辺 I_j に対し分割 Δ_j をとりそれらを掛け合わせたものを $\Delta = \Delta_1 \times \Delta_2 \times \cdots \times \Delta_\ell$ とし I の分割とよびます．I の分割全体の集合を $n = 1$ のときと同じ記号 $\mathcal{D}(I)$ で表します．

Δ_j により辺 I_j が m_j 個の小区間に分かれるとすれば，$\Delta = \Delta_1 \times \Delta_2 \times \cdots \times \Delta_\ell$ により I は $m = m_1 m_2 \cdots m_\ell$ 個の n 次元小区間に分かれます．これら m 個の n 次元小区間に (どういうやり方でもよいから) 番号をふり $I_1, I_2, \cdots, I_m$ と記しておきます．あとの便宜のため，この番号の集合を $\mathscr{K}(\Delta)$ で表します．このとき $\mathrm{vol}(I) = \mathrm{vol}(I_1) + \mathrm{vol}(I_2) + \cdots + \mathrm{vol}(I_m)$ となります (確かめてください)．各 n 次元小区間の直径の最大値を $\mathrm{d}(\Delta)$ と書き，分割 Δ の**幅**とよびます．

以上の準備のもと定積分は次のように定義されました．

定義 4.47 n 次元有界閉区間 $I \subset \mathbb{R}^n$ 上で定義された函数 $f : I \longrightarrow \mathbb{R}$ が与えられているとき，

(1) I の分割 Δ に対し，Δ から定まる小区間 I_j $(j \in \mathscr{K}(\Delta))$ から任意にとった点 $\xi_j \in I_j$ を用いて

$$\sigma(f; \Delta; \xi) = \sum_{j \in \mathscr{K}(\Delta)} f(\xi_j)\mathrm{vol}(I_j)$$

を，f の Δ に関する $\{\xi_j\}_{j \in \mathscr{K}(\Delta)}$ を代表点とする**リーマン和**とよぶ．

(2) 極限 $\displaystyle\lim_{\mathrm{d}(\Delta) \to 0} \sigma(f; \Delta, \xi)$ が存在しかつその値が代表点の選び方に依らないとき，この極限値を f の I 上の**リーマン積分**とよび

$$\int_I f = \int_I f(\boldsymbol{x})\,\mathrm{d}\boldsymbol{x} = \int f(x_1, x_2, \cdots, x_n)\,\mathrm{d}x_1\mathrm{d}x_2\cdots\mathrm{d}x_n$$

等と記す．$\displaystyle\int_I f$ が存在するとき f は I 上で**リーマン積分可能**であるという．

リーマン積分と体積の関係を説明するために，いくつかの基本性質を復習しておきます．

命題 4.48 リーマン積分の値は平行移動で変わらない．すなわち I 上のリーマン積分可能函数 f と任意のベクトル $\boldsymbol{p}$ に対し，合成函数 $f \circ T_{\boldsymbol{p}}$ は $T_{\boldsymbol{p}}(I) = \{\boldsymbol{x} + \boldsymbol{p} \,|\, \boldsymbol{x} \in I\}$ 上でリーマン積分可能で

$$\int_{T_{\boldsymbol{p}}(I)} f(\boldsymbol{x})\,\mathrm{d}\boldsymbol{x} = \int_I (f \circ T_{\boldsymbol{p}})(\boldsymbol{x})\,\mathrm{d}\boldsymbol{x}.$$

(証明) 明らかに $\mathrm{vol}(T_{\boldsymbol{p}}(I)) = \mathrm{vol}(I)$.

$$\sigma(f \circ T_{\boldsymbol{p}}; \varDelta; \xi) = \sigma(f; T_{\boldsymbol{p}}(\varDelta); T_{\boldsymbol{p}}(\xi))$$

より結論を得る．□

補題 4.49 $\mathbb{R}^n$ の部分集合 A で定義された函数 f に対し，A を含む n 次元有界閉区間 I を一つとり f を I 上の函数 f^* に次の要領で延長する：

$$f^*(x) = \begin{cases} f(x), & x \in A, \\ 0, & x \notin A. \end{cases}$$

f^* が I 上でリーマン積分可能であるという性質はどのような I を選んでも共通である．またリーマン積分可能である場合リーマン積分の値 $\displaystyle\int_I f^*$ は I の選び方に依らない．

この補題から f の A 上の積分 $\displaystyle\int_A f$ を

$$\int_A f = \int_A f(\boldsymbol{x})\,\mathrm{d}\boldsymbol{x} = \int_I f^*(\boldsymbol{x})\,\mathrm{d}\boldsymbol{x}$$

と定めてよいことがわかります．補題の証明は微分積分学の教科書 (たとえば [81, p. 255] など) を見てください．この補題を基に次の定義を行います．

定義 4.50 有界部分集合 $A \subset \mathbb{R}^n$ 上で恒等的に 1 という値をとる函数を考え，

それを 1 で表す ($1(\boldsymbol{x}) = 1$ という記法). この函数 1 が A 上でリーマン積分可能であるとき $\mathrm{vol}(A) = \displaystyle\int_A 1$ を A の n 次元**体積**とよぶ. このとき A は n **次元体積をもつ集合**であると言い表す (**体積確定集合**ともいう).

1 次元体積を**長さ**, 2 次元体積を**面積**とよびます. より進んだ解析学 (測度論) では, 部分集合 $A \subset \mathbb{R}^n$ が n 次元体積をもつことを A は**ジョルダン可測**[♯17]であると言い表します.

平行移動でリーマン積分の値は不変ですから $\mathrm{vol}(A)$ も平行移動で不変です. そこで線型変換による体積の変化を調べてみると次のことがわかります (証明についてはたとえば [82, p. 102] を見てください).

定理 4.51 $A \subset \mathbb{R}^n$ を有界 n 次元体積確定集合とする. 行列 $P \in \mathrm{M}_n\mathbb{R}$ の定める 1 次変換 f_P による A の像 $f_P(A)$ も有界体積確定であり,

$$\mathrm{vol}(f_P(A)) = |\det P|\,\mathrm{vol}(A)$$

が成り立つ. したがって f_P が任意の有界 n 次元体積確定集合の体積を変えないための必要十分条件は $\det P = \pm 1$ である.

この定理から, (有界な体積確定集合については) $\mathrm{SL}_n\mathbb{R} \ltimes \mathbb{R}^n$ の作用で体積が不変概念であることが確認できました. とくに体積は $\mathrm{E}(n)$ でも不変な概念であることも確認できました.

有界でない部分集合については広義積分を用いて体積確定集合を定義します. 有界ではない体積確定集合でも公式 $\mathrm{vol}(f_P(A)) = |\det P|\,\mathrm{vol}(A)$ が成立することを注意しておきます ([82, p. 115, 定理 4.6] を用いてください).

最後に量の理論・測度論との関連についてごく簡単に触れておきます. 次の定理を復習しておきます. 未習の読者は [81, pp. 259–261] などで証明を学ぶことをすすめます.

定理 4.52 A, B を $\mathbb{R}^n$ の体積確定な有界部分集合とすると $A \cap B$, $A \cup B$, $A \setminus B$ も体積確定で

♯17 Marie Ennemond Camille Jordan (1838–1922). 線型代数学におけるジョルダン標準形はこの人の名前がつけられています. 代数学におけるジョルダン代数は, 別人の物理学者 P. Jordan に因む名称です.

$$\mathrm{vol}(A \cup B) = \mathrm{vol}(A) + \mathrm{vol}(B) - \mathrm{vol}(A \cap B),$$
$$\mathrm{vol}(A \setminus B) = \mathrm{vol}(A) - \mathrm{vol}(A \cap B)$$

が成り立つ．とくに A, B が共通部分をもたないときは次の式を得る．

$$A \cap B = \varnothing \Longrightarrow \mathrm{vol}(A \cup B) = \mathrm{vol}(A) + \mathrm{vol}(B). \qquad (4.4)$$

この定理から次の系が導けます．

系 4.53 有限個の体積確定な有界部分集合 $A_1, A_2, \cdots, A_\ell \subset \mathbb{R}^n$ に対し

$$\mathrm{vol}\left(\bigcup_{i=1}^{\ell} A_i\right) = \sum_{i=1}^{\ell} \mathrm{vol}(A_i) - \sum_{i=1}^{\ell-1} \left(\bigcup_{k=1}^{i} A_k \cap A_{i+1}\right).$$

とくに

$$\mathrm{vol}\left(\bigcup_{i=1}^{\ell} A_i\right) \leqq \sum_{i=1}^{\ell} \mathrm{vol}(A_i). \qquad (\text{劣加法性})$$

どの二つも共通部分をもたなければ♯18

$$\mathrm{vol}\left(\bigcup_{i=1}^{\ell} A_i\right) = \sum_{i=1}^{\ell} \mathrm{vol}(A_i) \qquad (\text{有限加法性})$$

が成り立つ．

$\mathbb{R}^n$ 内の有界体積確定集合全体のなす集合を $\mathfrak{F}_n$ と書いておきます．すると体積を $\mathfrak{F}_n$ 上の函数 $\mathfrak{F}_n \ni A \longmapsto \mathrm{vol}(A)$ と考えることができます．体積は $\mathfrak{F}_n$ 上の非負値函数であり (有限) 加法性 (4.4) をもちます．

■量の理論 数学教育における量の理論では，面積・体積は外延量の典型例として用いられる．連続量が (4.4) をみたすとき**外延量**とよばれる．外延量ではない連続量を**内包量**とよぶ．算数・中学校数学で扱う量のなかから外延量・内包量の例を探してみるとよい．

■さらに学ぶために■

リーマン積分を用いて定式化した体積函数は，有限加法性はもちますが**完全加法性**はもちません．すなわち無限個の互いに共通部分をもたない体積確定集合 $A_1, A_2, \cdots, A_\ell, \cdots$ に対し

$$\mathrm{vol}\left(\bigcup_{\ell=1}^{\infty} A_\ell\right) = \sum_{\ell=1}^{\infty} \mathrm{vol}(A_\ell)$$

♯18 互いに素であると言い表します．

という性質は一般にはみたされないのです．完全加法性をもつように体積函数を修正したものに**ルベーグ測度**があります[♯19]．函数解析学・偏微分方程式論などの現代解析学や確率論においてルベーグ測度は必須です．函数としての体積の取り扱いに関心が湧いた人には測度の勉強をすすめます．測度については多くの教科書が出版されています．ここでは一冊だけ ([3]) あげておきます．量の理論 (外延量・内包量) に関心のある読者には [17]–[18] をすすめておきます．

4.3　面積で観る平面幾何

この節ではアフィン平面の**等積幾何学**の例をいくつか紹介します．

2 次元アフィン空間 $(\mathbb{S}, \mathbb{V})$ を考えますが，アフィン座標系 $(\mathrm{O}; \mathscr{E})$ を一つとり，標準的アフィン空間 $\mathbb{A}^2 = \mathbb{R}^2$ とみなしておきます．$\mathbb{R}^2$ にはユークリッド空間の構造は指定せず面積の概念だけがある状況で考えます[♯20]．

定義 4.54　$(G, +)$ を群とする．加法群 $(\mathbb{R}, +)$ から G への準同型写像 $g : \mathbb{R} \longrightarrow G$, すなわち

$$g(t)g(s) = g(t+s) = g(s)g(t), \quad s, t \in \mathbb{R}$$

をみたす写像が与えられているとする．このとき $\{g(t) \,|\, t \in \mathbb{R}\}$ は G の部分群である．この部分群を G の 1 **径数部分群**とよぶ．

G として平面の等積変換群 $\mathrm{SA}(2) = \mathrm{SL}_2\mathbb{R} \ltimes \mathbb{R}^2$ を選び，G を

$$G = \left\{ \begin{pmatrix} 1 & 0 & 0 \\ u & a & b \\ v & c & d \end{pmatrix} \middle| \; ad - bc = 1 \right\}$$

と表示します．G の 1 径数部分群は

[♯19] Henri Léon Lebesgue (1875–1941), Sur une généralisation de l'intégrale définie, Comptes Rendus, 1901, Leçons sur l'intégration et la recherche des fonctiones primitives, Gauthier-Villars, Paris, 1904, 2/e: 1928.

[♯20] 正確な定式化に関心ある読者のために：正確には等積アフィン幾何学は次のように定式化されます．アフィン空間に行列式函数で定まる体積要素を与え**等積アフィン空間** (equiaffine space) とよぶ．等積アフィン空間・等積変換群とその自然な作用はクライン幾何を定める．この幾何を等積アフィン幾何という．等積アフィン空間については [57, 1.2 節] を参照．

$$g(t) = \begin{pmatrix} 1 & 0 & 0 \\ u(t) & a(t) & b(t) \\ v(t) & c(t) & d(t) \end{pmatrix}$$

という形をしています，成分の函数 a, b, c, d, u, v がすべて t の連続函数であるとき，**連続な 1 径数部分群**とよびます[♯21].

等積変換群の連続な 1 径数部分群の分類は次で与えられます.

定理 4.55 平面の等積変換群の連続な 1 径数部分群 $\{g(t)\}$ は共軛を除き次で与えられる：

$$g(t) = \begin{pmatrix} 1 & 0 & 0 \\ 0 & \cos t & -\sin t \\ 0 & \sin t & \cos t \end{pmatrix}, \quad g(t) = \begin{pmatrix} 1 & 0 & 0 \\ 0 & \cosh t & \sinh t \\ 0 & \sinh t & \cosh t \end{pmatrix},$$

$$g(t) = \begin{pmatrix} 1 & 0 & 0 \\ t & 1 & 1 \\ t^2/2 & t & 1 \end{pmatrix}, \quad g(t) = \begin{pmatrix} 1 & 0 & 0 \\ t & 1 & 0 \\ 0 & 0 & 1 \end{pmatrix}.$$

一番最後のものは平行移動であることに注意せよ.

この定理の応用をあげます ([57]). 以下では $\mathbb{R}^2$ の座標系を (x, y) と書きます.

例 4.56 次の問題を考える：

二つの放物線

$$y = \frac{1}{2}x^2, \quad y = \frac{1}{2}x^2 + c^2 \ (c > 0)$$

を考える．後者の上の点 P を一つとる．P における接線と前者の交点を M, N とする．線分 MN と前者で囲まれる領域 D の面積は，最初に選んだ点 P に依らず一定であることを示せ.

まずは実際に面積を計算してみよう：P の座標を $(p, p^2/2 + c^2)$ と表す．P における後者の接線の方程式は

$$y = px - \frac{p^2}{2} + c^2$$

で与えられる．この接線と前者の交点の x 座標を α, β $(\beta > \alpha)$ とすれば

[♯21] 一般の群 G の 1 径数部分群に対して「連続性」は定義されません．連続性を考えるためには，G に位相群とよばれる構造が必要です

$$\alpha+\beta=2p, \quad \alpha\beta=p^2-2c^2.$$

以上よりもとめる面積は

$$\int_\alpha^\beta \left(px-\frac{p^2}{2}+c^2-\frac{x^2}{2}\right)\mathrm{d}x = -\frac{1}{2}\left\{-\frac{1}{6}(\beta-\alpha)^3\right\} = \frac{4\sqrt{2}c^3}{3}$$

となり，確かに定数である．

次に変換群論的に解いてみる：後者の上に別の点 P′ をとり同様に M′, N′, D′ を定める．1 径数部分群

$$g(t)=\begin{pmatrix}1 & 0 & 0\\ 0 & t & 1\\ 1 & t^2/2 & t\end{pmatrix}$$

をとろう．前者は原点，後者は $(0,c^2)$ の軌道である．したがって P を P′ に写す等積変換 $g(s)$ が存在する (P, P′ の位置ベクトルを $\boldsymbol{p}=\overrightarrow{\mathrm{OP}}$, $\boldsymbol{p}'=\overrightarrow{\mathrm{OP}'}$ とすれば，$\boldsymbol{p}'=g(s)\boldsymbol{p}$)．この変換の下で $\boldsymbol{m}'=g(s)\boldsymbol{m}$, $\boldsymbol{n}'=g(s)\boldsymbol{n}$, $D'=g(s)D$ である．したがって D と D' の面積は等しい．□

演習 4.57　二つの楕円

$$\frac{x^2}{a^2}+\frac{y^2}{b^2}=1, \quad \frac{x^2}{a^2}+\frac{y^2}{b^2}=k\ (k>1)$$

を考える．後者の上の点 P を一つとる．P における接線と前者の交点を M, N とする．線分 MN と前者で囲まれる領域の面積は，最初に選んだ点 P に依らず一定であることを示せ．

演習 4.58　二つの双曲線

$$\frac{x^2}{a^2}-\frac{y^2}{b^2}=1, \quad \frac{x^2}{a^2}-\frac{y^2}{b^2}=k\ (k>1)$$

を考える．後者の上の点 P を一つとる．P における接線と前者の交点を M, N とする．線分 MN と前者で囲まれる領域の面積は，最初に選んだ点 P に依らず一定であることを示せ．

ユークリッド平面の場合には次の分類が知られています．

系 4.59　ユークリッド平面 $\mathbb{E}^2$ の運動群 SE(2) の連続な 1 径数部分群 $\{g(t)\}$

は，共軛を除き次で与えられる：

$$g(t) = \begin{pmatrix} 1 & 0 & 0 \\ 0 & \cos t & -\sin t \\ 0 & \sin t & \cos t \end{pmatrix}, \quad g(t) = \begin{pmatrix} 1 & 0 & 0 \\ t & 1 & 0 \\ 0 & 0 & 1 \end{pmatrix}.$$

つまり SE(2) の連続 1 径数部分群は回転と平行移動である.

SE(3) の連続 1 径数部分群は次で与えられることが知られています：

命題 4.60 SE(3) の連続 1 径数部分群は共軛を除き次で与えられる：

(1)

$$g(t) = \begin{pmatrix} 1 & 0 & 0 & 0 \\ 0 & \cos t & -\sin t & 0 \\ 0 & \sin t & \cos t & 0 \\ ht & 0 & 0 & 1 \end{pmatrix}.$$

ここで h は定数で，**ピッチ**とよばれる．$h = 0$ のときは回転である．$h \neq 0$ のときは**螺旋**（らせん）**運動**とよばれる.

(2) 平行移動

$$g(t) = \begin{pmatrix} 1 & 0 & 0 & 0 \\ t & 1 & 0 & 0 \\ 0 & 0 & 1 & 0 \\ 0 & 0 & 0 & 1 \end{pmatrix}.$$

4.4* 曲線の等積幾何学

微分積分学で，ユークリッド平面内の曲線に対する「曲率」を学んだと思います．手短に復習しましょう．ユークリッド平面 $\mathbb{R}^2$ の座標系を (x, y) とします.

ある区間 I で定義されユークリッド平面 $(\mathbb{R}^2, \mathrm{d})$ に値をもつ函数 $\boldsymbol{p}(t) = (x(t), y(t))$ を**径数付曲線**とよびます．t を**径数** (または媒介変数) とよびます．もし $\dot{p} = \mathrm{d}\boldsymbol{p}/\mathrm{d}t \neq 0$ ならば $|\mathrm{d}\boldsymbol{p}/\mathrm{d}s| = 1$ となる新しい径数 s がとれます．この径数を**弧長径数**とよびます．弧長径数に関する微分演算をプライム $\prime$ で表します．$T(s) := \boldsymbol{p}'(s)$, $N(s) := R(\pi/2)T(s)$ とおくと[♯22]，SO(2) に値をもつ函数 $F(s) = (T(s), N(s))$ が得られることに注意してください．F を $\boldsymbol{p}$ の**フレネ**

[♯22] $R(\pi/2)$ は原点中心の $90°$ 度の回転行列 (2.3).

標構とよびます．F の s に関する変化は

$$\frac{\mathrm{d}}{\mathrm{d}s}F = F\begin{pmatrix} 0 & -\kappa(s) \\ \kappa(s) & 0 \end{pmatrix} = FU \tag{4.5}$$

で与えられます．この方程式を**フレネ・セレの公式**とよびます．また函数 $\kappa(s)$ を**曲率**とよびます．簡単な計算で

- $\kappa \equiv 0 \Longleftrightarrow \boldsymbol{p}$ は直線,
- κ が零でない定数 $\Longleftrightarrow \boldsymbol{p}$ は円

が成立することが確かめられます．フレネ・セレの公式を用いて次の定理が証明されます (証明は [39] などを見てください).

定理 4.61　区間 I 上の函数 $\kappa = \kappa(s)$ に対し s を弧長径数，$\kappa(s)$ を曲率にもつ平面曲線が存在する.

定理 4.62 (平面曲線論の基本定理)　同一の区間 I で定義された 2 つの径数付曲線 $\boldsymbol{p}_1$ と $\boldsymbol{p}_2$ に対し $\boldsymbol{p}_1$ と $\boldsymbol{p}_2$ が運動で重ねあわせられるための必要十分条件は，それぞれの曲率が一致すること ($\kappa_1 = \kappa_2$) である.

今度はアフィン平面上の曲線に対し「等積変換で不変な曲率」を考えます．前の節に引き続き面積が測れるアフィン平面 $\mathbb{A}^2$ を考えます．径数付平面曲線 $\boldsymbol{p}(t) = (x(t), y(t))$ の接ベクトル場を $\boldsymbol{a}_1(t)$ と書きます．すなわち $\boldsymbol{a}_1(t) = \mathrm{d}\boldsymbol{p}/\mathrm{d}t(t)$．曲線に沿うベクトル場 $\boldsymbol{a}_2(t)$ で

$$\det(\boldsymbol{a}_1\,\boldsymbol{a}_2) = 1$$

となるものを探しましょう．径数変換 $t \longmapsto s$ で

$$\det\left(\frac{\mathrm{d}\boldsymbol{p}}{\mathrm{d}s}\,\frac{\mathrm{d}^2\boldsymbol{p}}{\mathrm{d}s^2}\right) = 1$$

とできるための条件をもとめます：

$$\det\left(\frac{\mathrm{d}\boldsymbol{p}}{\mathrm{d}s}\,\frac{\mathrm{d}^2\boldsymbol{p}}{\mathrm{d}s^2}\right) = \left(\frac{\mathrm{d}t}{\mathrm{d}s}\right)^3 \det\left(\frac{\mathrm{d}\boldsymbol{p}}{\mathrm{d}t}\,\frac{\mathrm{d}^2\boldsymbol{p}}{\mathrm{d}t^2}\right) = 1$$

ですから，結局

$$\det\left(\frac{\mathrm{d}\boldsymbol{p}}{\mathrm{d}t}\,\frac{\mathrm{d}^2\boldsymbol{p}}{\mathrm{d}t^2}\right) \neq 0$$

であれば (つまり変曲点がなければ)

$$s(t) := \int \left\{\det\left(\frac{\mathrm{d}\boldsymbol{p}}{\mathrm{d}t}\,\frac{\mathrm{d}^2\boldsymbol{p}}{\mathrm{d}t^2}\right)\right\}^{\frac{1}{3}} \mathrm{d}t$$

と定めればよいことがわかりました．この条件をみたす径数付曲線を**非退化曲線**とよびます[♯23]．この径数 s はアフィン変換 $s \longmapsto as+b$ を除き一意的に定まり，**アフィン径数**とよばれています．あらためてアフィン径数で径数づけられた曲線 $\boldsymbol{p}=\boldsymbol{p}(s)$ を考えます．

$$\boldsymbol{a}_1(s)=\frac{\mathrm{d}\boldsymbol{p}}{\mathrm{d}s},\quad \boldsymbol{a}_2(s)=\frac{\mathrm{d}^2\boldsymbol{p}}{\mathrm{d}s^2}$$

とおき行列値函数 $A(s)$ を $A(s)=(\boldsymbol{a}_1(s)\,\boldsymbol{a}_2(s))$ と定めると

$$\frac{\mathrm{d}}{\mathrm{d}s}A(s)=A(s)\begin{pmatrix}0 & -\kappa(s)\\ 1 & 0\end{pmatrix}$$

という常微分方程式が得られます．ここで得られた函数 $\kappa(s)$ を**アフィン曲率**とよびます．

定理 4.63　区間 I 上の函数 $\kappa=\kappa(s)$ に対し s をアフィン径数，$\kappa(s)$ をアフィン曲率にもつ平面曲線が存在する．

定理 4.64 (等積幾何における平面曲線論の基本定理)　同一の区間 I で定義された 2 つの非退化曲線 $\boldsymbol{p}_1$ と $\boldsymbol{p}_2$ に対し $\boldsymbol{p}_1$ と $\boldsymbol{p}_2$ が正の等積変換で重ねあわせられるための必要十分条件は，それぞれのアフィン曲率が一致すること $(\kappa_1=\kappa_2)$ である．

等積アフィン幾何で“曲がっていない”曲線[♯24] (曲率が零の曲線) は何でしょう？ $\boldsymbol{p}'''=\kappa\boldsymbol{p}'$ で $\kappa=0$ とおいて積分してみましょう．$\boldsymbol{p}'''=\boldsymbol{0}$ より

$$\boldsymbol{p}(s)=\frac{s^2}{2}\boldsymbol{b}+s\boldsymbol{a}+\boldsymbol{c},\quad \det(\boldsymbol{a}\,\boldsymbol{b})=1,\quad \boldsymbol{a},\boldsymbol{b},\boldsymbol{c}\ \text{は定ベクトル}$$

という形になります．等積変換で

$$\boldsymbol{a}=(1,0),\quad \boldsymbol{b}=(0,1),\quad \boldsymbol{c}=(0,0)$$

とできますから[♯25]放物線 $y=x^2/2$ に等積合同であることがわかりました．

演習 4.65　非退化な平面曲線のアフィン曲率が正の定数 (負の定数) であれば，その曲線は楕円 (双曲線) に等積合同であることを示せ．

♯23　直線は非退化ではないことに注意してください．

♯24　まっすぐな曲線は直線ですが，先に注意したように非退化ではないので除いてあります．

♯25　もうすこしていねいにいうと $f\in \mathrm{SA}(2)$ で $f(\boldsymbol{a})=(1,0)$，$f(\boldsymbol{c})=(0,1)$，$f(\boldsymbol{c})=(0,0)$ となるものが必ずとれる．その f で $\boldsymbol{p}(s)$ を写した結果は放物線 $y=x^2/2$．

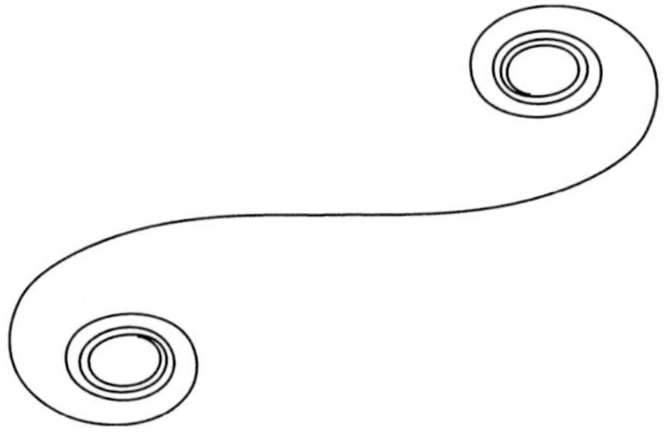

図 **4.2**　クロソイド.

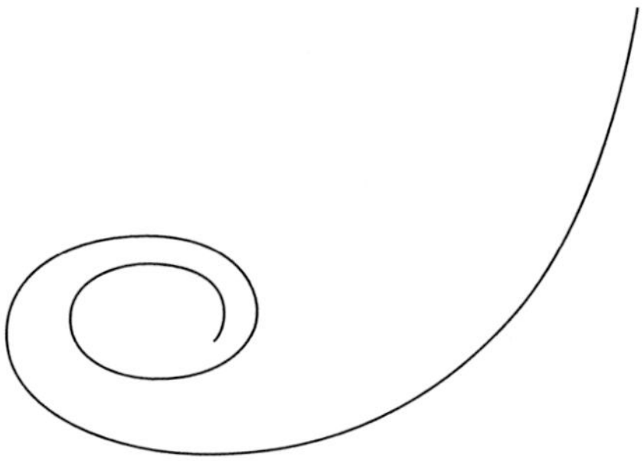

図 **4.3**　クロソイドの等積幾何版.

演習 4.66　ユークリッド平面曲線論においては次のことが知られている．s を平面曲線の弧長径数，κ を曲率函数とするとき，

(1) κ が s の 1 次式 $\iff$ その平面曲線はクロソイド[♯26]に合同,

(2) 曲率の逆数 $1/\kappa$ が s の 1 次式 $\iff$ その平面曲線は対数螺旋に合同.

非退化曲線でそのアフィン曲率がアフィン径数の 1 次式であるもの，アフィン曲率の逆数がアフィン径数の 1 次式であるものをもとめよ[♯27].

[♯26] コルニュの螺旋 (Cornu spiral) ともよばれます．高速道路やジェットコースターなどの設計に用いられれています．八木一正,「“人間的曲線” クロソイドとは何か ?」,『数学セミナー』，1993 年 3 月号』を見てください.

[♯27] 図は古畑仁氏による.

■さらに学ぶために■

微分積分を用いて，曲線や曲面の合同変換群で不変な性質の研究を**曲線と曲面の微分幾何学**とよびます．より詳しくは [39] や，[75] を見てください．

この節では等積変換群で不変な，曲線の性質を考察しました ([57, 1.1 節])．同様に，3 次元アフィン空間内の曲面の等積変換群で不変な性質を研究する幾何学も展開できます．微分積分を用いた曲線や曲面の等積変換群で不変な性質の研究を曲線と曲面の**等積アフィン微分幾何学**とよびます．

等積アフィン微分幾何学は 1908 年に刊行されたルーマニア人幾何学者ツィツェイカ (G.Ţiţeica) の論文により創始されたと考えられています．ブラシュケ (W. Blaschke) たちにより等積アフィン微分幾何学の研究は進められました．日本や中国でも，1920 年代から 1930 年代にかけて研究されていました (窪田忠彦，蘇歩青など)．

1980 年代になり，野水克巳は，等積アフィン微分幾何学の現代的枠組みを提起しました．以降，等積アフィン微分幾何学の研究が大きく前進しました．

一方，数理統計学 (確率分布族) の幾何学的研究から**情報幾何学**という新たな幾何学が誕生しました．情報幾何学での研究対象に**統計多様体**という空間があります．統計多様体と等積アフィン微分幾何学の密接な関係が発見され，等積アフィン微分幾何学の情報幾何学への応用が研究されるようになりました♯28．等積アフィン微分幾何学について詳しく学びたい人は多様体論を学んだあとに，[57] を読むことをすすめます．

♯28 • 黒瀬俊,「統計多様体の幾何学」,『21 世紀の数学 — 幾何学の未踏峰』，日本評論社，2004.

• 甘利俊一・長岡浩司,『情報幾何の方法』，岩波講座応用数学 6, 1993.

• S.-I. Amari and K. Nagaoka, *Methods of information geometry*, Amer. Math. Soc. Oxford University Press, 2000.

第5章 幾何学いろいろ，可積分系もいろいろ

平面上のクライン幾何は古典的な数学ですが，だからといって現代幾何学で研究対象にならないわけではありません．平面上のクライン幾何が現代幾何学・数理物理学と触れ合う例を一つだけ紹介しておきます．

ソリトン理論とか無限可積分系ということばを聞いたことがあるでしょうか．もともとは非線型波動のモデルとして登場した偏微分方程式ですが，不思議なことにクライン幾何と密接な関係があるのです．ソリトン理論で大事な方程式である変形 KdV 方程式，沢田・小寺方程式，バーガース方程式はそれぞれユークリッド幾何，等積幾何，相似幾何から自然に導かれるのです．

物理学で大事な方程式はよい数学的構造をもつということを示す一例です．

5.1 ユークリッド平面曲線の時間発展

数平面 $(\mathbb{R}^2, \mathrm{d})$ 上の滑らかな[♮1]径数付曲線 $\boldsymbol{p} = \boldsymbol{p}(u)$ が時間の進みにつれて変化している様子を想像してください (ただし u は弧長径数とは限りません)．時刻を t で表すことにします．もとの曲線が 0 を含む区間 I で定義されているとすると，

$$I \times \mathbb{R} \longrightarrow \mathbb{R}^2;\ (u,t) \longmapsto \boldsymbol{p}(u;t)$$

♮1 何階でも微分可能ということ．C^∞ 級．

という 2 変数に依存する曲線が得られたということを意味します．これは曲線の族 $\{\boldsymbol{p}(u;t)\,|\,t\in\mathbb{R}\}$ が得られたと考えることもできます．このように時間とともに曲線を変形させることを**曲線の時間発展**とよびます．

各曲線 $\boldsymbol{p}(u;t)$ の弧長径数を $s=s(u;t)$ で表します．

$$s(u;t):=\int_0^u\left|\frac{\partial\boldsymbol{p}}{\partial u}\right|\mathrm{d}u.$$

時間発展は**弧長函数を保つ**という条件を要請します．つまりもとの曲線 $\boldsymbol{p}(u;0)$ の弧長径数 s はどの t についてもやはり弧長径数であるということ，すなわち $\dfrac{\partial s}{\partial t}=0$ です．元の曲線が閉曲線であれば**伸び縮みしない**ということを意味します．この条件を**等周条件**とよびます．フレネ標構 $F=F(s;t)=(T(s;t),N(s;t))$ を用いて，時間発展の下で $\boldsymbol{p}$ がどう変化するかを記述しましょう．

$$\frac{\partial}{\partial t}\boldsymbol{p}(s;t)=f(s;t)\boldsymbol{N}(s;t)+g(s;t)\boldsymbol{T}(s;t)$$

と表示します．$\dfrac{\partial s}{\partial t}$ を計算します．

$$\frac{\partial s}{\partial t}=\int_0^u\frac{\partial}{\partial t}\sqrt{\boldsymbol{p}_u\cdot\boldsymbol{p}_u}=\int_0^u\frac{1}{2\sqrt{\boldsymbol{p}_u\cdot\boldsymbol{p}_u}}\frac{\partial}{\partial t}(\boldsymbol{p}_u\cdot\boldsymbol{p}_u).$$

ここで $\dfrac{\partial\boldsymbol{p}}{\partial u}$ を $\boldsymbol{p}_u$ と略記しました (以下この略記法を使います)．

ベクトル値函数の内積に関する微分公式

$$\frac{\mathrm{d}}{\mathrm{d}u}(\boldsymbol{p}(u)\cdot\boldsymbol{q}(u))=\frac{\mathrm{d}\boldsymbol{p}}{\mathrm{d}u}(u)\cdot\boldsymbol{q}(u)+\boldsymbol{p}(u)\cdot\frac{\mathrm{d}\boldsymbol{q}}{\mathrm{d}u}(u)$$

を使うと

$$\frac{\partial s}{\partial t}=\int_0^u\frac{\boldsymbol{p}_u\cdot\boldsymbol{p}_{ut}}{\sqrt{\boldsymbol{p}_u\cdot\boldsymbol{p}_u}}\,\mathrm{d}u$$

と計算されます．ここで $\boldsymbol{p}_u=\alpha\boldsymbol{p}_s=\alpha\boldsymbol{T}$, $\alpha=\sqrt{\boldsymbol{p}_u\cdot\boldsymbol{p}_u}>0$ に注意すれば

$$\begin{aligned}\boldsymbol{p}_{ut}&=\alpha(\boldsymbol{p}_t)_u=\alpha(g\boldsymbol{T}+f\boldsymbol{N})_s\\&=\alpha\{(g_s-f\kappa)\boldsymbol{T}+(f_s+g\kappa)\boldsymbol{N}\}\end{aligned}$$

が得られます．以上より

$$\frac{\partial s}{\partial t}=\int_0^u\alpha(g_s-f\kappa)\,\mathrm{d}u$$

が示されたので，等周条件と $g_s=f\kappa$ が同値であることがわかりました．

フレネ標構が時間発展でどのように変化するかを調べます．

$$\boldsymbol{T}_t = (\boldsymbol{p}_s)_t = (\boldsymbol{p}_t)_s = (g\boldsymbol{T} + f\boldsymbol{N})_s.$$

フレネ・セレの公式を使うと

$$\boldsymbol{T}_t = (g_s - f\kappa)\boldsymbol{T} + (f_s + g\kappa)\boldsymbol{N} = (f_s + g\kappa)\boldsymbol{N}. \tag{5.1}$$

次に

$$\boldsymbol{T}_{st} = (\kappa\boldsymbol{N})_t = \kappa_t\boldsymbol{N} + \kappa\boldsymbol{N}_t,$$

一方

$$\begin{aligned}\boldsymbol{T}_{ts} &= \{(f_s + g\kappa)\boldsymbol{N}\}_s \\ &= (f_s + g\kappa)_s\boldsymbol{N} - \kappa(f_s + g\kappa)\boldsymbol{T}.\end{aligned}$$

ここで $\boldsymbol{N}\cdot\boldsymbol{N} = 1$ の両辺を t で微分すると，$\boldsymbol{N}_t\cdot\boldsymbol{N} = 0$ を得ます．この事実に注意して $\boldsymbol{T}_{ts} = \boldsymbol{T}_{st}$ を用いると

$$\boldsymbol{N}_t = -(f_s + g\kappa)\boldsymbol{T}, \tag{5.2}$$

$$\kappa_t = (f_s + g\kappa)_s \tag{5.3}$$

が得られます．以上のことから，曲線の時間発展が行列値函数に対する連立の偏微分方程式

$$\frac{\partial}{\partial s}F = FU, \quad \frac{\partial}{\partial t}F = FV, \tag{5.4}$$

$$U = \begin{pmatrix} 0 & -\kappa \\ \kappa & 0 \end{pmatrix}, \quad V = \begin{pmatrix} 0 & -f_s - g\kappa \\ f_s + g\kappa & 0 \end{pmatrix} \tag{5.5}$$

を導くことが示されました．

F は滑らかなので $(F_s)_t = (F_t)_s$ をみたします．この条件を計算してみます．

$$\begin{aligned}(F_s)_t - (F_t)_s &= (FU)_t - (FV)_s = F_tU + FU_t - F_sV - FV_s \\ &= F(VU + U_t - UV - V_s).\end{aligned}$$

F は正則ですから両辺に F^{-1} を左からかけて

$$U_t - V_s - UV + VU = O \tag{5.6}$$

が得られます．これを (5.4)–(5.5) の**積分可能条件**とよびます．ここで $[U,V] = UV - VU$ という記号を導入して積分可能条件を

$$V_s - U_t + [U,V] = O \tag{5.7}$$

と書き直しておきます．この式を具体的に計算すると (5.3) に一致します．等周条件 $g_s = f\kappa$ を (5.3) に代入すると

$$\kappa_t = f_{ss} + f\kappa^2 + g\kappa_s$$

となります．とくに $f(s;t) = -\kappa_s$ と選ぶと，$g_s = -\kappa\kappa_s$ なので $g(s;t) = -\kappa(s)^2/2$ を選ぶことができます．ここまでを整理しておきましょう．

定理 5.1 曲線の時間発展

$$\boldsymbol{p}_t = -\kappa_s \boldsymbol{N} - \frac{1}{2}\kappa^2 \boldsymbol{T}$$

にともなう曲率 $\kappa(s,t)$ の時間発展は

$$\kappa_t + \kappa_{sss} + \frac{3}{2}\kappa^2\kappa_s = 0 \tag{5.8}$$

に従う．

(5.8) は**変形 KdV 方程式**とよばれるものです [92, p. 49, 69]．

5.2 いろいろな幾何学

数平面 $\mathbb{R}^2$ 上のいろいろな幾何学において曲線の時間発展を考えてみます．この節で紹介する結果をきちんと証明するためにはリー群とリー代数についての知識が必要な箇所がありますので，結果の紹介にとどめておきます．

5.2.1 等積アフィン幾何

等積アフィン幾何における曲線の時間発展を調べましょう．4.4 節で導入したアフィン径数 s と $\mathrm{SL}_2\mathbb{R}$ に値をもつ標構 $A(s)$ を用いて非退化曲線の時間発展

$$\frac{\partial}{\partial t}\boldsymbol{p}(s;t) = g(s;t)\boldsymbol{a}_1(s;t) + f(s;t)\boldsymbol{a}_2(s;t)$$

を考察します．まずフレネ・セレの公式から

$$U = A^{-1}\frac{\partial}{\partial s}A = \begin{pmatrix} 0 & -\kappa \\ 1 & 0 \end{pmatrix}$$

です．A を t で偏微分すると

$$V = A^{-1}\frac{\partial}{\partial t}A = \begin{pmatrix} g_s - \kappa f & g_{ss} - 2\kappa f_s - \kappa_s f - \kappa g \\ f_s + g & f_{ss} + 2g_s - \kappa f \end{pmatrix}$$

が得られます．したがって，s が共通のアフィン径数であるための条件[♯2]は，$g_s = -(1/3)f_{ss} + (2/3)\kappa f$ です．この条件を**等積アフィン等周条件**とよびます．

[♯2] リー代数の知識を使うと，s が共通のアフィン径数であるための必要十分条件は V の固有和 $\mathrm{tr}\, V$ が 0 であること．

等積アフィン等周条件と積分可能条件 $V_s - U_t + [U, V] = O$ をあわせると，アフィン曲率 κ に関する偏微分方程式

$$\kappa_t = \frac{1}{3}\left(\partial_s^4 + 5\kappa\partial_s^2 + 4\kappa_s\partial_s + \kappa_{ss} + 4\kappa^2 + 2\kappa_s\partial^{-1}(\kappa\cdot)\right) f$$

が得られます．ここで $h = \partial^{-1}(\kappa\cdot)f$ は

$$h_s = \kappa f$$

となる函数 h のことを意味します．

とくに $f = -3\kappa_s$ と選ぶと，アフィン曲率 $\kappa(s,t)$ の時間発展は**澤田・小寺方程式**

$$\kappa_t + \kappa_{sssss} + 5\kappa\kappa_{sss} + 5\kappa_s\kappa_{ss} + 5\kappa^2\kappa_s = 0$$

に従うことがわかります．このとき曲線の時間発展は $\boldsymbol{p}_t = (\kappa_{ss} - \kappa^2)\boldsymbol{a}_1 - 3\kappa_s\boldsymbol{a}_2$ となっています．

註 5.2 (**アフィン幾何・射影幾何**)　アフィン幾何における曲線の時間発展からは，A(2) 不変曲率 κ に対する偏微分方程式

$$\kappa_t + \kappa_{sss} - \frac{3}{8}\kappa^2\kappa_s = 0$$

が得られることが知られています．この方程式は**非収束型 mKdV 方程式**とよばれています．

また射影幾何 $(\mathrm{PSL}_3\mathbb{R}, P^2)$ では $\mathrm{PSL}_3\mathbb{R}$ 不変な曲率 (**射影曲率**) に対する偏微分方程式

$$\begin{aligned}\kappa_t = &-2\kappa_{sssss} + \frac{10}{9}\kappa\kappa_{sss} + \frac{25}{9}\kappa_s\kappa_{ss} - \frac{10}{81}\kappa^2\kappa_s \\ &- \frac{1}{3}\kappa_{ss} + \frac{1}{18}\kappa^2 + \frac{7}{81}\kappa_s\end{aligned}$$

が得られます．これは**カウプ・クッパーシュミット方程式**とよばれるものです．

5.2.2　相似幾何

平面の相似変換群 Sim(2) を用いて平面曲線を調べてみましょう．

$\mathbb{R}^2$ 上の直線でない曲線 $\boldsymbol{p}$ の相似不変な径数として，**角函数** $\theta = \int^s \kappa(s)\,\mathrm{d}s$ をとることができます．ここで s は $\boldsymbol{p}$ の弧長径数で κ はユークリッド曲率です．

$$\boldsymbol{T}^{\mathrm{Sim}}(\theta) = \boldsymbol{p}_\theta, \quad \boldsymbol{N}^{\mathrm{Sim}}(\theta) = \boldsymbol{T}^{\mathrm{Sim}}_\theta + \kappa^{\mathrm{Sim}}(\theta)\boldsymbol{T}^{\mathrm{Sim}},$$

$$\kappa^{\mathrm{Sim}}(\theta) = \frac{1}{\kappa(s)^2}\frac{\mathrm{d}\kappa}{\mathrm{d}s}$$

とおきます．すると $F^{\mathrm{Sim}} = (\boldsymbol{T}^{\mathrm{Sim}}, \boldsymbol{N}^{\mathrm{Sim}})$ は CO(2) に値をもつ函数であることが確かめられます．この F^{Sim} は常微分方程式

$$\frac{\mathrm{d}}{\mathrm{d}\theta}F^{\mathrm{Sim}} = F^{\mathrm{Sim}}\begin{pmatrix} -\kappa^{\mathrm{Sim}} & -1 \\ 1 & -\kappa^{\mathrm{Sim}} \end{pmatrix}$$

をみたします．この常微分方程式を相似曲線のフレネ・セレ公式とよびます．また函数 κ^{Sim} は相似不変量です．これを**相似曲率**とよびます♯3．相似曲率の定義から "$\kappa^{\mathrm{Sim}} = 0 \Longleftrightarrow \kappa$ が零でない定数" なので，相似幾何における "曲がっていない曲線" は円です．

相似曲率 κ^{Sim} とユークリッド曲率 κ の関係式を用いて相似曲率一定の曲線をもとめてみましょう．$\kappa \neq 0$ の場合，$\kappa^{\mathrm{Sim}} =$ 定数 c_1 とおくと $1/\kappa = (-c_1)s + c_2$，つまりユークリッド曲率の逆数が 1 次式となる曲線です．これは**対数螺旋** $(c_1 \neq 0)$，円 $(c_1 = 0,\ c_2 \neq 0)$ です．

ユークリッド幾何のときのように時間発展を考察します．

$$\frac{\partial}{\partial t}\boldsymbol{p}(\theta;t) = f(\theta;t)\boldsymbol{N}^{\mathrm{Sim}}(\theta;t) + g(\theta;t)\boldsymbol{T}^{\mathrm{Sim}}(\theta;t).$$

すると相似曲率 $u(\theta;t) = \kappa^{\mathrm{Sim}}(\theta;t)$ に関する偏微分方程式

$$\begin{aligned} u_t = f_{\theta\theta\theta} - 2uf_{\theta\theta} - (3u_\theta - u^2 - 1)f_\theta \\ + (-u_{\theta\theta} + uu_\theta)f + au_\theta, \quad a \in \mathbb{R} \end{aligned}$$

が導かれます．とくに $f = -1$, $a = 0$ と選び θ を x と書き直すと

$$u_t = u_{xx} - 2uu_{xx}$$

となります．この方程式は**バーガース方程式**とよばれています．このときの時間発展は

$$\frac{\partial}{\partial t}\boldsymbol{p}(x;t) = -\boldsymbol{N}^{\mathrm{Sim}}(x;t) - u(x;t)\boldsymbol{T}^{\mathrm{Sim}}(x;t)$$

で与えられます．バーガース方程式は乱流の 1 次元モデルとして研究されています．また流体の衝撃波の運動を記述する方程式としても知られています ([92], [95] を参照)．バーガース方程式を差分化した方程式や，超離散化という手続き

♯3 藤岡敦·井ノ口順一, Deformations of surfaces preserving conformal or similarity invariants, Progress in Mathematics **252** (2007), 53–67. math.DG051255.

を経てセル・オートマトン化したもの[♮4]は，交通流解析 (渋滞学) に用いられています．超離散バーガース方程式については [23] を見てください．

さて，$q = 1/\kappa$ とおくと相似曲率の定義から

$$u = -(\log q)_x \tag{5.9}$$

となります．この関係式を用いると q は**拡散方程式**とよばれる偏微分方程式

$$q_t = q_{xx}$$

をみたすことがわかります．バーガース方程式の解 u と拡散方程式の解 q を結びつける式 (5.9) は**ホップ・コール変換**とよばれています．

■さらに学ぶために■

ソリトン方程式については [92], [95] から読み始めるとよいでしょう．この付録でとりあつかったような種々のクライン幾何における平面曲線の時間発展とソリトン方程式の関連については [103] で解説してあります．ソリトン方程式と曲面の幾何学については [19], [20], [25], [66] を紹介しておきます．

♮4 西成活裕・高橋大輔，Analytical properties of ultradiscrete Burgers equations and rule-184 cellur automaton, J. Phys. A: Math. Gen. **31** (1998), 5439–5450.

第6章

位相へのパスポート

ユークリッド幾何をはじめ，相似幾何，等積幾何，アフィン幾何といったクライン幾何を学んできました．この章では，アフィン変換群や射影変換群よりも大きな群である位相変換群を定義し，ユークリッド位相幾何というクライン幾何を紹介します．ユークリッド位相幾何では，図形のつながり具合や連続変形で不変な性質を考察します．いままで学んできたクライン幾何と対比して，**柔らかい幾何学**と表現されることもあります．位相幾何学のテキストへの橋渡しをすることがこの章の目的です．

6.1　ユークリッド距離位相

数平面において原点を中心とする半径 r の円周を考えてみます．このとき

$$\overline{D} = \{\boldsymbol{x} = (x_1, x_2) \,|\, x_1^2 + x_2^2 \leqq r^2\}$$

は縁 (円周) を含み**閉じた図形**です．一方，

$$D = \{\boldsymbol{x} = (x_1, x_2) \,|\, x_1^2 + x_2^2 < r^2\}$$

は**開いた図形**です．この節では「図形が開いている・閉じている」という性質を定量化することが目標です．

次の定義から始めます．

定義 6.1　ε を正の実数とする．$\mathbb{R}^n$ の一点 $\boldsymbol{x}$ に対し

$$U_\varepsilon(\boldsymbol{x}) := \{\boldsymbol{y} \in \mathbb{R}^n \,|\, \mathrm{d}(\boldsymbol{x}, \boldsymbol{y}) < \varepsilon\}$$

で定まる部分集合 $U_\varepsilon(\boldsymbol{x})$ を点 $\boldsymbol{x}$ の ε-**近傍**とよぶ[♯1]．

♯1　U は近傍に相当するドイツ語 Umgebung の頭文字．

開いた図形を定式化するために，縁の内部の点に着目します．

定義 6.2 $\mathbb{R}^n$ の部分集合 V の一点 $\boldsymbol{a}$ に対し $U_\varepsilon(\boldsymbol{a}) \subset V$ となるように ε を選ぶことができるとき，$\boldsymbol{a}$ を V の**内点**とよぶ．

部分集合 V の内点をすべて集めてできる集合を V° と表し V の**内点集合**[♯2]とよびます．定義より $V^\circ \subset V$ であることに注意してください．

次に触点を定義します．

定義 6.3 $V \subset \mathbb{R}^n$ の一点 $\boldsymbol{a}$ に対し $\boldsymbol{a}$ の**任意の** ε 近傍が V と共有点をもつとき，$\boldsymbol{a}$ を V の**触点**とよぶ．

V の触点全体を $\overline{V}$ で表し V の**閉包**とよびます．定義より $V^\circ \subset V \subset \overline{V}$ です．$\overline{V}$ の点で内点ではない点のことを**境界点**，V の境界点全体のなす集合 V^f を V の**境界**とよびます．さらに $\overline{V}$ の補集合 $\mathbb{R}^n \setminus \overline{V}$ を V の**外部集合**とよび V^e で表します．

演習 6.4 部分集合 $V \subset \mathbb{R}^n$ に対し次のことを確かめよ．

(1) $\mathbb{R}^n = V^\circ \cup V^f \cup V^e$, $V^\circ \cap V^f = V^\circ \cap V^e = V^f \cap V^e = \varnothing$,

(2) $\overline{V} = V^\circ \cup V^f$,

(3) $(\mathbb{R}^n \setminus V)^\circ = \mathbb{R}^n \setminus \overline{V}$.

図形が開いているとは縁 (境界) を含まないことという素朴な直観に照らし合わせて，次の用語を定めます．

定義 6.5 $\mathbb{R}^n$ の部分集合 V が V° と一致するとき V を ($\mathbb{R}^n$ における) **開集合**とよぶ．

全体 $\mathbb{R}^n$ 自身は明らかに開集合です．空集合 $\varnothing$ を開集合に含めておきます．

例 6.6 $\mathbb{R}^n$ の点 $\boldsymbol{x}$ の ε-近傍 $U_\varepsilon(\boldsymbol{x})$ は開集合．実際，三角不等式より各点 $\boldsymbol{y} \in U_\varepsilon(\boldsymbol{x})$ に対し $\varepsilon' = \varepsilon - \mathrm{d}(\boldsymbol{x}, \boldsymbol{y})$ とおけば $U_{\varepsilon'}(\boldsymbol{y}) \subset U_\varepsilon(\boldsymbol{x})$ となる．

閉じている図形とは縁まできっちり含む図形のことだから，閉集合を次のように定義するのは妥当でしょう．

[♯2] 内部，開核ともよばれています．

定義 6.7 $\mathbb{R}^n$ の部分集合 V が $\overline{V}$ と一致するとき，($\mathbb{R}^n$ における) **閉集合**とよぶ．

演習 6.8 $V \subset \mathbb{R}^n$ が閉集合であるための必要十分条件は，V の補集合 $\mathbb{R}^n \setminus V$ が開集合であることである．これを確かめよ．

例 6.9 数直線 $\mathbb{R}^1$ において任意の開区間 (a, b) は開集合である．閉区間は閉集合である．半開区間は開集合でも閉集合でもない．

例 6.10 (開球) $r > 0, \boldsymbol{p} \in \mathbb{R}^n$ に対し

$$S^{n-1}(\boldsymbol{p}; r) := \{\boldsymbol{q} \,|\, \mathrm{d}(\boldsymbol{p}, \boldsymbol{q}) = r\}$$

を $\boldsymbol{p}$ を中心とする半径 r の**超球面**とよぶ．さらに

$$B^n(\boldsymbol{p}; r) := \{\boldsymbol{q} \in \mathbb{R}^n \,|\, \mathrm{d}(\boldsymbol{p}, \boldsymbol{q}) < r\},$$
$$\overline{B}^n(\boldsymbol{p}; r) := \{\boldsymbol{q} \in \mathbb{R}^n \,|\, \mathrm{d}(\boldsymbol{p}, \boldsymbol{q}) \leqq r\},$$

をそれぞれ $\boldsymbol{p}$ を中心とする半径 r の**球体**，**閉球**とよぶ．球体のことは開球ともよぶ．$r = 1$ のとき，これらを単位球面，単位球体，単位閉球とよぶ．この中で開集合は球体のみである．閉集合は閉球と球面である．原点を中心とする球面は $S^n(r)$ と略記する．とくに単位球面は S^{n-1} と記す．この記法 S^n はすでに例 3.51 で使用した．B^n の閉包は $\overline{B}^n$．

ここで微分積分学で習った連続函数の定義を復習します．

定義 6.11 I を $\mathbb{R}$ の区間とする．函数 $f : I \longrightarrow \mathbb{R}$ が次の条件をみたすとき，f は点 $a \in I$ において**連続**であるという：

$$\lim_{x \to a} f(x) = f(a).$$

I のすべての点において連続のとき，f は I 上で連続であるという．

定義 6.12 (連続写像) $\mathbb{R}^n$ 上の写像 $f = (f_1, \cdots, f_n) : \mathbb{R}^n \longrightarrow \mathbb{R}^n$ の各成分 f_j がすべて連続函数のとき f を**連続写像**とよぶ．

ここで連続写像の重要な性質をあげます．

定理 6.13 写像 $f : \mathbb{R}^n \longrightarrow \mathbb{R}^n$ に対し次の 2 条件は同値である．

(1) f は $\mathbb{R}^n$ 上で連続．

(2) 任意の開集合 V に対しその f による逆像 $f^{-1}(V)$ も開集合．

演習 6.14　定理 6.13 を証明せよ♯3.

定義 6.15 (**同相写像**)　数空間 $\mathbb{R}^n$ の間の写像 $f : \mathbb{R}^n \longrightarrow \mathbb{R}^n$ が次の条件をみたすとき**同相写像**とよぶ.

- f は全単射，すなわち 1 対 1 であり同時に上への写像.
- f は連続.
- f の逆写像 f^{-1} も連続.

この定義からただちに次を得る.

系 6.16　同相写像は開集合を開集合に写す．閉集合を閉集合に写す.

演習 6.17　数空間 $\mathbb{R}^n$ 上の同相写像♯4の全体 $\mathscr{H}(\mathbb{R}^n)$ は合成に関し群をなすことを確かめよ．この群を $\mathbb{R}^n$ の**位相変換群**とよぶ.

位相変換群は合同変換群 (等距離変換群) を含む群であることに注意してください．$(\mathscr{H}(\mathbb{R}^n), \mathbb{R}^n)$ はクライン幾何を定めます．この幾何を**位置の位相幾何学**とか**ユークリッド位相幾何**とよびます．二つの図形 $\mathscr{A}, \mathscr{B} \subset \mathbb{R}^n$ に対し $f(\mathscr{A}) = \mathscr{B}$ となる $f \in \mathscr{H}(\mathbb{R}^n)$ が存在するとき $\mathscr{A}, \mathscr{B}$ は互いに同相♯5であると言い表します．系 6.16 より，開集合・閉集合は同相写像で不変な概念であることがわかります.

ユークリッド位相幾何では，点，閉曲線，単純閉曲線などが不変概念として意味をもちます.

■ピアジェの心理学　心理学者ピアジェの発達心理学・認知心理学では，こどもの空間概念は位相幾何学期・射影幾何学期・ユークリッド幾何学期という 3 段階をふんで成長していくと考えています．クライン幾何学では E(3) から $\mathrm{PGL}_4\mathbb{R}$ をへて $\mathscr{H}(\mathbb{R}^3)$ と変換群を大きくしてきました．変換群が大きくなるに従い不変量は減っていきます．こどもの発達は逆に不変量を多くしていく方向に進む

♯3 イプシロン・デルタ論法に不慣れな読者は，いったんとばして先に進んでもよいでしょう．微分積分学の教科書でイプシロン・デルタ論法を学んでからあらためてこの問いに取り組むか，またはこの問いはとばしておいて，位相空間論の教科書 (たとえば [45, p. 62, 定理 5.12], [58, p. 114, 定理 9.1], [31, p. 43, 定理 7.1] など) であらためて学習してもよいでしょう.

♯4 $\mathbb{R}^n$ から $\mathbb{R}^n$ 自身への同相写像のこと.

♯5 位相同型・位相同形ともいいます.

というのです．つまり $\mathscr{H}(\mathbb{R}^3)$ から $\mathrm{PGL}_4\mathbb{R}$ を経て E(3) へと “成長” し，より多くの不変量に基づき図形を分類できるようになっていくと考えています[♯6].

6.2 距離空間

前節では $\mathbb{R}^n$ の部分集合に対し開・閉の概念を導入しました．開集合・閉集合の定義を今一度眺めてみましょう．開集合・閉集合を定義する上では距離函数 d しか使っていないのです．そこでこの節では開集合・閉集合の概念を一般の距離空間に対し定義します．数空間以外の距離空間の実例をいくつかあげて一般の距離空間に馴染んでもらうことを目標にします．

6.2.1 一般の距離空間

まず距離空間の定義を復習しておきます (定義 1.16).

定義 6.18 X を集合とする．函数 $\mathrm{d} : X \times X \longrightarrow \mathbb{R}$ で

(1) $\mathrm{d}(\mathrm{P}, \mathrm{Q}) \geqq 0$ であり，$\mathrm{d}(\mathrm{P}, \mathrm{Q}) = 0$ となるのは $\mathrm{P} = \mathrm{Q}$ のときに限る，

(2) $\mathrm{d}(\mathrm{P}, \mathrm{Q}) = \mathrm{d}(\mathrm{Q}, \mathrm{P})$,

(3) $\mathrm{d}(\mathrm{P}, \mathrm{Q}) + \mathrm{d}(\mathrm{Q}, \mathrm{R}) \geqq \mathrm{d}(\mathrm{P}, \mathrm{R})$

をみたすものを X 上の距離函数とよぶ．組 (X, d) を距離空間とよぶ．

定義 6.19 距離空間 (X, d), (Y, d') 間の写像 $f : X \longrightarrow Y$ がすべての 2 点 x, $y \in X$ に対し

$$\mathrm{d}'(f(x), f(y)) = \mathrm{d}(x, y)$$

をみたすとき**等距離写像** (distance preserving map) とよぶ．とくに全射であ

[♯6] “幾何学におけるこどもの発達の順序は歴史的発見の順序を逆にするように思われる (J. ピアジェ)”. ピアジェの心理学については

- 波多野完治編,『ピアジェの認識心理学』，国土社，1965,
- J. ピアジェ,『新版 量の発達心理学』，滝沢武久・銀林浩 [訳]，国土社，1992,
- 『数の発達心理学』，銀林浩・滝沢武久 [訳]，国土社，1992,
- 『発生的認識論』，滝沢武久 [訳]，文庫クセジュ **519** (1972), 白水社,

などを見てください．またピアジェが具体的操作期の段階の思考構造を記述するために考案した**群性体**については上にあげた波多野氏の本や大森英樹「ピアジェの心理学と数学」,『数学セミナー』，1982 年 10 月号，pp. 50–52 を見てください．

る等距離写像を**等長写像** (isometry) とよぶ[♯7]．2 つの距離空間 X, Y の間に等長写像が存在するとき X と Y は**距離空間として同型**である (または等長的である) という．

距離函数の性質を使って確かめられる問いをあげておきます．

演習 6.20 距離空間 (X, d) の 3 点 P, Q, R に対し

$$(\mathrm{Q}|\mathrm{R})_{\mathrm{P}} = \frac{1}{2}\{\mathrm{d}(\mathrm{Q},\mathrm{P}) + \mathrm{d}(\mathrm{R},\mathrm{P}) - \mathrm{d}(\mathrm{Q},\mathrm{R})\}$$

と定め P, Q, R の**グロモフ積**とよぶ．以下を確かめよ．

(1) $(\mathrm{Q}|\mathrm{R})_{\mathrm{P}} = (\mathrm{R}|\mathrm{Q})_{\mathrm{P}}$, $(\mathrm{Q}|\mathrm{R})_{\mathrm{P}} \geqq 0$.

(2) $(\mathrm{Q}|\mathrm{P})_{\mathrm{P}} = 0$, $(\mathrm{Q}|\mathrm{R})_{\mathrm{P}} \leqq \min\{\mathrm{d}(\mathrm{Q},\mathrm{P}),\ \mathrm{d}(\mathrm{R},\mathrm{P})\}$.

(3) $(X, \mathrm{d}) = (\mathbb{R}^2, \mathrm{d})$ (ただし d はユークリッド距離) のときグロモフ積 $(\mathrm{Q}|\mathrm{R})_{\mathrm{P}}$ の意味を考察せよ．(ヒント：三角形 PQR の内接円に着目)

演習 6.21 (1) まず次の大学入試問題を解け．(大学入試頻出)

x, $y \geqq 0$ のとき不等式

$$\frac{x+y}{1+x+y} \leqq \frac{x}{1+x} + \frac{y}{1+y}$$

を証明せよ．

(2) この結果を利用して次を示せ．

距離空間 (X, d) に対し $\mathrm{d}'(\mathrm{P},\mathrm{Q}) = \dfrac{\mathrm{d}(\mathrm{P},\mathrm{Q})}{1+\mathrm{d}(\mathrm{P},\mathrm{Q})}$ で定まる $X \times X$ 上の函数 d' は X の新しい距離函数を与える[♯8]．

新しい距離空間の例をあげるために必要な準備を，問いの形であげておきます．

次の 2 題の演習問題については p, $q \in \mathbb{R}$; p, $q > 1$, $\dfrac{1}{p} + \dfrac{1}{q} = 1$ とします．この条件をみたす実数の組 p, q が与えられたとき，一方を他方の**共軛指数**とよびます．また $p = 1$ $(q = 1)$ のときは $q = \infty$ $(p = \infty)$ と規約しておきます．

[♯7] $X = Y$ のときは定義 2.1 で定義しました．

[♯8] ここで構成した距離函数 d' は命題 6.52 で用います．

演習 6.22　次の不等式を示せ．(大学入試頻出)

$$\alpha,\ \beta \geqq 0 \Longrightarrow \alpha^{\frac{1}{p}}\beta^{\frac{1}{q}} \leqq \frac{\alpha}{p}+\frac{\beta}{q}.$$

等号が成立するのはどういう場合か調べること．高校数学の範囲内で三種類の証明ができる．三種類見つけよ．

演習 6.23　$a_1, a_2, \ldots, a_n, b_1, b_2, \ldots, b_n \in \mathbb{R}$ に対し次の不等式を示せ．

$$\left|\sum_{i=1}^{n} a_i b_i\right| \leqq \left(\sum_{i=1}^{n} |a_i|^p\right)^{\frac{1}{p}} \left(\sum_{i=1}^{n} |b_i|^q\right)^{\frac{1}{q}}.$$

この不等式を**ヘルダーの不等式**とよぶ．

演習 6.24　$p > 1$ とする．$a_1, a_2, \ldots, a_n, b_1, b_2, \ldots, b_n \in \mathbb{R}$ に対し次の不等式を示せ．

$$\left(\sum_{i=1}^{n} |a_i + b_i|^p\right)^{\frac{1}{p}} \leqq \left(\sum_{i=1}^{n} |a_i|^p\right)^{\frac{1}{p}} + \left(\sum_{i=1}^{n} |b_i|^p\right)^{\frac{1}{p}}.$$

これを**ミンコフスキーの不等式**とよぶ．

演習 6.25　$\mathbb{R}^n \times \mathbb{R}^n$ 上の函数 $\mathrm{d}_p,\ p \geqq 1$

$$\mathrm{d}_p(\mathrm{A}, \mathrm{B}) = \left(\sum_{i=1}^{n} |a_i - b_i|^p\right)^{\frac{1}{p}},$$

$$\mathrm{A} = (a_1, a_2, \cdots, a_n),\ \mathrm{B} = (b_1, b_2, \cdots, b_n)$$

は $\mathbb{R}^n$ の距離函数であることを示せ．

$p = 2$ と選べば通常のユークリッド距離函数に他なりません．d_1 は演習 1.17 で取り上げたタクシー距離です．この問いにおいて $p \geqq 1$ という仮定は，はずせないことを注意しておきます．実際，$p < 1$ の場合 d_p が距離函数にならないことがあるのです．次の問いを見てください．

演習 6.26　$\mathbb{R}^2 \times \mathbb{R}^2$ 上の函数 $\mathrm{d}_{\frac{1}{2}}$:

$$\mathrm{d}_{\frac{1}{2}}(\mathrm{A}, \mathrm{B}) = \left(\sqrt{|a_1 - b_1|} + \sqrt{|a_2 - b_2|}\right)^2,$$

$$\mathrm{A} = (a_1, a_2),\ \mathrm{B} = (b_1, b_2) \in \mathbb{R}^2$$

は $\mathbb{R}^2$ の距離函数ではないことを示せ．

演習 6.27 $p \geqq 1$, A, B $\in \mathbb{R}^n$ に対し $\lim_{p\to\infty} \mathrm{d}_p(\mathrm{A},\mathrm{B}) = \mathrm{d}_\infty(\mathrm{A},\mathrm{B})$ を示せ.

■**工学における** d_p $(\mathbb{R}^3, \mathrm{d}_p)$ における "球面" は物理学や工学にさまざまな応用をもつことが知られています. たとえば銅母相中に析出したコバルト-クロム合金微粒子の形状は $(\mathbb{R}^3, \mathrm{d}_p)$ の球面 (p は 3.3 程度) で近似できるそうです♯9.

演習 6.28 集合 X を次で定める.

$$X = \left\{ x = (x_1, x_2, \dots) \;\middle|\; \sum_{i=1}^{\infty} |x_i|^p < \infty \right\}$$

とする. このとき $x = (x_1, x_2, \dots)$, $y = (y_1, y_2, \dots) \in X$ に対し

$$\mathrm{d}_{\ell^p}(x,y) = \left(\sum_{i=1}^{\infty} |x_i - y_i|^p \right)^{\frac{1}{p}}$$

と定めると d_{ℓ^p} は X の距離函数であることを示せ. (X, d_{ℓ^p}) を ℓ^p と表わし ℓ^p **空間**とよぶ.

演習 6.29 区間 $I = (-1,1) = \{x \in \mathbb{R} \mid -1 < x < 1\}$ に対し函数 d を

$$\mathrm{d}(x,y) = \left| \int_x^y \frac{2\mathrm{d}t}{1-t^2} \right|$$

で定めると (I, d) は距離空間であることを確かめよ.

演習 6.30 $\mathbb{R}^+ = \{x \in \mathbb{R} \mid x > 0\}$ に対し函数 d を

$$\mathrm{d}(x,y) = |\log x - \log y|$$

で定めると $(\mathbb{R}^+, \mathrm{d})$ は距離空間であることを確かめよ. この距離空間は前問の (I, d) と同型であることを確かめよ.

演習 6.29, 6.30 で考えた距離函数は**ヒルベルト距離**とよばれるものの例です. くわしくは [38] を見てください.

例 6.31 距離空間 (X, d) の部分集合 A に対し d を A に制限した函数 $\mathrm{d}|_A$ は A の距離函数を与える. $(A, \mathrm{d}|_A)$ を (X, d) の**部分距離空間**とよぶ.

♯9 尾中晋,「球と正多面体のあいだの形状を与える数式」,『数学セミナー』, 2006 年 6 月号, p.54–58 および「球と多面体のあいだの形：合金中の粒子の形状に関する考察」,『九州大学応用力学研究所研究集会報告』, No. 18 ME-S5, Article No. 10, 2007 を参照してください.

6.2.2 球面

3 次元数空間 $\mathbb{R}^3$ 内の原点を中心とする半径 1 の球面 S^2:

$$S^2 = \{\mathrm{P} = (p_1, p_2, p_3) \in \mathbb{R}^3 \,|\, p_1^2 + p_2^2 + p_3^2 = 1\}$$

上に距離函数を定義します．S^2 の直径の端点を互いに他の**対蹠点**とよびます．ここでは次の記法を使うことにします：

■記法 $\mathrm{P} \in S^2$ に対しその対蹠点を P^* で表わす．中心を通る平面と S^2 の交わりとして得られる円を**大円**とよぶ．相異なる 2 点 $\mathrm{A}, \mathrm{B} \in S^2$ $(\mathrm{B} \neq \mathrm{A}^*)$ を通る大円は唯一存在する[♯10]．この大円の弧の短い方を $\overset{\frown}{\mathrm{AB}}$ と表す．

定義 6.32 同一の大円上にない 3 点 $\mathrm{A}, \mathrm{B}, \mathrm{C} \in S^2$ に対し $\overset{\frown}{\mathrm{AB}}, \overset{\frown}{\mathrm{BC}}, \overset{\frown}{\mathrm{CA}}$ を結んで得られる領域を**球面三角形** ABC とよぶ (図 6.1).

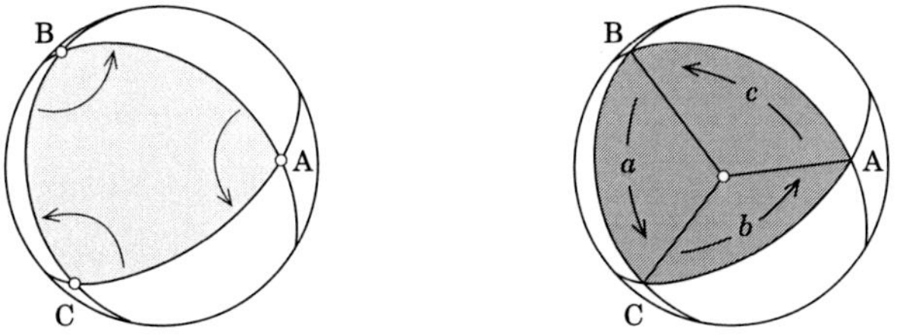

図 6.1 球面三角形．$\triangle$ABC の内部・頂角 (左) と弧角 (右).

演習 6.33 次の問いに答えよ．

(1) $\overset{\frown}{\mathrm{AB}}$の長さ $= \angle\mathrm{AOB}$ を示せ．

(2) 球面三角形 ABC において $\overset{\frown}{\mathrm{BC}}, \overset{\frown}{\mathrm{CA}}, \overset{\frown}{\mathrm{AB}}$ の長さを a, b, c, 角 $\angle\mathrm{CAB}$, $\angle\mathrm{ABC}$, $\angle\mathrm{BCA}$ をそれぞれ α, β, γ と書く．このとき

$$\cos a = \cos b \cos c + \sin b \sin c \cos \alpha, \tag{6.1}$$

$$\frac{\sin a}{\sin \alpha} = \frac{\sin b}{\sin \beta} = \frac{\sin c}{\sin \gamma} \tag{6.2}$$

を示せ．また α, β, γ が非常に小さい場合にはどんなことがわかるか考えよ．(6.1), (6.2) はそれぞれ**球面余弦定理**，**球面正弦定理**とよばれる．

[♯10] 図を描いて確かめてみてください．

(3) $|b-c| < a < b+c,\ a+b+c < 2\pi$ を示せ．また逆にこの関係にある実数 a, b, c に対し，それらを辺の長さにもつ球面三角形が存在することを確かめよ．

(4) $\mathrm{d}_S : S^2 \times S^2 \longrightarrow \mathbb{R}$ を次で定める：

$$\mathrm{d}_S(\mathrm{A},\mathrm{B}) = \begin{cases} \overset{\frown}{\mathrm{AB}}\text{の長さ}, & \mathrm{B} \neq \mathrm{A}^*, \\ \pi, & \mathrm{B} = \mathrm{A}^*. \end{cases}$$

このとき (S^2, d_S) は距離空間であることを示せ．この距離函数を**球面距離函数**とよぶ．

(5) $\mathbb{R}^3$ のユークリッド距離函数 d を S^2 に制限したもの $\mathrm{d}|_{S^2}$ は d_S を用いて

$$\mathrm{d}|_{S^2}(\mathrm{A},\mathrm{B}) = 2\sin\frac{\mathrm{d}_S(\mathrm{A},\mathrm{B})}{2}$$

と表せることを確かめよ．

(6) 例 3.51 における直交群 O(3) の作用

$$\rho : \mathrm{O}(3) \times S^2 \longrightarrow S^2; \rho(A, \boldsymbol{p}) = A\boldsymbol{p}, \quad A \in \mathrm{O}(3), \boldsymbol{p} \in S^2 \subset \mathbb{R}^3$$

は球面距離を保つ．すなわち

$$\mathrm{d}_S(\rho(A,\boldsymbol{p}), \rho(A,\boldsymbol{q})) = \mathrm{d}_S(\boldsymbol{p},\boldsymbol{q}), \quad \boldsymbol{p}, \boldsymbol{q} \in S^2$$

が成立することを示せ．

(7) $\alpha + \beta + \gamma = \pi +$ “球面三角形 ABC の面積” を示せ．

(8) S^2 上の相異なる 2 点 A, B を結ぶ C^1 級曲線[♯11]の中で，$\overset{\frown}{\mathrm{AB}}$ は最小の長さをもつことを示せ．

6.2.3 双曲平面

数平面 $\mathbb{R}^2$ の上半分 $\boldsymbol{H} = \{(x,y) \in \mathbb{R}^2 \mid y > 0\}$ を**上半平面**とよびます[♯12]．上半平面の 2 点 $\mathrm{P} = (x,y)$, $\mathrm{Q} = (u,v)$ に対し**双曲線分** PQ を次のように定めます．

- $x \neq u$ のとき：x 軸上に中心をもち P と Q を通る半円弧のうち，P と Q をむすぶ部分．
- $x = u$ のとき：線分 PQ.

[♯11] 微分可能でかつ導函数が連続なもの．

[♯12] 演習 3.39 の解答で用いました．

双曲直線を次のように定めます.

- $x \neq u$ のとき：x 軸上に中心をもち P と Q を通る半円から x 軸との交点を除いたもの.
- $x = u$ のとき：$\{(x,t)\,|\,t>0\}$.

同一の双曲直線上にない相異なる 3 点 A, B, C $\in \boldsymbol{H}$ に対し双曲線分 AB, BC, CA を結んで得られる領域を**双曲三角形**とよびます (図 6.2). ここでは証明しませんが以下のことが成立します (証明については [38], [55], [84], [89] を参照してください).

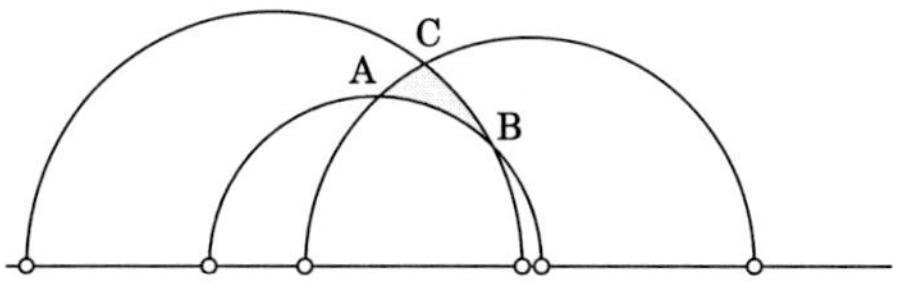

図 **6.2** 双曲三角形.

命題 6.34 (1) 双曲三角形 ABC において双曲線分 BC, CA, AB の長さを a, b, c, 角 $\angle$CAB, $\angle$ABC, $\angle$BCA をそれぞれ α, β, γ と書くと

$$\cosh a = \cosh b \cosh c - \sinh b \sinh c \cos \alpha, \tag{6.3}$$

$$\frac{\sinh a}{\sin \alpha} = \frac{\sinh b}{\sin \beta} = \frac{\sinh c}{\sin \gamma} \tag{6.4}$$

が成立する. (6.3), (6.4) はそれぞれ**双曲余弦定理**, **双曲正弦定理**とよばれる.

(2) $\mathrm{d}_H : \boldsymbol{H} \times \boldsymbol{H} \longrightarrow \mathbb{R}$ を $\mathrm{d}_H(\mathrm{A},\mathrm{B}) =$ "双曲線分 AB の長さ" と定める. このとき $(\boldsymbol{H}, \mathrm{d}_H)$ は距離空間である. この距離函数を**双曲距離函数**とよぶ.

(3) $\alpha + \beta + \gamma = \pi -$ "双曲三角形 ABC の面積".

註 6.35 (1) 複素数を用いると, 双曲距離函数を簡潔な式で表示できる. $\boldsymbol{H}$ を $\boldsymbol{H} = \{z = x + yi \in \mathbb{C}\,|\,y > 0\}$ と表すと, d_H は

$$\mathrm{d}_H(z,w) = \log \frac{1 + \left|\dfrac{z-w}{z-\overline{w}}\right|}{1 - \left|\dfrac{z-w}{z-\overline{w}}\right|}, \quad z,\, w \in \boldsymbol{H}$$

と表示できる.

(2) $\mathrm{SL}_2\mathbb{R}$ を $\boldsymbol{H}$ に次のようにして作用させることができる．

$$\rho : \mathrm{SL}_2\mathbb{R} \times \boldsymbol{H} \longrightarrow \boldsymbol{H};\ \rho(A, z) = \frac{a_{11}z + a_{12}}{a_{21}z + a_{22}},$$

$$A = (a_{ij}),\ z = x + iy \in \boldsymbol{H}.$$

実際 $w = u + iv = \rho(A, z)$ とおくと

$$w = \frac{a_{11}z + a_{12}}{a_{21}z + a_{22}} = \frac{(a_{11}z + a_{12})(a_{21}\bar{z} + a_{22})}{(a_{21}z + a_{22})(a_{21}\bar{z} + a_{22})}$$

$$= \frac{1}{|a_{21}z + a_{22}|^2}\left(a_{11}a_{21}|z|^2 + a_{12}a_{22} + a_{11}a_{22}z + a_{12}a_{21}\bar{z}\right)$$

より

$$v = \frac{(a_{11}a_{22} - a_{12}a_{21})y}{|a_{21}z + a_{22}|^2} = \frac{y}{|a_{21}z + a_{22}|^2} > 0$$

なので $\rho(A, z) \in \boldsymbol{H}$ である．$\boldsymbol{H}$ 上の変換 $\rho(A) : z \longmapsto \rho(A, z)$ を A による 1 **次分数変換**とよぶ．さらに，この作用は推移的である．$i \in \boldsymbol{H}$ における固定群をもとめよう．$\rho(A, i) = i$ より $a_{11}i + a_{12} = a_{21}i + a_{22}$．これを書き直すと $a_{11} = a_{22}$ かつ $a_{12} = -a_{21}$ を得る．この 2 式を $\det(A) = 1$ に代入すると

$$A = \begin{pmatrix} a_{11} & -a_{21} \\ a_{21} & a_{11} \end{pmatrix}, \quad a_{11}^2 + a_{21}^2 = 1$$

だから i における固定群は $\mathrm{SO}(2)$ である．したがって $\boldsymbol{H} = \mathrm{SL}_2\mathbb{R}/\mathrm{SO}(2)$ と表示される．

(3) 上で定めた $\mathrm{SL}_2\mathbb{R}$ の作用は d_H を保つ．すなわち

$$\mathrm{d}_H(\rho(A, z_1), \rho(A, z_2)) = \mathrm{d}_H(z_1, z_2), \quad z_1,\ z_2 \in \boldsymbol{H}.$$

(4) $A \in \mathrm{SL}_2\mathbb{R}$ に対し 1 次分数変換 $\rho(A)$ と $\rho(-A)$ は同じ変換を定めている．したがって，例 3.50 のときのように $\mathrm{PSL}_2\mathbb{R} = \mathrm{SL}_2\mathbb{R}/\{\pm E\}$ をつくり，この群を $\boldsymbol{H}$ に作用させられる．もちろんこの群による作用も推移的なので，$(\mathrm{PSL}_2\mathbb{R}, \boldsymbol{H})$ はクライン幾何を定める．この幾何は例 3.52 でとりあげた 2 次元双曲幾何と同一の幾何である．

より正確には，2 次元双曲幾何 $(\mathrm{SO}_1^+(3), H^2)$ と $(\mathrm{PSL}_2\mathbb{R}, \boldsymbol{H})$ との間に次の関係がある．

- 等長写像 $\varphi : H^2 \longrightarrow \boldsymbol{H}$ と群同型写像 $f : \mathrm{SO}_1^+(3) \longrightarrow \mathrm{PSL}_2\mathbb{R}$ で以下の条件をみたすものが存在する：

$$\text{すべての } a \in \mathrm{SO}_1^+(3) \text{ と } x \in H^2 \text{ に対し}$$
$$\rho(f(a), \varphi(x)) = \varphi(\rho(a, x)).$$

これら二つのクライン幾何は距離空間の構造も込めて同型である (註 3.19 を参照).

(5) 三角形の内角の和に関する公式

- $\mathbb{R}^2$ の場合：$\alpha + \beta + \gamma = \pi$,
- S^2 の場合：$\alpha + \beta + \gamma = \pi +$ 球面三角形 ABC の面積,
- $\boldsymbol{H}$ の場合：$\alpha + \beta + \gamma = \pi -$ 双曲三角形 ABC の面積

はガウス・ボンネの公式とよばれるものの特別な場合である．ガウス・ボンネの公式については微分幾何の教科書 (たとえば [39], [75]) を参照されたい.

6.2.4 直径・部分集合間の距離

距離空間 (X, d) の部分集合 A に対し

$$\delta(A) := \sup\{\mathrm{d}(x, y) \mid x,\, y \in A\}$$

と定め A の**直径**とよびます♯13．直径が有限のとき A は**有界**であるといいます♯14．球面・球体・閉球は有界集合の典型例です.

演習 6.36 $X = \mathbb{R}$, $A = \{a_1, a_2, \cdots, a_n, \cdots\}$ とする．すなわち A は数列 $\{a_n\}$ である．ある正数 M が存在してすべての番号 n に対し $|a_n| < M$ となるとき，A は有界数列であるという♯15．A が有界数列であることと $\delta(A)$ が有限であることが同値であることを確かめよ.

定義 6.37 距離空間 (X, d) の二つの部分集合 $\mathscr{A}$, $\mathscr{B}$ に対し

$$\mathrm{d}(\mathscr{A}, \mathscr{B}) := \inf\{\mathrm{d}(a, b) \mid a \in \mathscr{A},\, b \in \mathscr{B}\}$$

と定め，$\mathscr{A}$ と $\mathscr{B}$ の距離とよぶ.

演習 6.38 (点と直線の距離) $(X, \mathrm{d}) = \mathbb{R}^2$ とし，X の座標系を (x, y) とする．部分集合 $\mathscr{A} = \{(x_0, y_0)\}$ と $\mathscr{B} =$ 直線 $ax + by + c = 0$ の距離 $\mathrm{d}(\mathscr{A}, \mathscr{B})$ をもとめよ.

♯13 4.2 節では有界閉区間の直径を定義しました.

♯14 $(X, \mathrm{d}) = (\mathbb{R}^n, \mathrm{d})$ のときはすでに 4.2 節で定義してあります.

♯15 $(\exists M > 0)(\forall n \in \mathbb{N})(|a_n| < M)$. 微分積分の教科書を見てください.

演習 6.39 $(X, \mathrm{d}) = \mathbb{R}^3$ とし座標系を (x, y, z) とする．以下にあげる部分集合 $\mathscr{A}$, $\mathscr{B}$ 間の距離 $\mathrm{d}(\mathscr{A}, \mathscr{B})$ をもとめよ．

(1) $\mathscr{A} =$ 原点 $(0, 0, 0)$, $\mathscr{B} =$ 直線 $2 - x = y = z + 1$. (福岡県教員採用試験)

(2) $\mathscr{A} =$ 点 $(3, -1, 4)$, $\mathscr{B} =$ 直線 $\dfrac{x-4}{4} = \dfrac{y-1}{3} = \dfrac{z-2}{5}$. (東京農工大入試)

(3) $\mathscr{A} =$ 直線 $x - 1 = y - 2 = z$, $\mathscr{B} =$ 直線 $x - 2 = \dfrac{y+5}{2} = 3 - z$.

(4) $\mathscr{A} = 2$ 点 $(1, 0, 0)$, $(0, 1, 2)$ を通る直線，$\mathscr{B} = (0, 0, 1)$, $(1, 1, 0)$ を通る直線. (神戸商船大入試♯16)

(5) $\mathscr{A} =$ 点 $\{(x_0, y_0, z_0)\}$, $\mathscr{B} =$ 平面 $ax + by + cz + d = 0$.

演習 6.40 3 点 $\mathrm{A}(2, 0, -3)$, $\mathrm{B}(0, 2, -1)$, $\mathrm{C}(8, 0, 1)$ を通る平面 Π と点 $\mathrm{P}(1, -3, 4)$ の距離 $\mathrm{d}(\Pi, \mathrm{P})$ をもとめよ．さらに A, B, C, P を頂点とする四面体の体積をもとめよ．

6.2.5 グラフ

ここまで $\mathbb{R}^n$ やその部分集合に対し距離函数を定めてきました．距離函数はグラフとよばれるものに対しても考えることができます．

定義 6.41 共通部分をもたない二つの空でない集合 V, E の組 $X = (V, E)$ に対し写像 $i : E \longrightarrow V \times V$ と $\tau : E \longrightarrow E$ で条件

(1) $\tau \circ \tau = I$,

(2) $e \in E$ に対し $\tau(e) \neq e$, $i(\tau(e)) = \iota(i(e))$

をみたすものが与えられているとき，$X = (V, E)$ を**グラフ**という (図 6.3)♯17．ここで $\iota : V \times V \longrightarrow V \times V$ は $\iota(x, y) = (y, x)$ で定める．E, V をそれぞれグラフ X の辺集合，頂点集合とよぶ．

(1) $v \in V$ を**頂点**, $e \in E$ を (有向) **辺**とよぶ．また角 $e \in E$ に対し $i(e) = (o(e), t(e))$ と書き，$o(e)$ を e の始点，$t(e)$ を e の終点とよぶ．$\tau(e)$ を e の逆向きの辺とよぶ．

♯16 現在の神戸大学海事科学部.

♯17 ここで定義したグラフは辺に向きをつけたもので有向グラフともよばれるものです．辺に向きをつけないもの (e と $\tau(e)$ を区別しない) ものは無向グラフとよばれます．

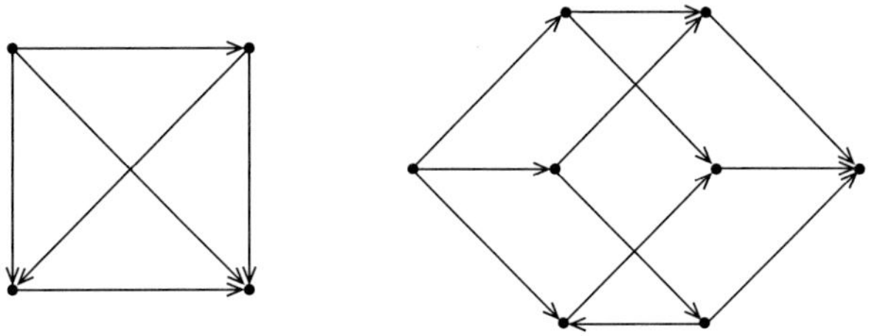

図 **6.3** グラフの例.

(2) 辺の列 $c = (e_1, e_2, \cdots, e_n)$ で $t(e_i) = o(e_{i+1})$ $(i = 1, 2, \cdots, n-1)$ をみたすものを**路**[♯18]とよぶ．路 $c = (e_1, e_2, \cdots, e_n)$ に対し c の長さを n と定める．$o(c) = o(e_1)$, $t(c) = t(e_n)$ を c の始点，終点とよぶ.

簡単のために V は有限集合であると仮定します．さらに

- 各 $x \in V$ を始点とする辺の数は有限,
- 任意の $x, y \in V$ に対し x を始点とし y を終点とする路が存在する

という仮定をおきます．これらの条件をみたすグラフを**有限連結グラフ**とよびます．有限連結グラフ $X = (V, E)$ に対し $\mathrm{d} : V \times V \longrightarrow \mathbb{R}$ を

- $\mathrm{d}(x, x) = 0$,
- $x \neq y$ のとき $\mathrm{d}(x, y) = x$ と y を結ぶ路の長さの最小値

と定めると V 上の距離函数です．グラフ上の解析学については [93], [84] を見るとよいでしょう.

6.2.6 情報理論

この本で扱ってきた距離函数やアフィン空間は図形の探求から生まれてきた概念ですから，現代のコンピュータ社会とは何の関係もないように思うかもしれません．しかしその基礎となっている情報理論でも，距離の概念は重要な役割を果たしています．そこでここでは，情報理論に用いられている距離函数を紹介しておきます．通信文を 0 と 1 だけの文に書き直して送信することを考えてください．通信文を 0 と 1 だけの文に変換したものを**符号語**とよびます．$F = \{0, 1\}$ とし F の演算を

♯18 トレイル，小道ともよばれる.

$$0+0=0, \quad 0+1=1+0=1, \quad 1+1=0,$$
$$0\times 0=0\times 1=1\times 0=0, \quad 1\times 1=1$$

と定める と F は体をなします♯19．0 と 1 からなる n 文字文の集合

$$\begin{aligned} X &= F^n \\ &= \{x=(x_1,x_2,\cdots,x_n)\,|\,x_1,x_2,\cdots,x_n\in F\} \end{aligned}$$

に対し $\mathrm{d}(x,y)=$ "$x_i\neq y_i$である i の数" とおくと X 上の距離函数を定めます．この距離函数を X の**信号距離**または**ハミング距離**♯20とよびます．X は F 上の n 次元線型空間です．また X の線型部分空間♯21を**線型符号**とよびます．線型符号 C に対し

$$\mathrm{d}(C)=\min\{\mathrm{d}(x,y)\,|\,x,\,y\in C\}$$

を C の最小距離といいます．これらは通信文の誤り訂正の評価で用いられます．符号語 x と実際に受信した語 y とは同一であるとは限らず，**誤り**を含むことがあります．

符号語 x と受信語 y のハミング距離が $(\mathrm{d}(C)-1)/2$ 以下であれば y に最も近い z が一意的に決まるので，$z=x$ として**誤り訂正**が可能です (よりくわしくは [51, 2 章], [85, 308–313] を見てください)．

6.2.7 位相幾何へむけて

数空間 $\mathbb{R}^n$ における開集合は距離函数を用いて定義されていたことを思い出してください．定義 6.1 をあらためて眺めると，この定義は一般の距離空間でも通用することに気付くはずです．そこで次の定義をしましょう．

定義 6.42 ε を正の実数とする．距離空間 X の一点 x に対し

$$U_\varepsilon(x):=\{y\in X\,|\,\mathrm{d}(x,y)<\varepsilon\}$$

で定まる部分集合 $U_\varepsilon(x)$ を点 x の ε-近傍とよぶ．

♯19 体については附録 A.2.7 をみてください．

♯20 Richard Wesley Hamming (1915–1998).

♯21 附録 A.2 をみてください．

定義 6.43 距離空間 X の部分集合 O が次の条件をみたすとき (X における) **開集合**とよぶ：O の任意の点 x に対し $U_\varepsilon(x) \subset O$ となるように ε を選ぶことができる[♮22].

空集合 $\varnothing$ を開集合に含めます. X は明らかに開集合です.

命題 6.44 距離空間 (X, d) の開集合をすべて集めて得られる集合を $\mathfrak{O}(X)$ と書く. $\mathfrak{O}(X)$ は次の性質をもつ.

(1) $\varnothing \in \mathfrak{O}(X)$, $X \in \mathfrak{O}(X)$,

(2) $O_1, O_2 \in \mathfrak{O}(X) \Longrightarrow O_1 \cap O_2 \in \mathfrak{O}(X)$,

(3) ある添字集合 Λ で添数づけられた集合の族 $\{O_\lambda\}_{\lambda\in\Lambda}$ に対し

$$\text{すべての}\lambda \in \Lambda\text{に対し } O_\lambda \in \mathfrak{O}(X) \Longrightarrow \bigcup_{\lambda\in\Lambda} O_\lambda \in \mathfrak{O}(X).$$

$\mathfrak{O}(X)$ を (X, d) の**開集合系**とよぶ.

(証明) (1) $\varnothing \in \mathfrak{O}(X)$ は規約. X は明らかに開集合. (2) $x \in O_1 \cap O_2$ とすると, $x \in O_1$ より $U_{\varepsilon_1}(x) \subset O_1$ となる $\varepsilon_1 > 0$ が存在する. 同様に $U_{\varepsilon_2}(x) \subset O_2$ となる $\varepsilon_2 > 0$ が存在する. そこで $\varepsilon = \min\{\varepsilon_1, \varepsilon_2\}$ とおけば $U_\varepsilon(x) \subset O_1 \cap O_2$. (3) $x \in \bigcup_{\lambda\in\Lambda} O_\lambda$ とする. x は $\{O_\lambda\}_{\lambda\in\Lambda}$ のどれかに含まれている. たとえば $x \in O_\mu$ であるとしよう. O_μ は開集合なので $U_\varepsilon(x) \subset O_\mu$ となる $\varepsilon > 0$ が存在する. したがって $U_\varepsilon(x) \subset O_\mu \subset \bigcup_{\lambda\in\Lambda} O_\lambda$. □

距離空間の間の写像に対し連続性を定義します. 定理 6.13, 演習 6.14 (の解答) を参考にして次のように定めます.

定義 6.45 (連続写像) $f : (X, \mathrm{d}) \longrightarrow (Y, \mathrm{d}')$ が次の条件をみたすとき, $a \in X$ において**連続**であるという[♮23]. 任意の $\varepsilon > 0$ に対し, $\delta > 0$ が存在し,

$$x \in U_\delta(a) \Longrightarrow f(x) \in U_\varepsilon(f(a)),$$

すなわち $\mathrm{d}(x, a) < \delta \Longrightarrow \mathrm{d}'(f(x), f(a)) < \varepsilon$. f が X のすべての点で連続のとき, f は X 上で連続であるという.

この定義をもとにして同相写像を定めます.

[♮22] $(\forall x \in O)(\exists \varepsilon > 0)(U_\varepsilon(x) \subset O)$.

[♮23] $(\forall \varepsilon > 0)(\exists \delta > 0)(\forall x \in X)(x \in U_\delta(a) \Longrightarrow f(x) \in U_\varepsilon(f(a)))$.

定義 6.46 (同相写像)　距離空間の間の写像 $f : X \longrightarrow Y$ が次の条件をみたすとき**同相写像**とよぶ.

- f は連続,
- f は全単射,
- f の逆写像 f^{-1} も連続.

X と Y の間の同相写像が存在するとき X と Y は**同相**であるといい，$X \approx Y$ と記す.

命題 6.47　等距離写像 $f : (X, \mathrm{d}) \longrightarrow (Y, \mathrm{d}')$ は X 上で連続．とくに等長写像は同相写像である.

(証明)　$x \in X$ と $\varepsilon > 0$ に対し $\delta = \varepsilon$ ととればよい．実際

$$\mathrm{d}(x, a) < \delta \Longrightarrow \mathrm{d}'(f(x), f(a)) = \mathrm{d}(x, a) < \delta = \varepsilon$$

である．□

等長写像は同相写像ですが，等長でない同相写像が存在します.

例 6.48　開区間 $I = (-1, 1)$ に $(\mathbb{R}^1, \mathrm{d})$ の距離函数を制限したもの $\mathrm{d}|_I$ を与えて距離空間とする．$f : (I, \mathrm{d}|_I) \longrightarrow (\mathbb{R}^1, \mathrm{d})$ を $f(x) = x/(1 - |x|)$ と定めると同相写像だが，等距離写像ではない.

演習 6.49　距離空間 X 上の同相写像[♯24]の全体 $\mathscr{H}(X)$ は合成に関し群をなすことを確かめよ．この群を X の**位相変換群**とよぶ.

$\mathbb{R}^n$ の場合にすでにみたように，位相変換群は等距離変換群より大きい群です.

同一集合上の異なる距離函数が，同じ開集合系を定めることがあります．同じ開集合系をもつが距離空間としては異なる空間を扱うために次の用語を定めます.

定義 6.50　空でない集合 X 上の二つの距離函数 d, d' に対し恒等変換 $I : (X, \mathrm{d}) \longrightarrow (X, \mathrm{d}')$ が同相写像となるとき，d と d' は**同値な距離函数**であるという.

この定義からただちに次の事実が示せます.

[♯24] X から X 自身への同相写像のこと.

命題 6.51 空でない集合 X 上の二つの距離函数 d, d' に対し，以下は同値である.

(1) d と d' は同値な距離函数.

(2) d, d' の定める開集合系は同一．すなわち $\mathfrak{O}(X, \mathrm{d}) = \mathfrak{O}(X, \mathrm{d}')$.

(3) ある正数 c_1 と c_2 が存在して，すべての 2 点 $x, y \in X$ に対し

$$c_1 \mathrm{d}(x, y) \leqq \mathrm{d}'(x, y) \leqq c_2 \mathrm{d}(x, y)$$

をみたす.

演習 1.19 を用いると，$\mathbb{R}^n$ 上の距離函数 d_1, d, d_∞ が同値な距離であることが得られます.

命題 6.52 距離空間 (X, d) において d と同値な距離 d' で，d' で測った X の直径が有限となるものが存在する.

(証明) 演習 6.21 で考えた距離函数 d' は d と同値である．X の直径を d' で測ると $\delta(X, \mathrm{d}') \leqq 1$．また $\mathrm{d}''(x, y) = \min\{1, \mathrm{d}(x, y)\}$ も d と同値な距離函数で $\delta(X, \mathrm{d}'') \leqq 1$ をみたす．□

演習 6.14 から，二つの集合間の写像 $f : X \longrightarrow Y$ に対し，連続性や同相性を定義するためには，X, Y に距離函数が定められていなくてもよいことに気付きます．連続写像は "開集合を引き戻しても開集合" という性質をもつ写像として定義できます．この定義が実行できるためには，X, Y に開集合系が定められている必要があります．これらの観察をもとに**位相空間**が次のように定義されます.

定義 6.53 空でない集合 X の部分集合からなる集合 $\mathfrak{O}(X)$ が次の性質をもつとき，$\mathfrak{O}(X)$ は X に**位相を定める** (または**位相構造を定める**) という.

(1) $\varnothing \in \mathfrak{O}(X)$, $X \in \mathfrak{O}(X)$,

(2) $O_1, O_2 \in \mathfrak{O}(X) \Longrightarrow O_1 \cap O_2 \in \mathfrak{O}(X)$,

(3) ある添字集合 Λ で添数づけられた集合の族 $\{O_\lambda\}_{\lambda \in \Lambda}$ に対し

$$\text{すべての}\lambda \in \Lambda\text{に対し } O_\lambda \in \mathfrak{O}(X) \Longrightarrow \bigcup_{\lambda \in \Lambda} O_\lambda \in \mathfrak{O}(X).$$

組 $X = (X, \mathfrak{O}(X))$ を**位相空間**, $\mathfrak{O}(X)$ を $(X, \mathfrak{O}(X))$ の**開集合系**とよぶ．$O \in \mathfrak{O}(X)$ を $(X, \mathfrak{O}(X))$ の**開集合**とよぶ.

例 6.54 (距離位相)　距離空間 (X, d) において定義 6.43 で定めた開集合をすべて集めて得られる集合を $\mathfrak{O}(X)$ とおくと，定理 6.44 から $\mathfrak{O}(X)$ は X の位相を定める．これを X の**距離位相**とよぶ．通常，距離空間の位相といえば，距離位相を意味する．

演習 6.14 を手がかりに次の定義をします．

定義 6.55　$X = (X, \mathfrak{O}(X))$, $Y = (Y, \mathfrak{O}(Y))$ を位相空間とする．

- 写像 $f : X \longrightarrow Y$ が条件[♯25]

$$\text{任意の } O \in \mathfrak{O}(Y) \text{ に対し } f^{-1}(O) \in \mathfrak{O}(X)$$

をみたすとき，**連続写像**とよぶ．

- $f : X \longrightarrow Y$ が全単射，連続で，逆写像 f^{-1} も連続のとき，**同相写像**とよぶ．

- 同相写像 $f : X \longrightarrow Y$ が存在するとき X と Y は**同相である**といい，$X \approx Y$ と記す．

- 位相空間 X 上の同相写像全体 $\mathscr{H}(X)$ は群をなす．この群を**位相変換群**とよぶ．

例 6.56 (円周と正方形)　円周を $X = \{(x_1, x_2) \mid x_1^2 + x_2^2 = 1\}$, 正方形を $Y = \{(x_1, x_2) \mid -1 \leqq x_1 \leqq 1, x_2 = \pm 1\}$ と表そう．X, Y を $\mathbb{R}^2$ の部分距離空間として取り扱う．$f : \mathbb{R}^2 \longrightarrow \mathbb{R}^2$ を

$$f(x_1, x_2) = \left(\frac{x_1}{m}, \frac{x_2}{m}\right), \quad m := \max(|x_1|, |x_2|)$$

と定めると $f(X) = Y$ である．とくに $f : X \longrightarrow Y$ は同相写像である

演習 6.57　f^{-1} を具体的に与え，それを用いて f が同相写像であることを示せ．

クライン幾何にならって「位相幾何学」を「位相空間とその上の位相変換群の作用のなす組」と定めてみましょう．同相写像で不変な位相空間の性質を**位相的性質**，同相写像で不変な量を**位相不変量**とよびます．

また一般の位相空間では位相変換群が推移的に作用しないので，この本で述べてきたクライン幾何とは事情が異なります．位相変換群が推移的に働く位相空間は**等質位相空間**とよばれています．

[♯25] $f^{-1}(\mathfrak{O}(Y)) \subset \mathfrak{O}(X)$ と略記できる．

■さらに学ぶために■

ここまで読んでくださった読者は，位相空間論・位相幾何学の本を読み進めることができるでしょう．

位相空間論について深く学びたい方には，[31], [58], [59] をすすめておきます．位相空間論を学んだあと，あるいは直接に位相幾何学の教科書へ進み，ホモロジー論やホモトピー論を学びたい方には [33], [43], [45] をすすめておきます．

距離空間の幾何学 (および距離空間上の大域解析学) は，大域リーマン幾何学 (崩壊理論) の発展を契機に (幾何学的群論とのかかわりも含め) 大きな進展をみせています．[8], [65], [60] などを見てください．

附　録

数学的補遺
演習問題の略解
参考文献

附録 A

数学的補遺

A.1　集合と写像

A.1.1　集合

a が集合の**元** (要素) であることを $a \in A$ (または $A \ni a$) と表記する．性質 (P) をもつ A の元全体を $\{a \in A \,|\, (P)\}$ で表す．

自然数の全体，整数の全体をそれぞれ $\mathbb{N}$, $\mathbb{Z}$ で表す．

$$\mathbb{N} = \{1, 2, \cdots, n, \cdots\},$$

$$\mathbb{Z} = \{0, \pm 1, \pm 2, \cdots\}.$$

二つの集合 A, B において，すべての $a \in A$ に対し $a \in B$ が成立するとき $A \subset B$ と表し，A は B の**部分集合**であるという．たとえば $\mathbb{N} \subset \mathbb{Z}$ である．空集合を $\varnothing$ で表す．集合 A に対し $\varnothing \subset A$ と決める．$A \subset B$ であり同時に $B \subset A$ のとき $A = B$ と表記し，A と B は同一の集合であるという．

A.1.2　部分集合に関する記法

集合 X を一つ選んでおく．$A \subset X, B \subset X$ に対し，次のように定める．

- $X \setminus A = \{x \in A \,|\, x \notin A\}$ を A の X における**補集合**とよぶ．
- $A \cap B = \{x \in X \,|\, x \in A$ かつ $x \in B\}$ を A と B の**共通部分** (または**交わり**) とよぶ．
- $A \cup B = \{x \in X \,|\, x \in A$ または $x \in B\}$ を A と B の**和集合** (または**合併**，**結び**) とよぶ．
- $A - B = \{x \in X \,|\, x \in A$ かつ $x \notin B\}$ を A と B の**差集合**とよぶ．

有理数の全体 $\mathbb{Q}$ は

$$\mathbb{Q}=\left\{\pm\frac{m}{n}\;\middle|\;m,\,n\in\mathbb{N}\right\}\cup\{0\}$$

と表せる.

A の元 a と B の元 b を順序を考慮に入れて組にしたもの (a,b) の全体

$$A\times B=\{(a,b)\,|\,a\in A,\,b\in B\}$$

を A と B の**積集合**とよぶ.

A.1.3 写像

二つの集合 X, Y において X の元 x に Y の元 y をただ一つだけ対応させる規則が定まっているとき，その規則を**写像**とよび，$f: X \longrightarrow Y$, $f(x)=y$, $x \longmapsto y$ などと表す．$X=Y$ のとき，f は X 上の**変換**であるという．Y が数の集合 (たとえば $\mathbb{R}$ や $\mathbb{C}$) のとき f を X 上の函数とよぶことが多い.

写像 $f: X \longrightarrow Y$ に対し,

- X を f の**定義域**とよぶ.
- Y を f の値域とよぶ.
- 部分集合 $A\subset X$ に対し $f(A)=\{f(x)\,|\,x\in A\}$ を f による A の**像**とよぶ.
- 部分集合 $B\subset Y$ に対し $f^{-1}(B)=\{x\in X\,|\,f(x)\in B\}$ を B の f による**逆像**とよぶ.
- $f: X\longrightarrow Y$ と $A\subset X$ に対し $f|_A: A\longrightarrow Y$ を $f|_A(a)=f(a)$ $(a\in A)$ で定め f の A への**制限**とよぶ.
- $I: X\longrightarrow X$ を $I(x)=x$ で定め，これを X の**恒等写像**とよぶ．定義域が X であることを明記したいときは I_X と記す[♯1].

A.1.4 合成と全単射

写像 $f: X \longrightarrow Y$ に対し,

- $a\neq b$ ならば $f(a)\neq f(b)$ が成立するとき，f を 1 対 1 写像とか**単射**とよぶ.
- $f(X)=Y$ のとき，すなわち，どの $y\in Y$ についても必ず $y=f(x)$ となる $x\in X$ が存在するとき，f を上への写像とか**全射**とよぶ.
- f が全射かつ単射であるとき，**全単射**とよぶ.

[♯1] 位相幾何学の教科書では 1_X という記法もよく使われる.

- $f : X \longrightarrow Y$ が全単射であれば，どの $y \in Y$ についても $f(x) = y$ となる $x \in X$ がただ一つ存在する．対応 $y \longmapsto x$ で定まる写像 $f^{-1} : Y \longrightarrow X$ と書き，f の**逆写像**とよぶ．

二つの写像 $f : X \longrightarrow Y, g : Y \longrightarrow Z$ に対し $(g \circ f)(x) = g(f(x))$ で新たな写像 $g \circ f : X \longrightarrow Z$ を定義できる．これを f と g の**合成**とよぶ．

$f : X \longrightarrow Y$ が全単射であれば $f^{-1} \circ f = I_X$ かつ $f \circ f^{-1} = I_Y$ である．

A.1.5 添字集合

集合 X の部分集合をすべて集めて得られる集合を $\mathfrak{P}(X)$ と書き[♮2]，X の**冪**(べき)**集合**とよぶ．写像 $f : \Lambda \longrightarrow \mathfrak{P}(X)$ が与えられたとき，

$$\{A_\lambda \,|\, \lambda \in \Lambda\}, \quad A_\lambda = f(\lambda)$$

を X の部分集合の**族**という．$\{A_\lambda\}_{\lambda \in \Lambda}$ とも表す．このとき Λ を $\{A_\lambda \,|\, \lambda \in \Lambda\}$ の**添字集合**とよぶ．部分集合族 $\{A_\lambda\}_{\lambda \in \Lambda}$ に対し，その共通部分，和集合をそれぞれ

$$\bigcap_{\lambda \in \Lambda} A_\lambda = \{x \,|\, \text{すべての } \lambda \text{ に対し } x \in A_\lambda\},$$

$$\bigcup_{\lambda \in \Lambda} A_\lambda = \{x \,|\, \text{すくなくとも一つの } \lambda \text{ に対し } x \in A_\lambda\}$$

で定める．$\Lambda = \mathbb{N}$ のときは，

$$\bigcap_{n \in \mathbb{N}} A_n = \bigcap_{n=1}^{\infty} A_n, \quad \bigcup_{n \in \mathbb{N}} A_n = \bigcup_{n=1}^{\infty} A_n$$

という表記も用いる．

A.2 群・環・体

A.2.1 半群

集合 G の任意の 2 元 a, b に対し第 3 の元 ab が定まり**結合法則**：

$$(ab)c = a(bc)$$

をみたすとき，G を**半群**とよぶ．また ab を a と b の積とよぶ．半群においては

$$G \times G \longrightarrow G;\ (a, b) \longmapsto ab$$

なる写像が定まっている．この写像を**演算**とよぶ．

たとえば，自然数の全体 $\mathbb{N}$ に掛け算 $\cdot$ を指定したもの $(\mathbb{N}, \cdot)$ は半群である．

♮2 $\mathfrak{P}$ は P のドイツ文字．$\mathfrak{P}(X)$ は 2^X とも書かれる．

A.2.2 群

半群 G が次の条件をみたすとき**群**とよぶ．

(1) ある特別な元 $e \in G$ が存在して，すべての元 $a \in G$ に対し $ae = ea = a$ をみたす．この e を**単位元**とよぶ♯3．

(2) 任意の元 a に対し $aa' = a'a = e$ をみたす a' が存在する．a' を a の**逆元**♯4とよび a^{-1} で表す．

A.2.3 可換群

群 G が**交換法則** $ab = ba$ をみたすとき**可換群**とか**アーベル群**とよぶ．たとえば $\mathbb{R}$ に足し算 $+$ を指定したものは可換群である．n 次実行列全体 $\mathrm{M}_n\mathbb{R}$ は行列の加法 $+$ に関し可換群である．一方，実正則行列全体 $\mathrm{GL}_n\mathbb{R}$ は行列の積に関し群であるが可換群ではない♯5．

可換群においては演算を $+$ で表すことが多い．その際，逆元は a^{-1} でなく $-a$ と表記する．

A.2.4 同型写像

二つの群 G_1, G_2 間の写像 $f : G_1 \longrightarrow G_2$ が演算を保つとき，すなわち $f(gh) = f(g)f(h)$ をつねにみたすとき**準同型写像**とよぶ．特に全単射である準同型写像を**同型写像**とよぶ．二つの群 G_1, G_2 間に同型写像が存在するときこれらの群は同型であるといい，$G_1 \cong G_2$ と表記する．

A.2.5 部分群と剰余類

群 G の部分集合 H が G の演算に関し群であるとき，G の**部分群**であるという．

群 G の部分群 H を一つ指定する．G 上の関係 $\sim_H$ を

$$g_1 \sim_H g_2 \Longleftrightarrow g_1^{-1} g_2 \in H$$

で定めるとこれは同値関係である．$g \in G$ の同値類は $gH = \{gh \,|\, h \in H\}$ と表せる．gH を g の H に関する**左剰余類**とよぶ．この $\sim_H$ による G の商集合

♯3 単位元は存在すれば唯一つであることを確かめよ．

♯4 逆元は存在すれば唯一つであることを確かめよ．

♯5 記号 $\mathrm{M}_n\mathbb{R}$, $\mathrm{GL}_n\mathbb{R}$ については第 2 章,「記号と記法の約束」(p.38) を参照．

を G/H で表し G の H による**左剰余類集合**とよぶ．同様に右剰余類 Hg を定める[♯6]．

部分群 H が次の条件をみたすとき**正規部分群**とよぶ：任意の $g \in G$ に対し $gH = Hg$ が成立する．

H が正規部分群のとき $(g_1H)(g_2H) = (g_1g_2)H$ で G/H の演算が定まり G/H は群をなす．この群を G の H による**剰余群**とよぶ．

二つの部分群 H_1, H_2 の間に

$$H_2 = tH_1t^{-1} = \{tht^{-1} \mid h \in H_1\}$$

と表せる $t \in G$ が存在するとき，H_1 と H_2 は互いに**共軛**であるという．

正規部分群は自分以外に自身と共軛な部分群をもたない部分群として特徴づけられる．

A.2.6　環

集合 R に 2 種の演算 $(a, b) \longmapsto a + b$ と $(a, b) \longmapsto ab$ が定められており以下の条件をみたすとき，R を**環**とよぶ．

(1) R は第 1 の演算 $(a, b) \longmapsto a+b$ に関し可換群である．この演算を**加法**とよぶ．加法に関する単位元を 0 と表記する．$a \in R$ の逆元を $-a$ で表す．

(2) R は第 2 の演算に関し半群をなす．第 2 の演算を乗法とよぶ．

(3) **分配法則**

$$a(b + c) = ab + ac, \quad (b + c)a = ba + ca$$

をみたす．

とくに乗法に関する交換法則 $ab = ba$ をみたす環を**可換環**とよぶ．

自然数全体 $\mathbb{N}$ に足し算と掛け算を指定したもの $(\mathbb{N}, +, \cdot)$ は環ではない．自然数を整数まで拡げると可換環を得る．この事実に基づき整数全体の集合 $\mathbb{Z}$ を**整数環**とよぶことが多い．

二つの環 R_1, R_2 間の写像 $f : R_1 \longrightarrow R_2$ が双方の演算を保つ：

$$f(a + b) = f(a) + f(b), \quad f(ab) = f(a)f(b)$$

[♯6] 本によっては剰余類の左右が本書のものとは逆になっていることがある．

とき**準同型写像**とよぶ．とくに全単射である準同型写像を**同型写像**とよぶ．環の間の写像であることを強調して環準同型，環同型ということもある．同型写像 $f : R_1 \longrightarrow R_2$ が存在するとき $R_1 \cong R_2$ と表記し R_1 と R_2 は (環として) **同型**であるという．

A.2.7 体

環 R から 0 を除いて得られる集合を $R^\times$ で表す．$R^\times$ が乗法に関し群をなすとき，R を**斜体** (skew field) または**可除環**とよぶ[♯7]．とくに $R^\times$ が乗法について可換群であるとき**体**とよぶ．

整数環 $\mathbb{Z}$ は体ではない．有理数全体 $\mathbb{Q}$, 実数全体 $\mathbb{R}$, 複素数全体 $\mathbb{C}$ は体である．これらをそれぞれ**有理数体**，**実数体**，**複素数体**とよぶ．体ではない斜体の例には四元数全体 $\mathbb{H}$ がある (1.5.3 節参照)．二つの斜体の間の写像 $f : F_1 \longrightarrow F_2$ で環の意味で同型であるものが存在するとき F_1 と F_2 は斜体として**同型**であるという．

A.3 線型空間と線型部分空間

A.3.1 線型空間

F を体とする．空でない集合 $\mathbb{V}$ が以下の条件をみたすとき $\mathbb{V}$ を体 F 上の**線型空間**または**ベクトル空間**であるという．$\mathbb{V}$ の元を**ベクトル**とよぶ．

(1) $\mathbb{V}$ の 2 元 $\vec{x}, \vec{y}$ に対し第 3 の元 $\vec{x} + \vec{y}$ が唯一つ定まり次の法則をみたす．

(a) (結合法則) $(\vec{x} + \vec{y}) + \vec{z} = \vec{x} + (\vec{y} + \vec{z})$,

(b) (交換法則) $\vec{x} + \vec{y} = \vec{y} + \vec{x}$,

(c) ある特別なベクトル $\vec{0}$ が存在し，すべての元 $\vec{x}$ に対し $\vec{0} + \vec{x} = \vec{x} + \vec{0} = \vec{x}$ をみたす．このベクトルを**零ベクトル**とよぶ．

(d) 任意の元 $\vec{x} \in \mathbb{V}$ に対し $\vec{x} + \vec{x}' = \vec{0}$ をみたす $\vec{x}'$ が必ず存在する[♯8]．

[♯7] 環の場合，交換法則は定義に要請せず，交換法則をみたす環を可換環とよぶ．一方，体においては交換法則を要請し，交換法則をみたさないものを非可換体とよぶ．非可換体と体に共通な性質を述べる際に非可換体という語を使うと初学者の誤解を招きやすいので本書では斜体という語を使った．本書では斜体には体を含むこととしている．「非可換体」というと初学者には「体ではない」と受け取られやすい．

[♯8] 存在すれば唯一つである (確かめよ)．

$\vec{x}'$ を $\vec{x}$ の**逆ベクトル**とよび $-\vec{x}$ で表す．

(2) $\mathbb{V}$ の元 $\vec{x}$ と $a \in F$ に対し $\vec{x}$ の a 倍とよばれる元 $a\vec{x}$ が定まり，以下の法則に従う．

(a) $(a+b)\vec{x} = a\vec{x} + b\vec{x}$,

(b) $a(\vec{x} + \vec{y}) = a\vec{x} + a\vec{y}$,

(c) $(ab)\vec{x} = a(b\vec{x})$,

(d) F の乗法単位元 e に対し $e\vec{x} = \vec{x}$.

ベクトルと対比させるときは F の元を**スカラー**とよぶ．とくに $F = \mathbb{R}, \mathbb{C}$ のとき線型空間 $\mathbb{V}$ のことを**実線型空間**，**複素線型空間**とよぶ．数空間 $\mathbb{R}^n$ はもちろん実線型空間である．また命題 1.25 と演習 1.29 で示したように $\mathbb{R}^n$ の変位ベクトル全体は実線型空間である．

$\vec{x}_1, \vec{x}_2, \cdots, \vec{x}_k \in \mathbb{V}$, $c_1, c_2, \cdots, c_k \in F$ に対し $c_1\vec{x}_1 + c_2\vec{x}_2 + \cdots + c_k\vec{x}_k$ を $\vec{x}_1, \vec{x}_2, \cdots, \vec{x}_k$ の**線型結合**という．

$c_1, c_2, \cdots, c_k \in F$ に対する方程式

$$c_1\vec{x}_1 + c_2\vec{x}_2 + \cdots + c_k\vec{x}_k = \vec{0}$$

の解が $(c_1, c_2, \cdots, c_k) = (0, 0, \cdots, 0)$ のみであるときベクトルの組 $\{\vec{x}_1, \vec{x}_2, \cdots, \vec{x}_k\}$ は**線型独立**であるという．線型独立でないときは**線型従属**であるという．

A.3.2　線型部分空間

部分集合 $\mathbb{W} \subset \mathbb{V}$ が

$$\vec{x}, \vec{y} \in \mathbb{W}, a, b \in F \Longrightarrow a\vec{x} + b\vec{y} \in \mathbb{W}$$

をみたすとき，$\mathbb{V}$ の**線型部分空間**とよぶ．

A.3.3　次元

線型空間 $\mathbb{V}$ に有限個のベクトルが存在し，$\mathbb{V}$ の任意のベクトルが，それら有限個のベクトルの線型結合で表されるとき，$\mathbb{V}$ は**有限次元**であるという．

有限次元線型空間 $\mathbb{V}$ の有限個のベクトルの組 $\mathscr{E} = \{\vec{e}_1, \vec{e}_2, \cdots, \vec{e}_n\}$ が条件

(1) $\{\vec{e}_1, \vec{e}_2, \cdots, \vec{e}_n\}$ は線型独立,

(2) $\mathbb{V}$ の任意のベクトルは $\{\vec{e}_1, \vec{e}_2, \cdots, \vec{e}_n\}$ の線型結合で表せる

をみたすとき $\mathscr{E}$ を $\mathbb{V}$ の**基底**という．n を $\mathbb{V}$ の**次元**とよび $\dim \mathbb{V}$ で表す．

A.3.4 線型空間の同型

F 上の線型空間 $\mathbb{V}_1$, $\mathbb{V}_2$ 間の写像 $f:\mathbb{V}_1 \longrightarrow \mathbb{V}_2$ が

$$f(a\vec{x}+b\vec{y})=af(\vec{x})+bf(\vec{y}),\quad a,b\in F,\ \vec{x},\ \vec{y}\in\mathbb{V}_1$$

をみたすとき**線型写像**という．とくに線型写像でかつ全単射であるものを**線型同型写像**とよぶ．線型同型写像 $f:\mathbb{V}_1 \longrightarrow \mathbb{V}_2$ が存在するとき，$\mathbb{V}_1$ と $\mathbb{V}_2$ は**線型空間として同型**であるといい $\mathbb{V}_1 \cong \mathbb{V}_2$ と記す．有限次元線型空間 $\mathbb{V}_1$ と $\mathbb{V}_2$ が同型であるための必要十分条件は $\dim\mathbb{V}_1=\dim\mathbb{V}_2$ である．

A.4 多元環

$\mathbb{K}$ を実数体 $\mathbb{R}$ または複素数体 $\mathbb{C}$ とする．

定義 A.1 $\mathscr{A}$ を $\mathbb{K}$ 上の線型空間とする．$\mathscr{A}$ 上に積が定義されており

$$(\boldsymbol{x}+\boldsymbol{y})\boldsymbol{z}=\boldsymbol{x}\boldsymbol{z}+\boldsymbol{y}\boldsymbol{z},\ \boldsymbol{x}(\boldsymbol{y}+\boldsymbol{z})=\boldsymbol{x}\boldsymbol{y}+\boldsymbol{x}\boldsymbol{z}, \qquad \text{(和と積の分配法則)}$$

$$(a\boldsymbol{x})\boldsymbol{y}=a(\boldsymbol{x}\boldsymbol{y}),\ \boldsymbol{x}(b\boldsymbol{y})=b(\boldsymbol{x}\boldsymbol{y}),\ a,b\in\mathbb{K} \qquad \text{(スカラー倍と積の分配法則)}$$

をみたすとき $\mathbb{K}$ 上の**多元環**または**代数** とよぶ．

多元環 $\mathscr{A}$ が積に関する結合法則 $(\boldsymbol{x}\boldsymbol{y})\boldsymbol{z}=\boldsymbol{x}(\boldsymbol{y}\boldsymbol{z})$ をみたすとき**結合的多元環**とよぶ．書物によっては積の結合法則をみたすことを多元環の定義に要求しているので，他の文献を読むときは注意されたい．また積の結合法則を弱めた条件として次の**交代性**を考えることがある．

$$(\boldsymbol{x}\boldsymbol{x})\boldsymbol{y}=\boldsymbol{x}(\boldsymbol{x}\boldsymbol{y}),\quad \boldsymbol{y}(\boldsymbol{x}\boldsymbol{x})=(\boldsymbol{y}\boldsymbol{x})\boldsymbol{x}.$$

交代性をみたす多元環を**交代的多元環**とよぶ．

多元環は一般には体ではないので除法ができるわけではない．多元環が斜体をなす場合を考えよう．すなわち結合的多元環 $\mathscr{A}$ が積に関する単位元 $\mathbf{1}\neq\mathbf{0}$ を持ち，どの $\boldsymbol{x}\neq\mathbf{0}$ も積に関する逆元 $\boldsymbol{x}^{-1}$ をもつとしよう：

$$\boldsymbol{x}\boldsymbol{x}^{-1}=\boldsymbol{x}^{-1}\boldsymbol{x}=\mathbf{1}.$$

斜体をなす多元環 $\mathscr{A}$ において，$a\in\mathbb{K}$ と $a\mathbf{1}\in\mathscr{A}$ を同一視して $\mathbb{K}\subset\mathscr{A}$ とみなすことができる．この場合，$a\in\mathbb{K}$ と $\boldsymbol{x}\in\mathscr{A}$ に対し $\boldsymbol{x}a$ が定まることに注意しよう[♯9]．

[♯9] 右からのスカラー乗法．

ここで次の定義を与えよう．斜体をなす多元環 $\mathscr{A}$ が条件

$$a\boldsymbol{x} = \boldsymbol{x}a, \quad {}^\forall a \in \mathbb{K}, {}^\forall \boldsymbol{x} \in \mathscr{A}$$

をみたすとき $\mathscr{A}$ を**多元体**とよぶ．

$\mathbb{R}$ 上の多元体はフロベニウス♯10により分類された♯11．

定理 A.2 $\mathbb{R}$ 上の多元体は $\mathbb{R}, \mathbb{C}, \mathbb{H}$ に限る．

多元体でない多元環において，除法に相当する条件として次のものを考える．

定義 A.3 多元環 $\mathscr{A} \neq \{\boldsymbol{0}\}$ の任意の $\boldsymbol{a}$, 任意の零でない $\boldsymbol{b}$ に対する方程式 $\boldsymbol{a} = \boldsymbol{b}\boldsymbol{x}$, $\boldsymbol{a} = \boldsymbol{y}\boldsymbol{b}$ の解 $\boldsymbol{x}$, $\boldsymbol{y}$ がつねに存在するとき**可除代数**とよぶ．

結合的多元環で積の単位元 $\boldsymbol{1}$ をもつとき可除条件は "$\boldsymbol{a}\boldsymbol{x} = \boldsymbol{x}\boldsymbol{a} = \boldsymbol{1}$ の解 $\boldsymbol{x}$ が存在する" と簡略化される．

$\mathbb{R}, \mathbb{C}$ は絶対値という量を持っていた．その性質を抽象化しよう．

定義 A.4 $\mathbb{R}$ 上の有限次元多元環 $\mathscr{A} \neq \{\boldsymbol{0}\}$ に内積 $(\cdot|\cdot)$ が定義されており，その内積が定めるノルム♯12 $|\boldsymbol{x}| = \sqrt{(\boldsymbol{x}|\boldsymbol{x})}$ が $|\boldsymbol{x}\boldsymbol{y}| = |\boldsymbol{x}||\boldsymbol{y}|$ をみたすとき**合成的多元環**とよぶ．

実数体 $\mathbb{R}$, 複素数体 $\mathbb{C}$, 四元数体 $\mathbb{H}$, 八元数環 $\mathfrak{O}$ はすべて絶対値をノルムとして合成的多元環である．

フルヴィッツ♯13は次の定理 (1898 年) を証明した．

定理 A.5 単位元をもつ $\mathbb{R}$ 上の有限次元合成的多元環は $\mathbb{R}$, $\mathbb{C}$, $\mathbb{H}$, $\mathfrak{O}$ のみ．

♯10 Ferdinand Georg Frobenius (1849–1917). 表現論をはじめ複数の領域に大きな貢献をした．幾何学で彼の名前がついている概念等にはフロベニウスの相互律，ペロン・フロベニウスの定理，フロベニウスの定理とよばれる積分可能性定理 (現在使われているものは Chevalley-Cartan-Ehresmann によるが) やフロベニウス多様体がある．

♯11 Über lineare Substituenen und bilinear Formen, J.Reine Angew. Math. (1877), 343–405.

♯12 註 1.44 参照．

♯13 Adolf Hurwitz (1858–1919). 楕円モデュラー函数の研究，リーマン・フルヴィッツの公式，フルヴィッツのゼータ函数 $\zeta(s,q) = \sum_{k=0}^{\infty} (k+q)^{-s}$ などで知られる．

ノルムを考察からはずした場合にホップ♯14は次の定理を位相幾何学を用いて証明した (1940).

定理 A.6 (1) 可除多元環の次元は 2 の冪 2^n の形をしている.

(2) とくに可換な可除多元環の次元は 1 か 2.

位相幾何学の理論を用いて♯15ミルナー♯16は次の定理を得た. またミルナーと独立にケルヴェア♯17もこの定理を証明した.

定理 A.7 可除多元環の次元は $1, 2, 4, 8$ の 4 通りしかない.

この定理から次の系を得る.

系 A.8 $\mathscr{A}$ を可除多元環とする.

(1) 結合的ならば $\mathscr{A} = \mathbb{R}$, $\mathbb{C}$ または $\mathbb{H}$.

(2) 非結合的であるが交代的ならば $\mathscr{A} = \mathfrak{O}$.

「数の拡張は八元数で終わり」という結論が位相幾何学を用いて証明されたことは記憶にとどめて損はないであろう. 定理 A.7 に関連した位相幾何学の成果としてアダムス♯18による球面の平行性可能性♯19や奇のホップ不変量をもつ写像 $f : S^{2n-1} \longrightarrow S^n$ の分類♯20などがある. この節で紹介した定理の証明については [12] を参照されたい. アダムスの定理については [70] に初学者向けの紹介がある.

♯14 Heintz Hopf (1894–1971). 位相幾何学・微分幾何学の双方で活躍した. ホップ束 (Hopf fibering), ホップ微分 (Hopf differential) などに名前を残している. 数学的しゃぼん玉は現実のシャボン玉に限るかという予想はホップ予想とよばれ, 1987 年の Henry Wente の論文で解かれた. (答えは否)

♯15 R. Bott and J. Milnor, On the parallelizability of the sphere, Bull. Amer. Math. Soc. **64** (1958), 87–89, J. Milnor, Some consequences of a theorem of Bott, **68** (1958) 444–449.

♯16 John Willard Milnor (1931–). フィールズ賞受賞者. 異種球面 (exotic sphere) の発見・カオス・等スペクトルトーラスの発見など位相幾何学・力学系・微分幾何学に大きな成果を残した.

♯17 Michel André Kervaire (1927–).

♯18 John Frank Adams (1930–1989).

♯19 On the non-existence of elements of Hopf invariant one, Bull. Amer. Math. Soc. **64** (1958), 279–282.

♯20 Vector fields on spheres, Ann. Math. (2) **72** (1960), 20–104.

A.5 多元体の自己同型写像

アフィン幾何学の基本定理を証明する際に用いる次の定理を証明しておく.

定理 A.9 実数体 $\mathbb{R}$ の多元体としての自己同型写像は恒等変換のみである.

多元環 $\mathscr{A}$ の自己同型写像を次のように定める.

定義 A.10 $\mathbb{R}$ 上の多元環 $\mathscr{A}$ において次の性質をみたす写像 $\phi: \mathscr{A} \longrightarrow \mathscr{A}$ を**多元環自己同型写像**とよぶ. とくに $\mathscr{A}$ が多元体のときは**多元体自己同型写像**とよぶ.

(1) ϕ は全単射,
(2) $\phi(\boldsymbol{a}+\boldsymbol{b}) = \phi(\boldsymbol{a}) + \phi(\boldsymbol{b})$,
(3) $\phi(\lambda\boldsymbol{a}) = \lambda\phi(\boldsymbol{a})$ $(\lambda \in \mathbb{R})$,
(4) $\phi(\boldsymbol{ab}) = \phi(\boldsymbol{a})\phi(\boldsymbol{b})$.

多元環 $\mathscr{A}$ の多元環自己同型写像全体を $\mathrm{Aut}(\mathscr{A})$ と表すと, これは合成に関し群をなす.

定理 A.9 を証明しよう. ϕ を $\mathbb{R}$ の自己同型写像とすると $\phi(1) = \phi(1 \cdot 1) = \phi(1)\phi(1)$ より $\phi(1)\{\phi(1) - 1\} = 0$. ここで ϕ は全単射なので $\phi(1) \neq 0$. したがって $\phi(1) = 1$. ϕ は線型だから $\phi(a) = \phi(a1) = a\phi(1) = a$. したがって ϕ は恒等写像. □

じつは $f: \mathbb{R} \longrightarrow \mathbb{R}$ が体同型写像であれば f は恒等変換であることが示せる. [32, §4.6 (**XVII**)] を参照.

定理 A.9 は係数体を $\mathbb{C}$ にすると結論が変わってしまう. 実際 $\mathbb{C}$ の場合は次の定理を得る.

定理 A.11 複素数体 $\mathbb{C}$ の実多元体同型写像は恒等写像と複素共軛変換の二つだけである.

ここで**複素共軛変換**とは

$$z = x + yi \longmapsto \bar{z} = x - yi$$

で定まる変換のことである.

演習 A.12 定理 A.11 を証明せよ. (ヒント: $\phi(1)$ と $\phi(i)$ を調べよ) また $\mathrm{Aut}(\mathbb{C})$ が群として $\mathbb{Z}/2\mathbb{Z}$ と同型であることを示せ $(2\mathbb{Z} = \{2m \mid m \in \mathbb{Z}\})$.

なお $\mathbb{H}$ の場合は次の結果を得る[♯21].

定理 A.13 $\mathbb{H}$ の実多元体自己同型写像 ϕ はある四元数 c

$$c = c_0 + c_1\boldsymbol{i} + c_2\boldsymbol{j} + c_3\boldsymbol{k}, \quad c_0^2 + c_1^2 + c_2^2 + c_3^2 = 1$$

を用いて $\phi(x) = cxc^{-1}$ と表せる．$\mathrm{Aut}(\mathbb{H})$ は $\mathrm{SO}(3)$ と群として同型である．

ケーリー代数の実多元環同型群 $\mathrm{Aut}(\mathfrak{O})$ は G_2 と表記され，例外型単純リー群とよばれるものの例である (例 2.40, [101] 参照).

A.6 アフィン幾何学の基本定理 (一般の体)

一般の体 F 上で n 次元アフィン空間 $(\mathscr{A}, \mathbb{V})$ を考える．すなわちアフィン空間の公理で $\mathbb{V}$ を F 上の n 次元線型空間にしたものである．

定義 A.14 F 上のアフィン空間 $(\mathscr{A}, \mathbb{V})$ 上の変換 f と同伴線型空間上の変換 φ の組 (f, φ) が次の条件をみたすとき**半アフィン変換**とよぶ．

(1) f は全単射．

(2) ある F の体同型写像 σ が存在し任意の $\vec{a}$, $\vec{b} \in \mathbb{V}$ と $\lambda, \mu \in F$ に対し $\varphi(\lambda\vec{a} + \mu\vec{b}) = \sigma(\lambda)\varphi(\vec{a}) + \sigma(\mu)\varphi(\vec{b})$ をみたす．この条件をみたす φ を $\mathbb{V}$ 上の**半線型変換**とよぶ．

(3) 任意の 2 点 $\mathrm{P}, \mathrm{Q} \in \mathscr{S}_1$ に対し $\overrightarrow{f(\mathrm{P})f(\mathrm{Q})} = \varphi(\overrightarrow{\mathrm{PQ}})$.

$\mathscr{S} = (\mathscr{A}, \mathbb{V})$ を次元が 2 以上の F 上のアフィン空間とする．全単射 $f : \mathscr{S} \longrightarrow \mathscr{S}$ が任意の直線を直線にうつすとしよう．仮定より $\varphi : \mathbb{V} \longrightarrow \mathbb{V}$ が $\varphi(\overrightarrow{\mathrm{PQ}}) = \overrightarrow{f(\mathrm{P})f(\mathrm{Q})}$ で定まる．この φ は半線型であることがわかる (詳細は [6], [32] を参照)．したがってアフィン幾何の基本定理は次のように修正される．

定理 A.15 (**アフィン幾何の基本定理**) $\mathscr{S}$ を次元が 2 以上のアフィン空間とする．全単射 $f : \mathscr{S} \longrightarrow \mathscr{S}$ が半アフィン変換であるための必要十分条件は f が任意の直線を直線にうつすことである．

F が $\mathbb{R}$ の場合は体同型写像は恒等変換のみなので，半アフィン変換はアフィン変換である (定理 4.28)．他の体ではアフィンでない半アフィン変換が存在する．

[♯21] 証明はたとえば [101, pp. 128–131] にある．

附録B

演習問題の略解

■**演習 1.4**　最初にとった $a \in X$ に対し $a \sim b$ である b が必ず存在することが保障されていなければ，問題文中の "**証明??**" は通用しない．

■**演習 1.7**　推移律のみ示す．$(m, n) \sim (m', n')$ かつ $(m', n') \sim (m'', n'')$ とする．$n + m' = m + n'$ の両辺に $n' + m'' = m' + n''$ を加える (左辺には左辺，右辺には右辺を) と $(n + m'') + (m' + n') = (m + n'') + (m' + n')$. したがって $n + m'' = m + n''$. つまり $(m, n) \sim (m'', n'')$.

自然数全体のなす集合 $\mathbb{N}$ においては減法が自由には行えない．たとえば $5 - 3 = 2$ は実行できるが $3 - 5$ は行えない．そこでこの問題で得られる商集合を考察する．$2 = 3 - 1 = 4 - 2 = 5 - 3 = 6 - 4 = \cdots = (m + 2) - m = \cdots$ に注意すれば $(3, 1)$ の同値類は**差を表す量としての** 2 を表す．この捉え方に即して考えれば $[(n, n)]$ は**差がない**ことを意味する．$[(n, n)]$ に 0 という名称を与えよう．すると $[(1, 3)]$ は何を表しているだろうか．これは $1 - 3$ に相当する量を表しているはずだから -2 と名前をつければよい．ということでこの商集合は整数全体 $\mathbb{Z}$ と思うことができる．各同値類につけるべき名称は**整数**.

(**もう少しきちんとした説明**) $\boldsymbol{x} = [(m, n)]$, $\boldsymbol{y} = [(p, q)] \in X/\!\sim$ に対し $\boldsymbol{x} + \boldsymbol{y}$ を定義できるかどうか調べてみる．

$\boldsymbol{x} = [(m, n)] = [(m', n')]$, $\boldsymbol{y} = [(p, q)] = [(p', q')]$ と二通りの表示をしておいて $[(m + p, n + q)]$ と $[(m' + p', n' + q')]$ を比べてみよう．$m + n' = n' + m$ の両辺に $p + q' = q + p'$ を加えると $(m + p) + (n' + q') = (n + q) + (m' + p')$ なので $[(m + p, n + q)] = [(m' + p', n' + q')]$. したがって $\boldsymbol{x} + \boldsymbol{y} = [(m + p, n + q)]$ と定義できる．この事実を「$\boldsymbol{x} + \boldsymbol{y}$ は代表元の選び方に依らずに定まる」と言い表す．1.4 節でも「代表元の選び方に依らずに定まる」という表現が

登場する．商集合 $X/\sim$ において加法 $+$ が定義された．この加法は

$$\boldsymbol{x}+\boldsymbol{y}=\boldsymbol{y}=\boldsymbol{x},\quad (\boldsymbol{x}+\boldsymbol{y})+\boldsymbol{z}=\boldsymbol{x}+(\boldsymbol{y}+\boldsymbol{z})$$

をみたす．さらに $\mathbf{0}=[(n,n)]$ と書くと $\boldsymbol{x}+\mathbf{0}=\boldsymbol{x}$ であり $[(m,n)]+[(n,m)]=\mathbf{0}$ をみたす．したがって $m\in\mathbb{N}$ を $[(m+1,m)]$ と対応させ $[(m,m+1)=-m$ と表記すれば $m+(-m)=\mathbf{0}$．したがって $X/\sim$ は整数全体 $\mathbb{Z}$ と思える．

自然数全体 $\mathbb{N}$ から整数全体 $\mathbb{Z}$ を論理的に構成できたことに注意してもらいたい．

■演習 1.8 推移律のみ示す．$(m,n)\sim(m',n')$ かつ $(m',n')\sim(m'',n'')$ とする．$nm'=mn'$ の両辺に $n'm''=m'n''$ をかけると $(nm'')(m'n')=(mn'')(m'n')$．したがって $nm''=mn''$．つまり $(m,n)\sim(m'',n'')$．

この問題においては $(2,3)\sim(4,6)$ ということだから $(2,3)$ の同値類を $\dfrac{2}{3}$ と書くことにすると $\dfrac{2}{3}=\dfrac{4}{6}$ という等式が成立する．各同値類につけるべき名称は**分数**である．

前問の (**もう少しきちんとした説明**) を参考にして整数全体 $\mathbb{Z}$ から有理数全体 $\mathbb{Q}$ を構成できることを証明してみることをすすめたい．

■演習 1.12 $a_1^2+a_2^2+\cdots+a_n^2=0$ のときシュワルツの不等式が成立するのは明らかなので，$a_1^2+a_2^2+\cdots+a_n^2\neq 0$ の場合だけを考えればよい．すべての実数 t に対し $f(t)=\sum_{i=1}^{n}(a_it+b_i)^2\geqq 0$ が成立するための必要十分条件は 2 次方程式 $f(t)=0$ の判別式が 0 以下 (非正) である．判別式 $\leqq 0$ はシュワルツの不等式そのもの．等号成立は $f(t)=0$ となる $t\in\mathbb{R}$ が存在するとき，すなわち $b_i=-ta_i$ $(i=1,2,\cdots,n)$．言い換えると $a_1:a_2:\cdots:a_n=b_1:b_2:\cdots:b_n$ のとき．

(**補題 1.13 の証明**) まず $\mathrm{P}=\mathrm{Q}$ のとき三角不等式の等号成立は明らか．この場合は $\lambda=1$, $\mu=0$ とすればよい．以下 $\mathrm{P}\neq\mathrm{Q}$ とする．$a_i=p_i-q_i$, $b_i=q_i-r_i$ に対しシュワルツの不等式の等号が成立するのは $b_i=-ta_i$ のときだが

$$\mathrm{d(Q,R)}=|t|\mathrm{d(P,Q)},\quad \mathrm{d(P,R)}=|1-t|\mathrm{d(P,Q)}$$

より $1+|t|=|1-t|$, したがって $t\leqq 0$. $1-t>0$ に注意して $\lambda=-\dfrac{t}{1-t}$,

$\mu = \dfrac{1}{1-t}$ とおけばよい．$n = 2, 3$ のときは，図を描けば，$\mathrm{d}(\mathrm{P}, \mathrm{Q}) + \mathrm{d}(\mathrm{Q}, \mathrm{R}) = \mathrm{d}(\mathrm{P}, \mathrm{R})$ であるための必要十分条件は Q が線分 PR 上にあるときであることを確かめられる．この補題は $\mathbb{R}^n$ $(n \geqq 4)$ における線分を定義する際に用いる (定義 1.31)．□

■演習 1.14　シュワルツの不等式より $(x+y)^2 \leqq (a^2+b^2)\left(\dfrac{x^2}{a^2} + \dfrac{y^2}{b^2}\right) = a^2 + b^2$ を得るから $x + y \leqq \sqrt{a^2+b^2}$．したがって $x = \dfrac{a^2}{\sqrt{a^2+b^2}}, y = \dfrac{b^2}{\sqrt{a^2+b^2}}$ のとき $x+y$ は最大値 $\sqrt{a^2+b^2}$ をとる．

■演習 1.15　シュワルツの不等式から $(a_1+a_2+a_3+a_4)^2 \leqq 4(a_1^2+a_2^2+a_3^2+a_4^2)$．等号成立は $a_1 = a_2 = a_3 = a_4$ のとき．ここに $a_5 = 10 - \sum_{i=1}^{4} a_i$, $a_5^2 = 25 - \sum_{i=1}^{4} a_i^2$ を代入すると $0 \leqq a_5 \leqq 4$ を得る．したがって a_5 の最大値は 4 でこのとき $a_1 = a_2 = a_3 = a_4 = \dfrac{3}{2}$.

■演習 1.17, 演習 1.18　$|p_i - r_i| \leqq |p_i - q_i| + |q_i - r_i|$ を使えばよい．

■演習 1.19　実数 $a_1, a_2, \cdots, a_n$ に対し $a_i^2 = |a_i|^2 \leqq \max\limits_{1 \leqq j \leqq n} |a_j|^2$ であるから不等式 $\sqrt{a_1^2 + a_2^2 + \cdots + a_n^2} \leqq \sqrt{n} \max\limits_{1 \leqq i \leqq n} |a_i|$ を得る．この不等式から $\mathrm{d}(\mathrm{P}, \mathrm{Q}) \leqq \sqrt{n}\,\mathrm{d}_\infty(\mathrm{P}, \mathrm{Q})$ を得る．

次に $\max_{1 \leqq j \leqq n} |a_j| \leqq \sum_{i=1}^{n} |a_i|$ を使って $\mathrm{d}_\infty(\mathrm{P}, \mathrm{Q}) \leqq \mathrm{d}_1(\mathrm{P}, \mathrm{Q})$ を得る．最後にシュワルツの不等式から

$$\begin{aligned}(|a_1| + |a_2| + \cdots + |a_n|)^2 &\leqq (a_1^2 + a_2^2 + \cdots + a_n^2)(1^2 + 1^2 + \cdots + 1^2)\\ &= n(a_1^2 + a_2^2 + \cdots + a_n^2)\end{aligned}$$

がわかる．この不等式を使って $\mathrm{d}_1(\mathrm{P}, \mathrm{Q}) \leqq \sqrt{n}\,\mathrm{d}(\mathrm{P}, \mathrm{Q})$ を得る．

この問いの意味を付記しておこう (命題 6.51 を参照)．この問いで示した不等式より，三つの距離空間 $(\mathbb{R}^n, \mathrm{d})$, $(\mathbb{R}^n, \mathrm{d}_1)$, $(\mathbb{R}^n, \mathrm{d}_\infty)$ は同じ開集合系を定めることがわかる．

■演習 1.34　$\overrightarrow{\mathrm{OX}} = \dfrac{1}{n+m}\left(n\overrightarrow{\mathrm{OP}} + m\overrightarrow{\mathrm{OQ}}\right)$ で定まる．

■**演習 1.38** $n=2$ のとき：$\boldsymbol{a}$ と $\boldsymbol{b}$ が (有向線分として) 平行でないこと．$n=3$ のとき：(半) 直線 OA, OB, OC が同一平面に含まれないこと．

■**演習 1.42, 1.43**

$$|\boldsymbol{a}\pm\boldsymbol{b}|^2=(\boldsymbol{a}\pm\boldsymbol{b})\cdot(\boldsymbol{a}\pm\boldsymbol{b})=|\boldsymbol{a}|^2\pm 2\boldsymbol{a}\cdot\boldsymbol{b}+|\boldsymbol{b}|^2$$

を使えばよい．

■**演習 1.46** 三角形 ABC の外心を O, 垂心を H, 線分 OH の中点を K とし，$\boldsymbol{a}=\overrightarrow{\mathrm{OA}}$, $\boldsymbol{b}=\overrightarrow{\mathrm{OB}}$, $\boldsymbol{c}=\overrightarrow{\mathrm{OC}}$ とおく．$\overrightarrow{\mathrm{OH}}=\boldsymbol{a}+\boldsymbol{b}+\boldsymbol{c}$ より $\overrightarrow{\mathrm{OK}}=(\boldsymbol{a}+\boldsymbol{b}+\boldsymbol{c})/2$, $\overrightarrow{\mathrm{OP}}=\boldsymbol{a}+(\boldsymbol{b}+\boldsymbol{c})/2$ なので

$$|\overrightarrow{\mathrm{KL}}|=|\overrightarrow{\mathrm{KP}}|=\frac{|\boldsymbol{a}|}{2}.$$

点 K は線分 OH の中点なので K から BC におろした垂線の足は線分 LD を 2 等分する．したがって KL = KD. 以上より 3 点 L, L, D はどれも K から距離 $|\boldsymbol{a}|/2$ の位置にある．同様にして

$$|\overrightarrow{\mathrm{KM}}|=|\overrightarrow{\mathrm{KQ}}|=|\overrightarrow{\mathrm{KE}}|=\frac{|\boldsymbol{b}|}{2},\quad |\overrightarrow{\mathrm{KN}}|=|\overrightarrow{\mathrm{KR}}|=|\overrightarrow{\mathrm{KF}}|=\frac{|\boldsymbol{c}|}{2}$$

が確かめられる．$|\boldsymbol{a}|=|\boldsymbol{b}|=|\boldsymbol{c}|$ だから L, M, N, D, E, F, P, Q, R はすべて K を中心とする半径 $|\boldsymbol{a}|/2$ の円周上にある．

■**演習 1.47** $\boldsymbol{a}=\overrightarrow{\mathrm{OA}}$, $\boldsymbol{b}=\overrightarrow{\mathrm{OB}}$ とおくと，$\overrightarrow{\mathrm{OD}}=k\boldsymbol{a}$, $\overrightarrow{\mathrm{OE}}=l\boldsymbol{b}$ と表せる．AC : CE $=s:1-s$, BC : CD $=t:1-t$ とおけば $\overrightarrow{\mathrm{OC}}=(1-m)\boldsymbol{a}+ls\boldsymbol{b}=kt\boldsymbol{a}+(1-t)\boldsymbol{b}$. これより

$$\overrightarrow{\mathrm{OC}}=\frac{k(l-1)}{kl-1}\boldsymbol{a}+\frac{l(k-1)}{kl-1}\boldsymbol{b}.$$

これを用いると

$$\overrightarrow{\mathrm{PR}}=\frac{k-1}{2}\boldsymbol{a}+\frac{l-1}{2}\boldsymbol{b},\quad \overrightarrow{\mathrm{PQ}}=-\frac{k-1}{2(kl-1)}\boldsymbol{a}-\frac{l-1}{2(kl-1)}\boldsymbol{b}$$

を得る．したがって P, Q, R は同一直線上．

■**演習 1.49** (1.13) の右辺を $\boldsymbol{x}$ とおくと直接計算で

$$\boldsymbol{a}\cdot\boldsymbol{x}=\boldsymbol{b}\cdot\boldsymbol{x}=0,$$

$$|\boldsymbol{x}|^2=|\boldsymbol{a}|^2|\boldsymbol{b}|^2-(\boldsymbol{a}\cdot\boldsymbol{b})^2$$

が確かめられる．

■演習 1.50

$$\begin{aligned}&(0,1,0)\times(0,0,1)=(1,0,0),\\&(1,2,3)\times(1,-1,2)=(7,1,-3),\\&(-2,-2,1)\times(1,0,3)=(-6,7,2),\\&(2,-4,-2)\times(-3,6,3)=(0,0,0).\end{aligned}$$

■演習 1.51 (1) の両辺は右手座標系の選び方に関係しないことに注意する．$\boldsymbol{a} = a_1\boldsymbol{e}_1$, $\boldsymbol{b} = b_1\boldsymbol{e}_1 + b_2\boldsymbol{e}_2$, $\boldsymbol{c} = c_1\boldsymbol{e}_1 + c_2\boldsymbol{e}_2 + c_3\boldsymbol{e}_3$ と表示できる右手座標系 (x_1, x_2, x_3) をとって計算すれば

$$(\boldsymbol{a}\times\boldsymbol{b})\times\boldsymbol{c} = a_1b_2c_1\boldsymbol{e}_2 - a_1b_2c_2\boldsymbol{e}_2 = -(\boldsymbol{b}\cdot\boldsymbol{c})\boldsymbol{a} + (\boldsymbol{c}\cdot\boldsymbol{a})\boldsymbol{b}.$$

(2) (1) からただちに得られる．(3) $\boldsymbol{p} = \boldsymbol{a}\times\boldsymbol{b}$ とおくと

$$\begin{aligned}\text{左辺} &= \det(\boldsymbol{c}\,\boldsymbol{d}\,\boldsymbol{p}) = \det(\boldsymbol{p}\,\boldsymbol{c}\,\boldsymbol{d}) = (\boldsymbol{p}\times\boldsymbol{c})\cdot\boldsymbol{d}\\&= \{(\boldsymbol{a}\times\boldsymbol{b})\times\boldsymbol{c}\}\cdot\boldsymbol{d}.\end{aligned}$$

ここに (1) を代入すればラグランジュの恒等式の右辺を得る．

■演習 1.52

$$\begin{aligned}\boldsymbol{0} &= \{(\boldsymbol{a}\times\boldsymbol{b})\times\boldsymbol{a}\}\times\boldsymbol{b} = \{(\boldsymbol{a}\cdot\boldsymbol{a})\boldsymbol{b} - (\boldsymbol{a}\cdot\boldsymbol{b})\boldsymbol{a}\}\times\boldsymbol{b}\\&= |\boldsymbol{a}|^2(\boldsymbol{b}\times\boldsymbol{b}) - (\boldsymbol{a}\cdot\boldsymbol{b})\boldsymbol{a}\times\boldsymbol{b}\end{aligned}$$

より $\boldsymbol{a}\times\boldsymbol{b} = \boldsymbol{0}$ または $\boldsymbol{a}\cdot\boldsymbol{b} = 0$.

■演習 1.55 $\boldsymbol{a} = (a_1.a_2)$, $\boldsymbol{b} = (b_1, b_2)$ に対し，なす角を θ とすれば，面積^2 $= |\boldsymbol{a}|^2|\boldsymbol{b}|^2\sin^2\theta = |\boldsymbol{a}|^2|\boldsymbol{b}|^2 - (\boldsymbol{a}\cdot\boldsymbol{b})^2 = (a_1b_2 - a_2b_1)^2 = \det(\boldsymbol{a}, \boldsymbol{b})^2$.

■演習 2.10 $|A(\boldsymbol{x}+\boldsymbol{y})|^2 = |\boldsymbol{x}+\boldsymbol{y}|^2$ を計算すればよい．

■演習 2.13 (1) ${}^t(AB) = {}^tB\,{}^tA$ を使う．(2) 2.5 節 (2.5) より $1 = \det E = \det({}^tAA) = (\det A)^2$ より．

■演習 2.18

$$f(\boldsymbol{p}) = \frac{1}{\sqrt{2}}\begin{pmatrix}-6+\sqrt{2}\\ \sqrt{2}\\ 10-\sqrt{2}\end{pmatrix}, \quad f^{-1}(\boldsymbol{p}) = \frac{1}{\sqrt{2}}\begin{pmatrix}10\\ -5\sqrt{2}\\ 8\end{pmatrix},$$

$$A(g(\boldsymbol{p})) = \frac{1}{\sqrt{2}}\begin{pmatrix}-4\\ \sqrt{2}\\ 10\end{pmatrix}.$$

A の定める 1 次変換は x_2 軸を軸とする回転角 $\pi/4$ の回転である．定理 2.80 参照.

■演習 2.19 $f_1 = (-E, \mathbf{0}) \in \mathrm{E}(n)$．$f_2$ は一般には等距離変換ではない．$f_3 \in \mathrm{E}(3)$ で $f_3 = (A, \boldsymbol{b})$, $A = (\boldsymbol{e}_3, \boldsymbol{e}_2, \boldsymbol{e}_1)$, $\boldsymbol{b} = -{}^t(1,2,3)$ と表せる．f_4 は

$$f_4 = (A, \mathbf{0}),\ A = \begin{pmatrix} 1 & 0 & 0 \\ 0 & 1 & 0 \\ 0 & 0 & 0 \end{pmatrix}$$

と表せるが $f_4 \notin \mathrm{E}(3)$.

■演習 2.25, 2.26 $\boldsymbol{n} = (\overrightarrow{\mathrm{AB}} \times \overrightarrow{\mathrm{AC}})/4 = (2, 5, -3)$ と選ぶと Π は $\boldsymbol{x} \cdot \boldsymbol{n} = 13$ と表せる．$\mathrm{Q} = (5, 7, -2)$, $\mathrm{d}(\mathrm{P}, \mathrm{Q}) = 2\sqrt{38}$, $\triangle\mathrm{ABC} = 2\sqrt{38}$ だから四面体の体積は $76/3$.

■演習 2.27 (1) $\mathrm{P}' = (3, 4, 0)$. (2) $|\overrightarrow{\mathrm{PX}}| + |\overrightarrow{\mathrm{QX}}|$ が最小となるのは X が $\mathrm{P}'\mathrm{Q}$ と Π の交点であるときだから $\mathrm{X} = (1, 2, -3)$.

■演習 2.28 点 P から Π へおろした垂線の足を H とすれば $\overrightarrow{\mathrm{HP}} = f(p_1, p_2, p_3)\boldsymbol{n}/|\boldsymbol{n}|^2$ より.

■演習 2.29 2 点 P, Q を通る平面 Π は $f(x_1, x_2, x_3) = ax_1 + bx_2 - bx_3 - a = 0$ と表せる．前問の結果より，R と S が Π に関し互いに反対側にあるための必要十分条件は $(2a+b)(3a-b) < 0$.

■演習 2.30 (1) $(\boldsymbol{p} \cdot \overrightarrow{\mathrm{OA}})(\boldsymbol{p} \cdot \overrightarrow{\mathrm{OB}}) < 0$. (2) 点 D が次の 3 条件をみたせばよい．(i) 3 点 O, A, B を通る平面に関し C と反対側，(ii) 3 点 O, B, C を通る平面に関し A と反対側，(iii) 3 点 O, C, A を通る平面に関し B と反対側．演習 2.28 を使うとそれぞれ $a+b+c > 0$, $3a-b-c < 0$, $a-b+c > 0$ となる.

■演習 2.34 $\boldsymbol{u_n} = \boldsymbol{n}/|\boldsymbol{n}|$ とし $\boldsymbol{u}_n$ を含む正規直交基底 $\{\boldsymbol{u}_1, \boldsymbol{u}_2, \cdots, \boldsymbol{u}_n\}$ をとる (正規直交基底については 2.5 節参照)．任意のベクトル $\boldsymbol{p} = \sum_{i=1}^{n} p_i \boldsymbol{u}_i$ に対し $S(\boldsymbol{p}) = \sum_{i=1}^{n-1} p_i \boldsymbol{u}_i - p_n \boldsymbol{u}_n$, $p_i = \boldsymbol{p} \cdot \boldsymbol{u}_i$．一方 $S_\Pi(\boldsymbol{p}) = \boldsymbol{p} - 2\{(\boldsymbol{p} \cdot \boldsymbol{n})/|\boldsymbol{n}|^2\}\boldsymbol{n}$. ここで $p_n = (\boldsymbol{p} \cdot \boldsymbol{n})/|\boldsymbol{n}|$ より $S(\boldsymbol{p}) = S_\Pi(\boldsymbol{p})$.

■演習 2.35 $A \in \mathrm{M}_n\mathbb{R}$ に対し

$$AS_{\boldsymbol{n}}(\boldsymbol{p}) = A\boldsymbol{p} - \frac{2(\boldsymbol{p} \cdot \boldsymbol{n})}{|\boldsymbol{n}|^2} A\boldsymbol{n},$$

$$S_{A\boldsymbol{n}}(A\boldsymbol{p}) = A\boldsymbol{p} - \frac{2(A\boldsymbol{p}\cdot A\boldsymbol{n})}{|A\boldsymbol{n}|^2}A\boldsymbol{n}$$

より．

■演習 2.56 (1) △ABC の面積を S とすると $S = (bc\sin \mathrm{A})/2$ なので $4S^2 = b^2c^2(1-\cos^2 \mathrm{A})$．一方，余弦定理から $1+\cos \mathrm{A} = 2\sigma(\sigma-a)/(bc)$, $1-\cos \mathrm{A} = 2(\sigma-b)(\sigma-c)/(bc)$ を得る．これを $4S^2 = b^2c^2(1-\cos^2 \mathrm{A})$ に代入すればよい．

(2) 相加平均・相乗平均の不等式をヘロンの公式に適用すれば

$$S^2 \leqq \sigma\left(\frac{(\sigma-a)+(\sigma-b)+(\sigma-c)}{3}\right)^3 = \frac{\sigma^4}{3^3}.$$

等号成立は $\sigma-a=\sigma-b=\sigma-c$ のとき．

■演習 2.57 定理 2.48 より対応 $\triangle_2 \ni \triangle\mathrm{ABC} \longmapsto (a,b,c) \in \mathbb{R}^3$ を考える．ここで $a = \mathrm{BC}$, $b = \mathrm{CA}$, $c = \mathrm{AB}$, △ABC の同値類は (a,b,c) を非増加に並べ替えたもの (x,y,z) $(x \geqq y \geqq z)$ と 1 対 1 に対応する．したがって $\triangle_2/\cong$ は

$$\{(x,y,z)\in\mathbb{R}^3 \,|\, x \geqq y \geqq z > 0,\ x < y+z\}$$

と同一視できる．三角形の合同類は 3 辺の長さで決まるから，当然その面積は 3 辺の長さで決まる．ヘロンの公式は面積を 3 辺の長さで具体的に書き下したもの．

■演習 2.65 (1) $A(m) = \dfrac{1}{1+m^2}\begin{pmatrix} 1-m^2 & 2m \\ 2m & m^2-1 \end{pmatrix}$, $A(m)^{-1} = A(m)$. $A(m)\times A(m) = E \notin F$ なので No．なお $A(m) = S(2\theta)$, $m = \tan\theta$.

(2) $\dfrac{1}{a^2+b^2}\begin{pmatrix} b^2-a^2 & -2ab \\ -2ab & a^2-b^2 \end{pmatrix}$. (3) ℓ は $7x+y=0$.

■演習 2.66 (2) A を中心とする角 $\theta_1+\theta_2$ の回転．もし $\theta_1+\theta_2$ が $2\pi m$ という値のときは $f_2\circ f_1 = I$.

■演習 2.67 $\mathrm{A}_1 \neq \mathrm{A}_2$, $\theta_1, \theta_2 \neq 0$ の場合のみ考えればよい．A_1 と A_2 を結ぶ直線を ℓ とする．A_1 を通る直線 m を次のように選ぶ．$\theta_1 > 0$ (<0) のときは m から ℓ に反時計まわり (時計まわり) に測った角が $\theta_1/2$．A_2 を通る直線 n を同様に定める (ℓ から n に測った角を $\theta_2/2$)．すると $f_1 = S_\ell \circ S_m$, $f_2 = S_n \circ S_\ell$ と分解できる．$f_2\circ f_1 = S_n\circ S_\ell\circ S_\ell\circ S_m = S_n\circ S_m$．ここで $\theta_1+\theta_2 \notin$

$2\pi\mathbb{Z}$ より m と n は平行ではない．したがって $f_2 \circ f_1$ は m と n の交点を中心とする角 $(\theta_1 + \theta_2)$ の回転．

■演習 2.68 (2.4) より $\boldsymbol{q} = R(\alpha)\boldsymbol{p} + \boldsymbol{a} - R(\alpha)\boldsymbol{a}$．これを $\boldsymbol{r} = R(\beta)\boldsymbol{q}$ に代入して $\boldsymbol{r} = R(\beta+\alpha)\boldsymbol{p} + R(\beta)\boldsymbol{a} - R(\pi)\boldsymbol{a} = -\boldsymbol{p} + R(\beta)\boldsymbol{a} + \boldsymbol{a}$．したがって $\overrightarrow{\mathrm{OP}} + \overrightarrow{\mathrm{OR}} = (E + R(\beta))\overrightarrow{\mathrm{OA}}$．すなわち P と R の中点 B は定点 $\dfrac{a}{2}(1+\cos\beta, \sin\beta)$ であり，P と R は B に関し対称．

■演習 2.69 演習 2.67 を利用．

■演習 2.70 図 2.3 に示した記法を使う．$f = R_{\mathrm{P}}(2\pi/3) \circ R_{\mathrm{R}}(2\pi/3) \circ R_{\mathrm{Q}}(2\pi/3)$ とおく．回転角の和は 2π なので f は回転か平行移動である．

$$f(\mathrm{A}) = R_{\mathrm{P}}(2\pi/3)(R_{\mathrm{R}}(2\pi/3)(\mathrm{C})) = R_{\mathrm{P}}(2\pi/3)(\mathrm{B}) = \mathrm{A}$$

なので A は f で動かない．動かない点をもつから f は恒等変換．演習 2.69 より結論を得る．

■演習 2.71 (1) $s_{\mathrm{A}} \circ s_{\mathrm{B}} = T_{2\overrightarrow{\mathrm{BA}}}$ を使えばよい (中点連結定理)．(2) AB, BC, CD, DA を一辺とする正方形の中心を P, Q, R, S とする．まず四角形 PQRS の対角線が互いに直交することを示す．このことから，四角形 PQRS が正方形であるためには四角形 ABCD が平行四辺形であればよい．(1) よりこの条件は $s_{\mathrm{A}} \circ s_{\mathrm{B}} \circ s_{\mathrm{C}} \circ s_{\mathrm{D}} = I$ と同値．

■演習 2.78 表現行列を A とする．$A\boldsymbol{u}_1 = \boldsymbol{u}_1$ より

$$A\boldsymbol{u}_2 \cdot \boldsymbol{u}_1 = A\boldsymbol{u}_2 \cdot A\boldsymbol{u}_1 = \boldsymbol{u}_2 \cdot \boldsymbol{u}_1 = 0.$$

同様に $A\boldsymbol{u}_3 \cdot \boldsymbol{u}_1 = 0$ なので

$$A\boldsymbol{u}_2 = a_{22}\boldsymbol{u}_2 + a_{32}\boldsymbol{u}_3, \quad A\boldsymbol{u}_3 = a_{23}\boldsymbol{u}_2 + a_{33}\boldsymbol{u}_3$$

と表せる．$1 = \det A = a_{22}a_{33} - a_{32}a_{23}$ と $|A\boldsymbol{u}_2| = |A\boldsymbol{u}_3| = 1$ より結論を得る．

■演習 2.83 $A = A(\phi, \theta, \psi)$ の 31 成分 a_{31} に着目する．$a_{31} = A\boldsymbol{e}_1 \cdot \boldsymbol{e}_3 = -\sin\theta\cos\psi$．一方 $A\boldsymbol{e}_1 \cdot \boldsymbol{e}_3 = \{(A\boldsymbol{e}_1 \cdot \overrightarrow{\mathrm{ON}})\overrightarrow{\mathrm{ON}}\} \cdot \boldsymbol{e}_3$ と計算できるから $a_{31} = -\sin\theta A\boldsymbol{e}_1 \cdot \overrightarrow{\mathrm{ON}}$．したがって ψ は $A\boldsymbol{e}_1$ と $\overrightarrow{\mathrm{ON}}$ のなす角．

■演習 2.86 行列 $A = (a_{ij})$, $B = (b_{ij})$ に対し $\mathrm{tr}(AB) = \mathrm{BA}$ が成立する．実際 $\mathrm{tr}(AB) = \sum_{i=1}^{n}\left(\sum_{j=1}^{n} a_{ij}b_{ji}\right) = \sum_{j=1}^{n}(\sum_{i=1}^{n} b_{ji}a_{ij}) = \mathrm{tr}(BA)$．これを使えば $\mathrm{tr}(P^{-1}(AP)) = \mathrm{tr}((AP)P^{-1}) = \mathrm{tr}(A)$．

■**演習 2.87** $\alpha = 1$ のとき $U^{-1}AU = E$ より $A = E$. $\alpha = -1$ のとき A は $\boldsymbol{u}_2$ と $\boldsymbol{u}_2$ で張られる平面 $\{\mathrm{P} \in \mathbb{R}^3 \mid \overrightarrow{\mathrm{OP}} = s\boldsymbol{u}_2 + t\boldsymbol{u}_3 \ (s, t \in \mathbb{R})\}$ 内の 180° 回転.

■**演習 2.88** 左の行列のオイラーの角は $(\pi/3, \pi/4, 0)$ で軸は $(1-\sqrt{2}, -\sqrt{3}(1-\sqrt{2}), 1)$ の方向. 右の行列のオイラーの角は $(\pi/4, \pi/3, \pi/4)$ で軸は $(0, 2, \sqrt{6})$ の方向.

■**演習 2.89** $(3\pi/2, \alpha, \pi/2)$.

■**演習 3.31** どの三角形も $\triangle \mathrm{OE_1E_2}$ にアフィン合同である.

■**演習 3.32** どんな三角形も正三角形にアフィン合同であることを利用.

■**演習 3.33** 台形と平行四辺形.

■**演習 3.34** ユークリッド幾何の場合, 楕円 (円を含む)・双曲線・放物線と分類される. 離心率はユークリッド不変量である. アフィンの場合もクラス分けは同じだが, 楕円・双曲線・放物線は 1 種類づつしかない.

■**演習 3.35** どの楕円も円にアフィン合同であることを使う.

■**演習 3.39** 三角形の頂点の並び方を区別することから始める. つまり $\triangle\mathrm{ABC} \neq \triangle\mathrm{BCA}$ と考える. このような順序を考慮に入れた三角形を (ここだけの記号で) $\hat{\triangle}\mathrm{ABC}$ と書いておく. 頂点に順序をつけた三角形の全体 $\hat{\triangle}_2$ は

$$\hat{\triangle}_2 = \{(\mathrm{A}, \mathrm{B}, \mathrm{C}) \in \mathbb{R}^2 \times \mathbb{R}^2 \times \mathbb{R}^2 \mid \mathrm{A},\ \mathrm{B},\ \mathrm{C} \text{ は同一直線上にない}\}$$

と同一視できる. $\hat{\pi} : \hat{\triangle}_2 \longrightarrow \triangle_2$ を $\hat{\pi}(\hat{\triangle}\mathrm{ABC}) = \triangle\mathrm{ABC}$ と定め射影とよぶ.

• $\hat{\triangle}\mathrm{ABC}$ に対し平行移動で A を原点 O にうつす. 続いて O 中心の回転を用いて 2 番目の頂点を x_1 軸上にうつす. 線型相似変換を使って 2 番目の頂点が $\mathrm{E}_1 = (1, 0)$ となるようにする. ここまでで有向三角形 $\hat{\triangle}\mathrm{ABC}$ は相似変換で $\hat{\triangle}\mathrm{OE_1C'}$ にうつった. $\mathrm{C'} = (c'_1, c'_2)$ において $c'_2 > 0$ ならそのままにし $c'_2 < 0$ のときは x_1 軸に関する線対称を $\hat{\triangle}\mathrm{OE_1C'}$ に施す. 以上の操作で $\hat{\triangle}\mathrm{ABC}$ は $\hat{\triangle}\mathrm{OE_1C''}$ $(c''_2 > 0)$ にうつった. 対応 $\hat{\triangle}\mathrm{ABC} \longmapsto \mathrm{C''}$ により $\hat{\triangle}_2/\!\propto$ と上半平面 $\boldsymbol{H} = \{(x_1, x_2) \in \mathbb{R}^2 \mid x_2 > 0\}$ を同一視できる.

• 辺の長さの大小関係を考えて, $\mathrm{OE_1} \leqq \mathrm{OC''} \leqq \mathrm{E_1C''}$ を $\triangle\mathrm{ABC}$ の相似類と対応させればよい. したがって $\triangle_2/\!\propto$ は

$$\{(x_1, x_2) \in \mathbb{R}^2 \mid x_2 > 0,\ 1 \leqq x_1^2 + x_2^2 \leqq x_1^2 + (x_2 - 1)^2\}$$

と同一視される．図示してみるとよい．たとえば正三角形の相似類は $(1/2, (1+\sqrt{3}/2)$ と対応する．直角二等辺三角形の相似類は $\mathrm{E}_2 = (0,1)$ と対応する．$\hat{\triangle}_2/\propto$ や $\triangle_2/\propto$ を記述するには複素数を用いるとよい．実際,

$$\hat{\triangle}_2/\propto = \{z = x + yi \in \mathbb{C} \mid y > 0\} = \boldsymbol{H},$$

$$\triangle_2/\propto = \{z \in \boldsymbol{H} \mid 1 \leqq |z| \leqq |z-1|\}$$

と簡潔に表記できる．射影 $\hat{\pi} : \hat{\triangle}_2 \longrightarrow \triangle_2$ が写像 $\pi : \hat{\triangle}_2/\propto \longrightarrow \triangle_2/\propto$ を誘導することは簡単に確かめられる．$\triangle_2/\propto$ は $\hat{\triangle}_2/\propto$ に対称群 $\mathfrak{S}_3$ が作用する．その作用に関する軌道空間[♮1] $\boldsymbol{H}/\mathfrak{S}_3$ がちょうど $\triangle_2/\propto$ であり，π は軌道空間への射影と一致することが知られている．詳細は [42] を参照．上半平面については 6.2.3 節も参照されたい．

■演習 3.42 $\mathscr{S} = \{(0, \boldsymbol{q}) \mid \boldsymbol{q} \in \mathbb{R}^3\}$ はガリレイ変換で不変．すなわち，各 $(A, \boldsymbol{v}) \in G$ に対し $\rho(A, \boldsymbol{v})\mathscr{S} = \mathscr{S}$．この $\mathscr{S}$ を絶対空間とよぶ．運動方程式の G 不変性を**ガリレイの相対性原理**とよぶ.

■演習 4.26 体積要素とよばれるものが指定されている必要がある．[57] 参照.

■演習 6.4 V°, V^f, V^e の定義を復習すると

- $\boldsymbol{x} \in V^\circ \Longleftrightarrow$ ある $\varepsilon > 0$ が存在して $U_\varepsilon(\boldsymbol{x}) \subset V$ $({}^\exists \varepsilon > 0; U_\varepsilon(\boldsymbol{x}) \subset V)$.
- $\boldsymbol{x} \in V^e \Longleftrightarrow$ ある $\varepsilon > 0$ が存在して $U_\varepsilon(\boldsymbol{x}) \cap V = \varnothing$ $({}^\exists \varepsilon > 0; U_\varepsilon(\boldsymbol{x}) \cap V = \varnothing)$.
- $\boldsymbol{x} \in V^f \Longleftrightarrow$ 任意の $\varepsilon > 0$ に対し $U_\varepsilon(\boldsymbol{x}) \cap V \neq \varnothing$ であり同時に $U_\varepsilon(\boldsymbol{x}) \cap (\mathbb{R}^n \setminus V) \neq \varnothing$ $({}^\forall \varepsilon > 0 : U_\varepsilon(\boldsymbol{x}) \cap V \neq \varnothing, U_\varepsilon(\boldsymbol{x}) \cap (\mathbb{R}^n \setminus V) \neq \varnothing)$.

ここから (1) と (2) が確かめられる．また，上に書いた $\boldsymbol{x} \in V^\circ$ の定義で V を $\mathbb{R}^n \setminus V$ で置き換えれば $(\mathbb{R}^n \setminus V)^\circ = V^e$ が得られる．この事実と V^e の定義から (3) を得る

■演習 6.8 演習 6.4 で示した $(\mathbb{R}^n \setminus V)^\circ = \mathbb{R}^n \setminus \overline{V}$ を使えばよい．$V = \overline{V} \Longleftrightarrow \mathbb{R}^n \setminus V = \mathbb{R}^n \setminus \overline{V}$ だから $V = \overline{V} \Longleftrightarrow \mathbb{R}^n \setminus V$ は開集合.

[♮1] 軌道空間は 3.3 節で定義する.

■演習 6.14　この問いではイプシロン・デルタ論法を使う．$f:\mathbb{R}^n \longrightarrow \mathbb{R}^n$ が $a \in \mathbb{R}^n$ で連続であることの定義は

$$(\forall\varepsilon > 0)(\exists\delta > 0)(\forall x \in \mathbb{R}^n)(x \in U_\delta(a) \Longrightarrow f(x) \in U_\varepsilon(f(a)))$$

である．

(1) $\Longrightarrow$ (2)：f を連続写像とする．開集合 V に対し $U = f^{-1}(V)$ とおく．任意の点 $a \in U$ に対し $f(a) \in V$ で，V は開集合なので $(\exists\varepsilon > 0)(U_\varepsilon(f(a)) \subset V)$．$f$ の連続性から（ここで選んだ ε に対して）$x \in U_\delta(a) \Longrightarrow f(x) \in U_\epsilon(f(a))$ となる $\delta > 0$ が存在する．$U_\varepsilon(f(a)) \subset V$ だから $f(x) \in V$．したがって $x \in U$ となり $U_\delta(a) \in U$ が得られる．以上より U は開集合．

(2) $\Longrightarrow$ (1)：任意の点 $a \in \mathbb{R}^n$ と任意の $\varepsilon > 0$ に対し $V = U_\varepsilon(f(a))$, $U = f^{-1}(V)$ とおくと仮定より U は開集合で $a \in U$．U は開集合なので $U_\delta(a) \subset U$ となる $\delta > 0$ が存在する．したがって $x \in U_\delta(a) \subset U$ ならば $f(x) \in U_\delta(a) \subset U$．ということは任意の $x \in U_\delta(a)$ に対し $f(x) \in f(U_\delta(a)) \subset f(U) = U_\varepsilon(f(a))$．すなわち f は a で連続．なおこの問いの解答は一般の距離空間でそのまま通用することに注意してほしい．

■演習 6.20　(3) 三角形 PQR の内接円を描く．辺 PQ 上の内接点と P の距離が $(\mathrm{Q}|\mathrm{R})_{\mathrm{P}}$．

■演習 6.22　(1) 3 通りの解法をあげる．

- $y = \log x$ は上に凸なので

$$\log\left(\frac{\alpha^p}{p} + \frac{\beta^q}{q}\right) \leqq \frac{1}{p}\log\alpha^p + \frac{1}{q}\log\beta^q = \log(\alpha\beta).$$

したがって $\dfrac{\alpha^p}{p} + \dfrac{\beta^q}{q} \geqq \alpha\beta$. 等号成立は $\alpha^p = \beta^q$ のとき．

- 証明したい不等式は

$$f(\alpha) := q\alpha^p + p\beta^q - \alpha\beta pq \geqq 0$$

と同値．

$$\frac{\mathrm{d}f}{\mathrm{d}\alpha} = pq(\alpha^{p-1} - \beta)$$

より $\alpha = \beta^{1/(p-1)}$ のとき $f(\alpha)$ は最小値 0 をとる．

- 函数 $y = x^{p-1}$ $(x \geqq 0)$ のグラフと $x = \alpha$, $y = \beta$ の交点をそれぞれ A, B, 点 (0.0), (α,β), $(\alpha,0)$, $(0,\beta)$ をそれぞれ O, C, D, E とすると，“長方形

ODCE ≦ 図形 ODA + 図形 OABE" であるから

$$\alpha\beta \leqq \int_0^{\alpha} x^{p-1}\,\mathrm{d}x + \int_0^{\beta} y^{q-1}\,\mathrm{d}y = \frac{\alpha^p}{p} + \frac{\beta^q}{q}.$$

(2) (1) から直ちに得られる.

■演習 6.23

$$\alpha = \frac{|a_i|^p}{\sum |a_i|^p}, \quad \beta = \frac{|b_i|^q}{\sum |b_i|^q}$$

に前問の不等式を用いてさらに $i = 1, 2, \cdots, n$ について加えればよい.

■演習 6.24 $p > 1$ の場合を示せばよい. ヘルダーの不等式から

$$\sum_{i=1}^{n} |a_i + b_i|^p \leqq \sum_{i=1}^{n} |a_i||a_i + b_i|^{p-1} + \sum_{i=1}^{n} |b_i||a_i + b_i|^{p-1}$$
$$\leqq \left\{ \left(\sum_{i=1}^{n} |a_i|^p \right)^{\frac{1}{p}} + \left(\sum_{i=1}^{n} |b_i|^p \right)^{\frac{1}{p}} \right\} \left\{ \sum_{i=1}^{n} |a_i + b_i|^{(p-1)q} \right\}^{\frac{1}{q}}$$

を得る.

■演習 6.25 ミンコフスキーの不等式から d_p の三角不等式が導かれる.

■演習 6.26 O $= (0, 0)$, A $= (1, 0)$, B $= (0, 1)$ に対し三角不等式が成り立たない.

■演習 6.27 次の公式を使えばよい. A, $B \geqq 0$ に対し

$$\lim_{\varepsilon \to +0} \varepsilon \log \left(e^{\frac{A}{\varepsilon}} + e^{\frac{B}{\varepsilon}} \right) = \max(A, B)$$

が成立する. この公式は**超離散極限**という計算で用いられている [23].

■演習 6.28 ミンコフスキーの不等式を使えばよい.

■演習 6.33 (2) $\overrightarrow{\mathrm{OA}} \times \overrightarrow{\mathrm{OB}}$ は 3 点 O, A, B を通る平面に垂直. 同様に $\overrightarrow{\mathrm{OA}} \times \overrightarrow{\mathrm{OC}}$ は 3 点 O, A, C を通る平面に垂直だから

$$\cos\alpha = \frac{(\overrightarrow{\mathrm{OA}} \times \overrightarrow{\mathrm{OB}}) \cdot (\overrightarrow{\mathrm{OA}} \times \overrightarrow{\mathrm{OC}})}{|\overrightarrow{\mathrm{OA}} \times \overrightarrow{\mathrm{OB}}||\overrightarrow{\mathrm{OA}} \times \overrightarrow{\mathrm{OC}}|}$$

を得る. 一方 $\cos c = \overrightarrow{\mathrm{OA}} \cdot \overrightarrow{\mathrm{OB}}$, $\cos b = \overrightarrow{\mathrm{OA}} \cdot \overrightarrow{\mathrm{OC}}$ より

$$(\overrightarrow{\mathrm{OA}} \cdot \overrightarrow{\mathrm{OB}}) \cdot (\overrightarrow{\mathrm{OA}} \cdot \overrightarrow{\mathrm{OC}}) = \sin b \sin c \cos\alpha.$$

ラグランジュの恒等式 (1.51) を使って左辺を計算すると $\cos a - \cos b \cos c$. ここから球面余弦定理を得る. 球面余弦定理から

$$\frac{\sin^2\alpha}{\sin^2 a} = \frac{1-(\cos^2 a+\cos^2 b+\cos^2 c)+2\cos a\cos b\cos c}{\sin^2 a\sin^2 b\sin^2 c}.$$

右辺は a, b, c について対称なので球面正弦定理を得る．α, β, γ が非常に小さいときは $\sin a \doteqdot a$, $\cos a \doteqdot 1-a^2/2$, $b^2c^2 \doteqdot 0$ と近似できる．この近似を代入すると，球面余弦定理，球面正弦定理は $\mathbb{R}^2$ の余弦定理，正弦定理と同じ式になる．(8) S^2 内の A と B を結ぶ曲線 $\boldsymbol{p} : [a,b] \longrightarrow S^2$ は経度 ϕ と余緯度 θ を用いて

$$\boldsymbol{p}(t) = (\sin\theta(t)\cos\phi(t), \sin\theta(t)\sin\phi(t), \cos\theta(t)),$$
$$\boldsymbol{p}(a) = \mathrm{A},\ \boldsymbol{p}(b) = \mathrm{B}$$

と表せる (2.5 節，(2.8) 参照)．長さ $\ell(\boldsymbol{p})$ を計算すると

$$\ell(\boldsymbol{p}) = \int_a^b \sqrt{\dot{\boldsymbol{p}}(t)\cdot\dot{\boldsymbol{p}}(t)}\,\mathrm{d}t = \int_a^b \sqrt{\dot\theta(t)^2+\dot\phi(t)^2\sin^2\theta(t)}\,\mathrm{d}t$$
$$\geqq \int_a^b \dot\phi(t)\mathrm{d}t = \phi(b)-\phi(a) = \angle\mathrm{BOA} = \mathrm{d}_S(\mathrm{A},\mathrm{B}).$$

その他の設問については [55] を見るとよい．

■演習 6.38 $\mathrm{d}(\mathscr{A},\mathscr{B}) = |ax_0+by_0+c|/\sqrt{a^2+b^2}$.

■演習 6.39

(1) $\mathscr{B}$ 上の点 P は $(-t+2, t, t-1)$ と表されるので $\mathrm{d}(\mathrm{O},\mathrm{P})^2 = 3(t-1)^2+2$. したがって $\mathrm{d}(\mathscr{A},\mathscr{B}) = \sqrt{2}$ (別解：$\overrightarrow{\mathrm{OP}}\cdot(-1,1,1) = 0$ より $t=1$).

(2) $\mathscr{B}$ 上の点 $\mathrm{P}(4+4t, 1+3t, 2+5t)$ に対し $\mathrm{d}(\mathscr{A},\mathrm{P})^2 = 50t^2+9$ なので $\mathrm{d}(\mathscr{A},\mathscr{B}) = 3$ (別解：$\overrightarrow{\mathscr{A}\mathrm{P}}\cdot(4,3,5) = 0$ より $t=0$).

(3) $\mathscr{A}$ 上の点 $\mathrm{P}(1+s, 2+s, s)$, $\mathscr{B}$ 上の点 $\mathrm{Q}(2+t, 2t-5, -t+3)$ に対し

$$\mathrm{d}(\mathrm{P},\mathrm{Q})^2 = 3\left(s+\frac{3-2t}{3}\right)^2+\frac{14}{3}(t-3)^2+14$$

は $s=1$, $t=3$ のとき最小値 14 をとる (別解：$\overrightarrow{\mathrm{PQ}}\cdot(1,1,1) = \overrightarrow{\mathrm{PQ}}\cdot(1,2,-1) = 0$ より $s=1$, $t=3$).

(4) $\mathscr{A}$ 上の点 $\mathrm{P}(1-s, s, 2s)$, $\mathscr{B}$ 上の点 $\mathrm{Q}(t, t, 1-t)$ に対し

$$\mathrm{d}(\mathrm{P},\mathrm{Q})^2 = 6\left(s+\frac{2t-3}{6}\right)^2+\frac{7}{3}\left(t-\frac{3}{7}\right)^2+\frac{1}{14}$$

は $s=5/14$, $t=3/7$ のとき最小値 1/14 をとる (別解：$\overrightarrow{\mathrm{PQ}}\cdot(-1,1,2) = \overrightarrow{\mathrm{PQ}}\cdot(1,1,-1) = 0$ より $s=5/14$, $t=3/7$).

(5) $\mathrm{d}(\mathscr{A},\mathscr{B}) = |ax_0+by_0+cz_0+d|/\sqrt{a^2+b^2+c^2}$.

■演習 6.40 $\boldsymbol{w}_1 = \overrightarrow{\mathrm{AB}}/2$, $\boldsymbol{w}_2 = \overrightarrow{\mathrm{AC}}/2$ とおく．Π は A を通るから

$$\Pi = \{\mathrm{X} \in \mathbb{R}^3 \mid \overrightarrow{\mathrm{OX}} = \overrightarrow{\mathrm{OA}} + s\boldsymbol{w}_1 + t\boldsymbol{w}_2 \ (s,\, t \in \mathbb{R})\}$$

と表せる (4.1.4 節参照)．$\mathrm{X} = (x,y,z) = (-s+3t+2, s, s+2t-3) \in \Pi$ と $\mathrm{P} = (1,-3,4)$ に対し

$$\mathrm{d}(\mathrm{X},\mathrm{P})^2 = 3\left\{s - \frac{1}{3}(t+5)\right\}^2 + \frac{38}{3}(t-1)^2 + 38$$

は $s=2$, $t=1$ のとき最小値 38 をとる．したがって $\mathrm{d}(\Pi,\mathrm{P}) = \sqrt{38}$. $\triangle\mathrm{ABC}$ を四面体の底面と考える．$\triangle\mathrm{ABC}$ の面積は $|\overrightarrow{\mathrm{AB}} \times \overrightarrow{\mathrm{AC}}|/2 = 2\sqrt{38}$. この四面体の体積は $\triangle\mathrm{ABC} \times \mathrm{d}(\Pi,\mathrm{P})/3 = 76/3$.

(別解) 演習 2.25 で求めたように，Π は A を通り $\boldsymbol{n} = \boldsymbol{w}_1 \times \boldsymbol{w}_2 = (2,5,-3)$ に垂直な平面なので，$2x+5y-3z=13$ で与えられる．2.2 節の最初にやったように P から Π におろした垂線の足 H をもとめると $\overrightarrow{\mathrm{OH}} = \overrightarrow{\mathrm{OP}} + \boldsymbol{n}$. したがって $\mathrm{d}(\Pi,\mathrm{P}) = |\overrightarrow{\mathrm{PH}}| = \sqrt{38}$. 演習 2.26 で求めたように，四面体の体積は $\triangle\mathrm{ABC} \times \mathrm{d}(\mathrm{P},\mathrm{H})/3 = 76/3$.

■演習 6.57

$$f^{-1}(y_1,y_2) = \left(\frac{y_1}{r}, \frac{y_2}{r}\right), \quad r = \sqrt{y_1^2+y_2^2}.$$

附録 C

参 考 文 献

[1] R. Abraham and J. E. Marsden, *Foundations of Mechanics*, Second edition, Benjamin/Cummings Publishing Co., Inc., Advanced Book Program, Reading, Mass., 1978.

[2] 阿原一志,『シンデレラで学ぶ平面幾何』, シュプリンガー・フェアラーク東京, 2004.

[3] 新井仁之,『ルベーグ積分講義 — ルベーグ積分と面積 0 の不思議な図形たち』, 日本評論社, 2003.

[4] V. I. アーノルド,『古典力学の数学的方法』, 安藤韶一・蟹江幸博・丹羽敏雄 [訳], 岩波書店, 1980.

[5] E. Artin, *Geometric Algebra*, Interscinece, 1957.

[6] M. Berger, *Géométrie* I, Cedec and Fernand, Nathan Paris, 1977. 英訳： M. Cole and S. Levy, *Geometry* I, Universitext, Springer-Verlag, 1987.

[7] V. G. ボルチャンスキー・A. M. ロプシッツ,『面積と体積』, 銀林浩・木村君男・筒井孝 [訳], 東京図書, 1994.

[8] D. Burago, Y. Burago and S. Ivanov, *A Course in Metric Geometry*, Graduate Studies in Math. **33**, Amer. Math. Soc., 2001.

[9] H. S. M. コクセター,『幾何学入門』, 第二版, 銀林浩 [訳], 明治図書, 1982.

[10] 出澤正徳・山下正人,『あれ！ あれれ！ 目のさっかく ?』, 岩波書店, 1996.

[11] S. ドゥージン・B. チェボタレフスキー,『変換群入門』, 雪田修一 [監訳], シュプリンガー・フェアラーク東京, 2000.

[12] H.-D. エビングハウス他,『数 [新装版]』(上・下), 成木勇夫 [訳], シュプリンガー・フェアラーク東京, 2004.

[13] 『ユークリッド原論 [縮刷版]』, 中村幸四郎・寺阪英孝・伊藤俊太郎・池田美恵 [訳], 共立出版, 1996.

[14] 深谷賢治,『これからの幾何学』, 日本評論社, 1998.

[15] マーチン・ガードナー,『[新版] 自然界における左と右』, 坪井忠二・藤井昭彦・小島弘 [訳], 紀伊国屋書店, 1992.

[16] C. F. ガウス, *Disquisitiones Arithmeticae*, 邦訳『ガウス整数論』, 高瀬正仁, 朝倉書店, 1995.

[17] 銀林浩 (編),『どうしたら算数ができるようになるか 小学校編 — お母さんとお父さんの教育相談』, 日本評論社, 2001.

[18] 銀林浩 (編),『どうしたら数学ができるようになるか 中学校編 — お母さんとお父さんの教育相談』, 日本評論社, 2001.

[19] C. H. Gu, H. S. Hu and Z. X. Zhou, *Darboux Transformations in Integrable Systems. Theory and their Applications to Geometry*, Mathematical Physics Studies, **26**, Springer-Verlag, 2005.

[20] M. A. Guest, *Harmonic Maps, Loop Groups and Integrable Systems*, London Math. Soc. Student Texts **38**, Cambridge Univ. Press, Cambridge, 1997.

[21] R. Hartshorne, *Foundations of Projective Geometry*, Lecture Notes, Harvard University, 1966/67, W. A. Benjamin, Inc., New York 1967.

[22] 長谷川浩司,『線型代数 (改訂版)』, 日本評論社, 2015.

[23] 広田良吾・高橋大輔,『差分と超離散』, 共立出版, 2003.

[24] 一楽重雄・佐藤肇,『[新版] 幾何の魔術 — 魔方陣から現代数学へ』, 日本評論社, 2002.

[25] 井ノ口順一・小林真平・松浦望,『曲面の微分幾何学とソリトン方程式 — 可積分幾何入門』, 立教 SFR 講究録, 立教大学理学部数学科. 2005.

[26] 岩堀長慶,『初学者のための合同変換群の話』, 現代数学社, 2001.

[27] 岩堀長慶,「二つの回転を“合成する”話」,『数と図形の話』(岩堀長慶・伊原信一郎), 岩波科学の本, **21** (1978) pp. 91–130.

[28] 彌永昌吉,『幾何学序説』, 岩波書店, 1968.

[29] G. ジェニングス,『幾何再入門』, 伊理正夫・伊理由美 [訳], 岩波書店, 1996.

[30] 片野善一郎,『数学用語と記号ものがたり』, 裳華房, 2003.

[31] 河田敬義,「位相」,『現代数学概説 II』(河田敬義・三村征雄), 岩波書店, 1965, pp. 1–212.

[32] 河田敬義,『アフィン幾何・射影幾何』, 岩波講座基礎数学 (線型代数 V), 1976. 単行本 : 伊原信一郎・河田敬義,『線型空間・アフィン幾何』, 1997.

[33] 加藤十吉,『位相幾何学』, 裳華房, 1988.

[34] F. Klein, *Vergleichende Betrachtungen über neuere geometrische Forschungen*, das Erlangen Programm, 1872,
邦訳『ヒルベルト 幾何学の基礎・クライン エルランゲン・プログラム』, 寺坂英孝・大西正男, 現代数学の系譜 7, 共立出版, 1970.

[35] F. クライン,『高い立場からみた初等数学』1–4, 遠山啓 [監訳], 商工出版社 (東京図書), 1 (1959), 2 (1960), 3 (1961), 4 (1961).

[36] 小林昭七, *Transformation Groups in Differential Geometry*, Springer-Verlag, Berlin, 1972. ペーパーバック版 : Classics in Mathematic, Springer-Verlag, Berlin, 1995.

[37] 小林昭七,『接続の幾何とゲージ理論』, 裳華房. 1989.

[38] 小林昭七,『ユークリッド幾何から現代幾何へ』, 日本評論社, 1990.

[39] 小林昭七,『曲線と曲面の微分幾何 [改訂版]』, 裳華房, 1995.

[40] 小林昭七,『円の数学』, 裳華房, 1999.

[41] 小林俊行・大島利雄,『リー群と表現論』, 岩波書店, 2005.

[42] 小島定吉,『多角形の現代幾何学 [増補版]』, 牧野書店, 1999.

[43] C. コスニオフスキ,『トポロジー入門』, 加藤十吉 [編訳], 東京大学出版会, 1983.

[44] 前原昭二,『線形代数と特殊相対論』, 日本評論社, 1993.

[45] 松本幸夫,『トポロジー入門』, 岩波書店, 1985.

[46] 松本幸夫,『多様体の基礎』, 基礎数学 **5**, 東京大学出版会, 1988.

[47] 松坂和夫,『線型代数入門』, 岩波書店, 1980.

[48] 松坂和夫,『数学読本 3』, 岩波書店 1990.

[49] 松島与三,『多様体入門』, 数学選書 **5**, 裳華房, 1965.

[50] 三松佳彦,『群作用』, 理科系の数学入門 **7**, 日本評論社, 刊行予定.

[51] 水野弘文,『情報数理の基礎』, 情報数理シリーズ **A-1**, 培風館, 1996.

[52] 森口繁一,『初等力学』, 培風館, 1959.

[53] 村上信吾,『多様体』, 共立数学講座 **19**, 共立出版, 1969, 第二版, 1989.

[54] 長岡亮介,『数学の歴史』(3 訂版), 放送大学教材, 2003.

[55] 中岡稔,『双曲幾何学入門』, サイエンス社, 1993.

[56] 西山享,『よくわかる幾何学』, 丸善, 2004.

[57] 野水克巳・佐々木武,『アファイン微分幾何学 — アファインはめ込みの幾何』, 裳華房, 1994.

[58] 太田春外,『はじめよう位相空間』, 日本評論社, 2000.

[59] 太田春外,『解いてみよう位相空間』, 日本評論社, 2006.

[60] 大鹿健一,『離散群』, 岩波講座現代数学の展開 **19**, 1998.

[61] 大森英樹,『[新装版] 力学的な微分幾何』, 日本評論社, 1989.

[62] 大森英樹,『幾何学の見方・考え方』, 日本評論社, 1989.

[63] B. O'Neill, *Elementary Differential Geometry*, Academic Press, 1966, Second Edition, 1997.

[64] B. O'Neill, *Semi-Riemannian Geometry with Application to Relativity*, Pure and Applied Math., vol. 130, Academic Press, Orland, 1983.

[65] 大津幸男・山口孝男・塩谷隆・加須栄篤・深谷賢治,『リーマン多様体とその極限』, 日本数学会メモワール **3**, 2004.

[66] C. Rogers and W. Schief, *Bäcklund and Darboux Transformations. Geometry and Modern Applications in Soliton Theory*, Cambridge Texts in Applied Math., Cambridge Univ, Press, 2002.

[67] 齋藤正彦,『線型代数入門』, 基礎数学 **1**, 東京大学出版会, 1966.

[68] 齋藤正彦,『線型代数演習』, 基礎数学 **4**, 東京大学出版会, 1985.

[69] 酒井隆,『リーマン幾何学』, 数学選書 **11**, 裳華房, 1992.

[70] 佐久間一浩,『トポロジー集中講義 — オイラー標数をめぐって』, 培風館, 2006.

[71] 佐藤肇,『リー代数入門』, 裳華房, 2000.

[72] 関沢正躬,『面積のひみつ』, 算数と理科の本 **1**, 岩波書店, 1979.

[73] 関沢正躬・桑原伸之,『たてとよこ』, ぼくのさんすう・わたしのりか, 岩波書店, 1982.

[74] 関沢正躬 ,『直線と平面』, 日本評論社, 1986.

[75] 関沢正躬,『微分幾何学入門』, 日本評論社, 2003.

[76] 関沢正躬・瀬山士郎 [編], セントラルサークル [著],『小学校幾何教育の最前線』, 明治図書, 1989.

[77] 数学セミナー編集部,『解決! ポアンカレ予想』, 日本評論社, 2007.

[78] 志賀浩二・砂田利一,『高校生におくる数学 III』, 岩波書店, 1996.

[79] 島和久,『連続群とその表現』, 岩波応用数学叢書, 岩波書店, 1981.

[80] 杉浦光夫, *Unitary Representation and Harmonic Analysis* (第 2 版) North-Holland, 1990.

[81] 杉浦光夫,『解析入門 I』, 基礎数学 **2**, 東京大学出版会, 1980.

[82] 杉浦光夫,『解析入門 II』, 基礎数学 **3**, 東京大学出版会, 1985.

[83] 杉山健一,『線型代数』, 理科系の数学入門 **1**, 日本評論社, 2006.

[84] 砂田利一,『分割の幾何学 — デーンによる 2 つの定理』, 日本評論社, 2000.

[85] 砂田利一,『幾何入門』, 岩波書店, 2004.

[86] 砂田利一,『現代幾何学への道 — ユークリッドの蒔いた種』, 岩波書店, 2010.

[87] 武部尚志,『数学で物理を』, 日本評論社, 2007.

[88] 田村二郎,『空間と時間の数学』, 岩波新書黄版 **5**, 1977.

[89] 谷口雅彦・奥村善英,『双曲幾何学への招待 — 複素数で視る』, 培風館, 1996.

[90] 戸田盛和,『力学』, 物理入門コース **1**, 岩波書店, 1982.

[91] 戸田盛和,『アインシュタイン 16 歳の夢』, 岩波ジュニア新書 **493**, 岩波書店, 2004.

[92] 戸田盛和,『[新装版] 非線形波動とソリトン』, 日本評論社, 2000.

[93] 浦川肇,『ラプラス作用素とネットワーク』, 裳華房, 1996.

[94] 和達三樹,『物理のための数学』, 物理入門コース **10**, 岩波書店, 1983.

[95] 和達三樹,『非線型波動』, 岩波書店, 2000.

[96] H. ヴァイル,『シンメトリー』, 遠山啓 [訳], 紀伊國屋書店, 1970.

[97] R. J. ウィルソン,『数学の切手コレクション』, 熊原啓作 [訳], シュプリンガー・フェアラーク東京, 2003.

[98] 山内恭彦・杉浦光夫,『連続群論入門』, 培風館, 1960.

[99] 矢野健太郎,『すばらしい数学者たち』, 新潮文庫, 1980.

[100] 矢野健太郎,『アインシュタイン伝』, 新潮文庫, 1997.

[101] 横田一郎,『群と位相』, 裳華房, 1971, POD 版, 2001.

[102] 吉田正章,『私説 超幾何関数 — 対称領域による点配置空間の一意化』, 共立講座 21 世紀の数学 **24**, 共立出版, 1997.

[103] 井ノ口順一,『曲線とソリトン』, 朝倉書店, 2010.

[104] 井ノ口順一,『どこにでも居る幾何』, 日本評論社, 2010.

[105] 井ノ口順一,『リッカチのひ・み・つ』, 日本評論社, 2010.

[106] 井ノ口順一,『曲面と可積分系』, 朝倉書店, 2015.

[107] エウクレイデス全集『第 1 巻 (原論 I–IV)』, 斎藤憲・三浦伸夫 [訳], 東京大学出版会, 2007.

[108] 斎藤憲,『ユークリッド『原論』とは何か』, 岩波科学ライブラリー, 2008.

あとがき

さて最後まできて諸君の感想はどうだろうか．参考書を買う人は多いが終わりまで読み通す人は少ない．それだけでも諸君の熱意と努力は多とすべきであるが，これから諸君が取るべき道は 2 つである．1 つはもう一度この本を読み返すことである．(中略) 第 2 の道は，この書物から得た知識をもとに，原書を読む道，自分が読みたいとかねがね思っていた本を読む道へ踏み出すことである．

(伊藤和夫『英文解釈教室』，研究社，1977 のあとがきより)

もともとこの本は，中学校までに受けた幾何教育 (図形教育) と大学で学ぶ位相幾何学・微分幾何学との架け橋として企画されました．位相幾何学の入門書を読んでもよくわからない，そういう人のために「入門書を読むための本」を準備しようという意図で執筆しました．上に引用した文章は著者が高校 2 年生当時に読んでいた大学入試向け参考書のあとがきの一部です.「原書」や「読みたいと思っていた本」を位相幾何学の入門書と置き換えると，読者が次にするべきことをまさに言い当てています．

著者は大学 1 年の年度末から位相空間の勉強を始めました．2 年生から距離空間について学ぶ「位相」という授業科目を受けました．距離空間について勉強を進めていくうちに，高校までに受けた幾何教育の内容をもう一度見直してみようと思い立ち，関連図書にあげたものの何冊かを手がかりに，自分で本を書くつもりでノートを作りました．ノート自体はもう残っていないので，ノートを頭の中で再現しながらこの本を執筆しました．同時に小・中・高校において幾何教育に携わる人が大学で最低限，習得しておくべき内容は何かを考えることにもなりました．もちろん，この問いに対して誰もが納得できる解答はないでしょう．この本はそのための試案を提案したものと考えていただきたく思います．

くりかえしになりますが，この本は (位相) 幾何学・幾何教育について，真剣に考えるためのきっかけにすぎません．いま読者は位相幾何学の勉強に漕ぎ出す段階にきているのです．この本の内容を勉強していた頃の著者を啓発した言葉を添えて，この本を閉じることにします：

> ··· 今日のように情報過多の時代に上手に数学を勉強する方法はたったひとつしかなくて，それは「自分で考える」ということなのである．夢想し空想し予想して,「こうなっているのではあるまいか」と考えついたら，それが正しいかどうかを検証するために本や論文を読むのである．最初は確かにこの方法はまだるっこしい，自分の進み具合が遅くてモタモタしている間に友達にはどんどん追い抜かれていくような気がするものである．しかし，基本的にはもっと自分を信頼しなければなるまい．自分が持った疑問に自分が答えるために本に書いてある考え方を借りるのである．読者は一人一人，自分のノートに自分の数学というものを創造し書きつけていくのである．
>
> (大森英樹 [61])

索　引

■あ行■

アーベル群 (abelian group) *173*
I (恒等変換) *40*
アインシュタイン *93*
アフィン平面 (affine plane) *111*
アフィン幾何 (affine geometry) *87*
アフィン幾何学的定理 *87*
アフィン曲率 (affine curvature) *137*
アフィン空間 (affine space) *110*
アフィン空間の公理 *111*
アフィン空間の次元 *111*
アフィン座標系 (affine coordinate system) *118*
アフィン直線 (affine line) *111*
アフィンとアファイン *82*
アフィン同型写像 (affine isomorphism) *112*
アフィン部分空間 (affine subspace) *114*
アフィン変換 (affine transformation) *82*
アフィン変換群 (affine transformation group) *82*
位相空間 (topological space) *165*
位相変換群 (topological transformation group, homeomorphism group) *150*
1 径数部分群 *132*
1 次独立 *25*
1 次分数変換 (linear fractional transformation) *158*
1 次変換 *39*
位置ベクトル (position vector) *23*
位置ベクトル (アフィン空間) *118*
一辺と両端の角の定理 *58*
移動 (translation) *102*
ε-近傍 (ε-neighborhood) *147*
運動 (rigid motion) *46*
鋭角三角形 (acute triangle) *54*
映進 *68*
n 次行列全体 $\mathrm{M}_n\mathbb{R}$ *38*
ℓ^p 空間 *154*
演算 (multiplication) *172*
円周率 *90*
オイラーの角 (Euler's angle) *75*

■か行■

外延量 *131*
開集合 (open set) *148*
開集合系 *163*
外心 *27*
解析力学 (analytical mechanics) *94*
回転 (rotation) *70*
回転角 (3 次元) *72*
回転行列 (rotation matrix) *63*
回転群 (rotation group) *70*
外部集合 (exterior set) *148*
カウプ・クッパーシュミット方程式 (Kaup-Kupershmidt equation) *144*
可換環 (commutative ring) *174*
可換群 (commutative group) *173*
角運動量 (angular momentum) *34*
角函数 *144*
拡大 (expansion) *84*
可除代数 (division algebra) *178*
形 (shape) *89*
ガリレイ幾何 (Galilei geometry) *92*
ガリレイ変換群 (Galilei transformation group) *92*
環 (ring) *174*

関係 (relation) *3*
菊池寛 *11*
奇数 (odd number) *4*
基底集合 (underlying set) *111*
軌道 (orbit) *100*
軌道空間 (orbit space) *100*
逆元 (inverse element) *173*
逆写像 (inverse map, inverse mapping) *172*
逆像 (inverse image) *171*
逆ベクトル *19*
球体 (ball) *149*
九点円 *27*
球面幾何 (spherical geometry) *98*
球面三角形 (spherical triangle) *155*
鏡映 (reflection) *48*
境界 (boundary) *148*
境界点 (boundary point) *148*
夾角 *57*
共通部分 (intersection) *170*
(群の) 共軛 (conjugate) *174*
共軛指数 (conjugate exponent) *152*
行列式 (3 次行列の/determinant) *33*
行列表現 (matricial representation) *84*
極化公式 (polarization formula) *26*
虚部 *96*
距離 (distance) *11*
距離函数 (distance function) *13*
距離空間 (metric space) *13*
ギリシア幾何学の 3 大難問 *10*
等質 *8*
偶奇性 (parity) *4*
偶数 (even number) *4*
クライン幾何学 (Klein geometry) *86*
グラム行列 (Gram matrix) *44*
クロネッカーのデルタ *44*
グロモフ積 (Gromov product) *152*
群 (group) *173*
形状比 *91*
径数 (parameter) *135*
計量線型空間 (metric linear space) *122*
ケーリー代数 (Cayley algebra) *36*
結合的多元環 (associative algebra) *177*
結合法則 (associative law) *172*
元 (element) *170*
原点 (origin) *7*
交換法則 (commutative law) *173*
合成 (composition) *172*
合成的多元環 (composition algebra) *178*
交代的多元環 (alternative algebra) *177*
合同幾何 *87*
恒等変換 (identity transformation) *40*
合同変換 *58*
合同変換群 *58*
公理的再構成 *110*
弧長径数 (arclength parameter) *135*
固定群 (isotropy subgroup) *101*
コベクトル (covector) *40*
固有多項式 *70*
固有和 *77*

■さ行■

差集合 (difference set) *170*
座標空間 *7*
作用 (action) *81*
三角形に関する等周不等式 (isoperimetric inequality) *59*
三角形の相似定理 *91*
三角形を定める *54*
三角形を張る *54*
三角不等式 *11*
三辺相等の定理 *55*
G-合同 *88*

時間分離函数 (time separation function) *98*
軸 (axis) *70*
時空 (spacetime) *8*
四元群 (four group) *79*
四元数 (quaternion) *35*
事象 (event) *93, 124*
指数 (index) *125*
自然な距離函数 (natural distance function) *13*
自然な全単射対応 (canonical bijection) *101*
自然な内積 *122*
実一般線型群 $GL_n\mathbb{R}$ (real general linear group) *40*
射影空間 (projective space) *97*
実線型空間 (real linear space) *20*
実部 *96*
実ユニタリ表現 *84*
射影幾何 *97*
射影幾何 (projective geometry) *97*
射影変換群 (projective transformation group) *97*
写像 (map, mapping) *171*
斜体 (skew field) *175*
自由運動公理 (Axiom of free mobility) *9*
自由な作用 (free action) *113*
自由ベクトル (free vector) *23*
縮小 (contraction) *84*
シュワルツの不等式 (Schwarz inequality) *12*
(群の) 準同型写像 *173*
定木とコンパス *10*
商集合 (quotient set) *4*
情報幾何学 (information geometry) *139*
触点 (interior point) *148*
ジョルダン可測 (Jordan measurable) *130*
シンプレクティック幾何 (symplectic geometry) *94*
推移的作用 (transitive action) *86*
推移律 *3*
垂心 *27*
垂直 2 等分面 *56*
数空間 *7*
スカラー 3 重積 (scalar triple product) *31*
スカラー乗法 (scalar multiplication) *20*
スカラー積 (scalar product) *124*
スカラー積空間 (scalar product space) *124*
すべり鏡映 (grid reflection) *68*
正規直交基底 (orthonormal basis) *69*
正規部分群 (normal subgroup) *82, 174*
制限 (restriction) *171*
正三角形 (equilateral triangle) *54*
正則行列 (non-singular matrix) *40*
世界線 (worldline) *93*
積分可能条件 *142*
接続の幾何学 *107*
零ベクトル (zero vector) *16*
線型空間 (linear space) *175*
線型結合 (natural basis) *24*
線型従属 (linearly dependent) *25*
線型シンプレクティック群 (linear symplectic group) *94*
線型同型写像 (linear isomorphism) *177*
線型独立 (linearly independent) *25*
線型部分空間 (linear subspace) *176*
線型変換 (linear transformation) *42*
全射 (surjection) *171*
全測地的 (totally geodesic) *116*
線対称 (axis symmetry) *50*
全単射 (bijection) *171*
線分 (segment) *22*
像 (image) *171*

双曲幾何 (hyperbolic geometry) *98*
双曲空間 (hyperbolic space) *98*
双曲三角形 (hyperbolic triangle) *157*
相似幾何 (similarity geometry) *87*
相似幾何学的概念 *88*
相似不変量 *90*
相似変換 (similarity transformation, homothety) *83*
相似変換群 (similarity transformation group) *83*
総称変換 (collineation) *82*
添字集合 (index set) *172*
族 (family) *172*
測地線空間 *50*
束縛ベクトル *23*
ソフィスト *10*

■た行■

体 (field) *175*
大円 (great circle) *155*
対称律 *3*
代数 (algebra) *177*
体積 (volume) *127, 130*
対蹠点 (antipodal point) *155*
代表元 (representative) *4*
タクシー距離 (taxi-cab distance) *14*
多元環 *177*
裁ちあわせ *89*
単位行列 (identity matrix) *40*
単位元 (unit element) *173*
単位正方形 (unit square) *126*
タングラム *89*
単射 (injection) *171*
単体 (simplex) *117*
値域 (codomain) *171*
中線定理 *26*
頂角 *54*
超球面 (hypersphere) *149*
頂点 (vertex) *54*
超平面 (hyperplane) *49*
直角三角形 (right triangle) *54*
直径 (diameter) *159*
直径 (区間の) *127*
直交 (orthogonal) *25*
直交行列 (orthogonal matrix) *44*
直交群 (orthogonal group) $\mathrm{O}(n)$ *45*
直交座標系 (orthogonal coordinate system) *7*
直交表現 *84*
直交変換 (orthogonal transformation) *44*
定義域 (domain) *171*
デカルト *8*
デカルト空間 (Cartesian n-space) *8*
点対称 (point symmetry) *51*
転置行列 (transposed matrix) *39*
同一視する (identify) *7*
等距離変換 (distance-preserving map) *41*
同型写像 (群の) *173*
等質 (homogeneous) *8, 86*
等質位相空間 (homogeneous topological space) *166*
等周条件 (isoperimetric condition) *141*
等積幾何 (equiaffine geometry) *87*
等積変換 (equiaffine transformation) *83*
等積変換群 *83*
等積変形 *89*
同相写像 ($\mathbb{R}^n$ の) (homeomorphism) *150*
同相写像 (距離空間の) (homeomorphism) *164*
同値関係 (equivalence relation) *3*
同値類 (equivalence class) *4*
同伴線型空間 (associated linear space) *111*

同伴線型部分空間 (associated linear subspace) *114*
等方的 (isotropic) *9*
特殊線型群 $SL_n\mathbb{R}$ *81*
特殊相対性理論 (special theory of relativity) *93*
特殊直交群 (special orthogonal group) $SO(n)$ *45*
鈍角三角形 (obute triangle) *54*

■な行■

内積 (inner product) *25, 121*
内積を保つ *42*
内点 (interior point) *148*
内点集合 (interior set) *148*
内包量 *131*
二等辺三角形 (isosceles triangle) *54*
二辺夾角の定理 *57*
ニュートン時空 (Newtonian spacetime) *92*
ニュートンの定理 *27*
ノルム (norm) *26*

■は行■

バーガース方程式 (Burgers equation) *145*
八元数 (octanion) *36*
幅 (mesh) *128*
ハミング距離 (Hamming distance) *162*
半アフィン変換 (semi-affine transformation) *181*
半群 (semi group) *172*
反射律 *3*
半直積群 (semi-diecrt product group) *84*
非退化性 (nondegeneracy) *122*
左移動 (left translation) *81*
左作用 (left action) *81*
左剰余類 (left coset) *173*
ピッチ (pitch) *135*
表現行列 (representation matrix) *43*
表現空間 (representation space) *84*
表現論 (representation theory) *85*
標準基底 (natural basis) *24*
標準単体 (standard n-simplex) *117*
標準的アフィン空間 (standard affine space) *112*
複素共軛変換 (complex conjugation) *180*
複素数空間 *95*
(合同変換の) 符号 (signature) *46*
符号付体積 (signed volume) *31*
符号付面積 (signed area) *33*
不定値スカラー積 (indefinite scalar product) *124*
部分群 (subgroup) *173*
部分集合 (subset) *170*
不変量 *90*
分割 (partition) *128*
分配法則 (distributive law) *174*
分類する (classify) *5*
閉球 (closed ball) *149*
平行移動 (translation) *41*
平行四辺形則 (paralleogram identity) *26*
平行体 (paralleotope) *116*
閉集合 (closed set) *149*
併進鏡映 *68*
平坦部分空間 (flat subspace) *114*
閉包 (closure) *148*
冪集合 *172*
ベクトル空間 (vector space) *175*
ベクトルの成分 *21*
ベクトルの長さ *15*
ベクトルのなす角 *25*
ベクトルの和 *17*
ヘルダーの不等式 (Hölder's inequality) *153*
ヘロンの公式 (Heron's formula) *59*

辺 (edge) *54*
変位ベクトル (displacement vector) *15*
変換群 (transformation group) *86*
変形 (deformation) *89*
変形 KdV 方程式 (modified KdV equation) *143*
ポアンカレ群 (Poincaré group) *92*
ポアンカレ変換 *93*
法線ベクトル (normal vector) *47*
法として合同 *5*
補集合 (compliment) *170*

■ま行■

マックスウェルの方程式 *93*
マンハッタン距離 (Manhattan distance) *14*
右作用 (right action) *81*
右手系 *29*
右手座標系 (right-handed coordinate system) *29*
ミンコフスキーの不等式 (Minkowski's inequality) *153*
ミンコフスキー幾何 (Minkowski geometry) *93*
ミンコフスキー時空 (Minkowski spacetime) *93*
向き付けられたアフィン空間 (oriented affine space) *121*
メートル原器 *9*
面対称 *48*

■や行■

ヤコビの恒等式 (Jacobi identity) *32*
有界集合 (bounded subset) *159*
有界集合 ($\mathbb{R}^n$ 内の) *127*
有界閉区間 (closed interval) *127*
ユークリッド位相幾何 *150*
ユークリッド運動群 (Euclidean motion group) *46*
ユークリッド幾何 *87*
ユークリッド幾何学的概念 *88*
ユークリッド幾何学的定理 *88*
ユークリッド距離 (Euclidean distance function) *13*
ユークリッド空間 (Euclidean space) *7*
ユークリッド空間 (公理的) *122*
ユークリッド群 (Euclidean group) *46*
ユークリッド平面 *7*
ユニタリ行列 *95*
ユニタリ群 *95*
曜日 *5*
余弦定理 *57*

■ら行■

ラグランジュの恒等式 (Lagrange identity) *32*
螺旋運動 (helicoidal motion) *135*
リー環 *32*
リーマン積分 (Riemann integral) *128*
リーマン積分可能 (Riemann integrable) *129*
リーマン多様体 (Riemannian manifold) *10*
リーマン和 (Riemann sum) *128*
離散距離函数 (discrete distance) *14*
類別 *4*
ルート系 (root system) *52*
ルベーグ測度 (Lebesgue measure) *132*
連続写像 (continuous map) *149*
連続写像 (位相空間の) *166*
ローレンツ・スカラー積 *98*
ローレンツ群 (Lorentz group) *92*

■わ行■

ワイル *111*
和集合 (union) *170*

井ノ口順一(いのぐち・じゅんいち)

1967年　千葉県銚子市生まれ.
　　　　東京都立大学大学院理学研究科博士課程数学専攻単位取得退学.
　　　　福岡大学理学部，宇都宮大学教育学部，山形大学理学部を経て，
現在　　筑波大学数理物質系教授．教育学修士(数学教育)，博士(理学).

専門は可積分幾何・差分幾何．算数・数学教育の研究，数学の啓蒙活動も行っている．
著書に『リッカチのひ・み・つ — 解ける微分方程式の理由を探る』(日本評論社，2010),『どこにでも居る幾何 — アサガオから宇宙まで』(日本評論社，2010),『曲線とソリトン』(朝倉書店，2010),『離散可積分系・離散微分幾何チュートリアル2012』(共著，九州大学，2012),『負定曲率曲面とサイン・ゴルドン方程式』(埼玉大学，2012).
日本カウンセリング・アカデミー本科修了，星空案内人® (準案内人)，日本野鳥の会会員.

幾何学(きかがく)いろいろ — 距離(きょり)と合同(ごうどう)からはじめる大学幾何学入門(だいがくきかがくにゅうもん)

2007年11月20日　第1版第1刷発行
2021年 4 月10日　第1版第3刷発行

著　者　　井ノ口順一
発行所　　株式会社 日本評論社
〒170-8474 東京都豊島区南大塚3-12-4
電話 (03) 3987-8621 [販売]
(03) 3987-8599 [編集]
印　刷
製　本　　㈱デジタルパブリッシングサービス
装　釘　　銀山宏子

© Jun-ichi Inoguchi 2007
Printed in Japan
ISBN978-4-535-78462-8

JCOPY 〈(社)出版者著作権管理機構 委託出版物〉
本書の無断複写は著作権法上での例外を除き禁じられています．複写される場合は，そのつど事前に(社)出版者著作権管理機構(Tel 03-5244-5088, Fax 03-5244-5089, e-mail info@jcopy.or.jp)の許諾を得てください．また，本書を代行業者等の第三者に依頼してスキャニング等の行為によりデジタル化することは，個人の家庭内の利用であっても，一切認められておりません.